Einführung in die Quantenmechanik und ihre Anwendungen

Von

Prof. Dr. P. Gombás

Direktor des Physikalischen Instituts der Universität
für Technische Wissenschaften in Budapest
und der Forschungsgruppe für Theoretische Physik
der Ungarischen Akademie der Wissenschaften in Budapest

und

Dr. D. Kisdi

Leitendes Mitglied
der Forschungsgruppe für Theoretische Physik
der Ungarischen Akademie der Wissenschaften in Budapest

Mit 36 Abbildungen

1970

Springer—Verlag
Wien · New York

ISBN-13: 978-3-7091-7976-5 e-ISBN-13: 978-3-7091-7975-8
DOI: 10.1007/978-3-7091-7975-8

Library of Congress Catalog Card Number 71-102085

Softcover reprint of the hardcover 1st edition 1970

Vorwort

Dieses Buch soll eine Einführung in die Quantenmechanik und besonders in ihre Anwendungen geben, die sowohl den jungen Studierenden der theoretischen Physik als auch den auf den Nachbargebieten, z. B. auf dem Gebiet der experimentellen Physik oder der theoretischen Chemie arbeitenden Wissenschaftlern mit geringer Mühe ermöglicht, in dieses Gebiet vorzudringen. Mit der oft bis ins kleinste Detail reichenden Durchrechnung der Probleme haben wir hauptsächlich das Ziel verfolgt, das Interesse für dieses Gebiet der theoretischen Physik zu intensivieren, um möglichst viele junge Physiker für dieses Gebiet zu gewinnen.

Das Buch gliedert sich in zwei Teile. Der erste Teil behandelt die Grundlagen der Quantenmechanik in möglichst elementarer Weise, wobei von dem riesigen Gebiet hauptsächlich das ausgewählt wurde, was die im zweiten Teil gebrachten Anwendungen vorbereitet und begründet. Der zweite Teil des Buches befaßt sich sehr ausführlich mit speziellen quantenmechanischen Problemen, die Schritt um Schritt durchgerechnet werden. Mit dieser gründlichen Durcharbeitung der Probleme haben wir das Ziel verfolgt, die jungen Studierenden mit den Methoden der Quantenmechanik bis ins Detail bekanntzumachen, damit sie durch die Durchrechnung quantenmechanischer Probleme befähigt werden, ihre Kenntnisse auf diesem Gebiet auch selbst zu gebrauchen. Wir haben hierauf besonderen Wert gelegt, da wir der Ansicht sind, daß dies die wesentlichste Grundlage der Heranbildung der jungen Generation theoretischer Physiker ist.

Unter den jungen theoretischen Physikern wird heutzutage oft der Standpunkt vertreten, daß die »wahre« und »moderne« theoretische Physik nur diejenige Forschungsarbeit sei, mit der sich Resultate ohne Rechenarbeit erzielen lassen. So wird z. B. die Berechnung einer Kristallkonstante oder der Energiebandstruktur eines Kristalls oft ab ovo abgelehnt, da sie mit ausgedehnten numerischen Rechnungen verbunden ist. Dies wird häufig als uninteressant und nicht modern betrachtet. Eine solche Auffassung halten wir grundsätzlich für falsch.

Natürlich ist es auch unserer Ansicht nach richtig, daß die Erforschung und Auffindung oder Herleitung allgemeiner theoretischer Beziehungen und Gesetze das Schönste und Begehrenswerteste in der Forschungsarbeit der theoretischen Physik darstellt, man kann sie wahrlich als die Krönung der

Forschungsarbeit auf diesem Gebiet betrachten. Ein solcher Erfolg wird jedoch nur wenigen zuteil und dieses Ziel ist unserer Ansicht nach nicht durch die Ablehnung der oft mit sehr mühsamer numerischer Arbeit verbundenen Probleme, sondern meist geradezu nur durch diese erreichbar. Wir sind uns natürlich dessen bewußt, daß es unter den größten Physikern in dieser Hinsicht Ausnahmefälle gibt, man darf jedoch dabei die Tatsache nicht vergessen, daß die meisten der größten theoretischen Physiker ihre Laufbahn mit der Lösung kleinerer Probleme begonnen haben, die meistens viel Rechenarbeit erforderten.

Das vorliegende Buch – über dessen Inhalt das Inhaltsverzeichnis eine ausführliche Übersicht gibt – ist in sechs Kapitel geteilt. Im Kapitel I werden die wichtigsten Grundlagen der Quantentheorie behandelt. Das Kapitel II gibt eine kurze Zusammenfassung der *Bohr*schen Quantentheorie, die zwar heute schon überholt ist, uns jedoch zum Verständnis der modernen Quantentheorie, der Quantenmechanik, unerläßlich erscheint. Im Kapitel III befassen wir uns mit den wichtigsten Grundlagen der Quantenmechanik. Die weiteren drei Kapitel bringen Anwendungen der Quantenmechanik. Im Kapitel IV behandeln wir die Lösung der *Schrödinger*-Gleichung in den einfachsten Fällen, in denen eine exakte Lösung erzielt werden kann. Im Kapitel V befassen wir uns ausführlich mit der Streuung von Teilchen in einem Potentialfeld und der Theorie der Streuungsresonanzen. Im Kapitel VI geben wir eine Übersicht über die einfachsten Näherungsverfahren der Quantenmechanik, und zwar über das Störungsverfahren, das Variationsverfahren und über die *Born*sche Näherung zur Berechnung von Streuungsproblemen. Diese Näherungsverfahren wenden wir auf die in der Atomphysik nunmehr als klassisch zu betrachtenden Probleme an.

Für die Hilfe, die uns bei der technischen Arbeit der Herstellung des Manuskriptes zuteil wurde, danken wir den folgenden Mitarbeitern der Forschungsgruppe für Theoretische Physik der Ungarischen Akademie der Wissenschaften: Frau J. HUSZÁR, Frau J. KOCSIS, Fräulein O. KUNVÁRI, Fräulein ZS. OZORÓCZY, Frau J. RAJOS und Frau I. TAMÁS.

Budapest, im November 1967.

P. Gombás
D. Kisdi

Vorwort zur deutschen Ausgabe

Wie im voranstehenden Vorwort zur ungarischen Ausgabe schon erwähnt wurde, haben wir mit unserem Buch das Ziel verfolgt, unseren jungen Physikern und Studierenden sowie auf den Nachbargebieten arbeitenden Forschern ein Hilfsmittel in die Hand zu geben, mit dem sie möglichst leicht in die Quantenmechanik vordringen können. Dies Ziel gilt auch für die deutsche Ausgabe, da ja die Ansprüche in bezug auf eine Einführung in dieses Gebiet im wesentlichen dieselben sind.

Da die ungarische Ausgabe sowohl bei den Physikern als auch bei unseren Studenten eine äußerst günstige Aufnahme fand und auch Physiker im Ausland sehr positiv auf das Buch reagierten, haben wir dem Anerbieten des Springer-Verlages in Wien und des Verlages der Ungarischen Akademie der Wissenschaften, eine deutsche Ausgabe des Buches herauszugeben, gerne zugestimmt.

Allerdings betrachten wir es immer noch als ein gewisses Wagnis, mit diesem Buch nun vor die Weltöffentlichkeit zu treten, da ja auf diesem Gebiet sehr viele und unter diesen viele hervorragende Bücher existieren. Ob dieses Wagnis positiv zu werten sein wird, darüber werden die Leser zu entscheiden haben.

Die Reinschrift des deutschen Manuskriptes haben wir in erster Linie Frau I. Jeanplong und Frau J. Huszár zu verdanken. Das Namen- und Sachverzeichnis hat Fräulein O. Kunvári angefertigt, sie hat uns auch bei der mühsamen Arbeit des Lesens der Korrekturen sehr tatkräftig geholfen. Ihnen allen sei bestens gedankt.

Dem Springer-Verlag im Wien und dem Verlag der Ungarischen Akademie der Wissenschaften möchten wir für ihr weitgehendes Entgegenkommen bei der Berücksichtigung aller unserer Wünsche unseren aufrichtigen Dank aussprechen.

Budapest, im Juli 1969.

P. Gombás
D. Kisdi

Vorwort des Übersetzers

Mangels an Physikern, die sowohl die deutsche als auch die ungarische Sprache genügend gut beherrschen und die bereit gewesen wären, die mühsame Arbeit der Übersetzung zu übernehmen, habe ich mich dazu entschlossen, das Buch selbst ins Deutsche zu übertragen. Dabei war ich bestrebt, diesin einer Weise zu tun, daß man es der deutschen Ausgabe nicht anmerkt, daß sie eine Übersetzung ist. Dies konnte letzten Endes nur so erreicht werden, daß ich das ganze Buch möglichst ungebunden von dem ursprünglichen Text deutsch neu geschrieben habe. Dabei wurden natürlich auch einige Druckfehler und kleinere Versehen, die sich in der ungarischen Ausgabe befinden, richtiggestellt.

Budapest, im Juli 1969.

P. Gombás

Inhaltsverzeichnis

Einleitung

Der Begriff des Atoms reicht bis ins Zeitalter der Blüte der alten griechischen Kultur zurück. Da jedoch die damaligen Theorien in bezug auf Atome jeder experimentellen Grundlage entbehrten, haben sie einen rein spekulativen Charakter, und es kommt ihnen heute nur eine historische Bedeutung zu. Erst lange nach dieser historischen Periode, am Ende des XVII. Jahrhunderts, das ein allgemeiner Aufschwung der Naturwissenschaften kennzeichnet, begann die Entwicklung der Atomtheorie im engeren Sinne des Wortes, mit der sich gewisse schon bekannte Gesetzmäßigkeiten erklären ließen. Der erste größere Erfolg war die Erklärung der Gasgesetze auf Grund der korpuskularen Theorie. Die Auffassung der korpuskularen Thorie der Materie hat man dann auch auf andere Gebiete übertragen, so z. B. versuchte CAUCHY die Eigenschaften der elastischen Körper auf dieser Grundlage zu erklären. Die stärkste Stütze der atomistischen Auffassung der Materie war das *Dalton*sche Gesetz, wonach eine chemische Verbindung von Elementen nur bei einem ganz bestimmten Massenverhältnis der Elemente zustande kommt. Eine weitere starke Unterstützung erhielt die Theorie am Ende des XIX. Jahrhunderts durch die Elektronentheorie von A. H. LORENTZ, durch die das elektromagnetische Verhalten von Körpern auf die in diesen Körpern sich bewegenden Elektronen zurückgeführt wird.

Vom Beginn des XX. Jahrhunderts an entwickelte sich die Quantentheorie außerordentlich rasch; sowohl grundlegende empirische Entdeckungen als auch fruchtbringende Theorien folgten einander in kurzen Abständen. Durch die Entdeckung seines berühmten Gesetzes der Hohlraumstrahlung hat PLANCK (1900) die Grundlage der Quantentheorie geschaffen, die bald zu einer umfassenden Theorie wurde und den Ausgangspunkt der modernen Atomtheorie bildete. Kurz darauf folgte die Photonhypothese von EINSTEIN (1905). Eine neue Epoche der Atomphysik begann mit der von BOHR (1913) entwickelten Theorie des Wasserstoffatoms, die sich als sehr fruchtbringend erwies und den Ausgangspunkt einer Theorie der Atom- und Molekülspektren bildete. Diese Spektren lieferten ein außerordentlich reichhaltiges Material zur weiteren Erforschung der Atome und Moleküle.

Im Jahre 1925 ist die Entwicklung der Quantentheorie in ein neues Stadium getreten, und zwar durch die von HEISENBERG entwickelte Matrixmechanik und die nur einige Monate später entdeckte Wellenmechanik von SCHRÖDINGER. Sowohl die Matrixmechanik als auch die Wellenmechanik gehen von ganz neuartigen Auffassungen aus, die nicht nur die Quantentheorie wesentlich vertieft, sondern auch unsere gesamte physikalische Anschauung in vieler Hinsicht umgestaltet haben. Ihrer äußeren Form nach sind die Matrixmechanik und die Wellenmechanik ganz wesentlich verschieden; während die eine mit Matrizen operiert, bilden die Grundlage der anderen Differentialgleichungen. Es hat sich aber sehr rasch gezeigt, daß diese beiden, ihrer Form nach so sehr verschiedenen Theorien im wesentlichen nur zwei verschiedene Gestalten ein und derselben Theorie, nämlich der Quantenmechanik, sind. Die Quantenmechanik hat sich in den seither vergangenen rund vier Jahrzehnten außerordentlich rasch entwickelt und ist heute, was ihre durchgreifende Kraft und ihre Abgeschlossenheit betrifft, den alten klassischen Theorien durchaus ebenbürtig.

Die Quantenmechanik war imstande, alle Erscheinungen und Effekte, deren Ursprung in der Elektronenhülle des Atoms zu suchen ist, qualitativ zu erklären, und konnte in sehr vielen Fällen auch quantitative Resultate erzielen, die mit der Erfahrung bestens übereinstimmen. In den letzten Jahrzehnten ist die Quantenmechanik über die Grenzen der Atomphysik hinausgewachsen und gewann in vielen anderen Gebieten der Naturwissenschaften eine nicht geahnte Bedeutung. Die quantenmechanische Erforschung der Moleküle bildete die Grundlage eines neuen Zweiges der Naturwissenschaften: der sogenannten Quantenchemie. Wesentliche Erfolge konnte die Quantenmechanik in der Theorie der festen Körper sowie der Flüssigkeiten erzielen; einer ihrer schönsten Erfolge war die Erklärung der Supraleitung und der Suprafluidität.

Auch bei der Anwendung auf den Atomkern erwies sich die Quantenmechanik als erfolgreich. Es konnten viele bedeutende Resultate erzielt werden, jedoch kann dieses Gebiet noch keinesfalls als abgeschlossen betrachtet werden. Auf dem Gebiet des elektromagnetischen Feldes konnte die Quantenmechanik auf Grund der sogenannten Quantenelektrodynamik grundlegende Erfolge aufweisen. Die Theorie der Elementarteilchen, die ebenfalls wesentliche Resultate zu verzeichnen hat, ist aus der Quantenmechanik herangewachsen. Schließlich sei erwähnt, daß als einer der neuesten Wissenszweige, der sich auf die Quantenmechanik gründet, die Quantenbiologie entstand, deren Ziel heute vorwiegend die Untersuchung der Struktur der für die Lebensfunktionen wichtigen Makromoleküle ist. Die Theorien auf allen diesen Gebieten kann man jedoch noch nicht als endgültig betrachten.

Erster Teil

I. Experimentelle Grundlagen

§ 1. Das Elektron

Die Elementarteilchen der Elektrizität, die Elektronen, kann man an Hand mehrerer Erscheinungen bzw. Effekte untersuchen, von denen die Kathodenstrahlen am bekanntesten sind. Die Kathodenstrahlen entstehen bei der elektrischen Entladung in stark evakuierten Röhren, sie gehen von der Kathode (von der negativen Elektrode) aus und verlaufen in gerader Richtung. Unter ihrer Einwirkung fluoresziert die Glaswand der Röhre, in der man sie erzeugt, grünlichblau.

In elektrischen und magnetischen Feldern entsteht eine Beugung der Kathodenstrahlen, woraus man feststellen kann, daß sie eine negative elektrische Ladung transportieren. Alle Eigenschaften der Kathodenstrahlen lassen sich mit der Annahme erklären, daß sie aus Elektronen bestehen. Aus der Ablenkung des Strahles im elektrischen und magnetischen Feld läßt sich das Verhältnis der elektrischen Ladung $-e$ und der Masse m_0 des Elektrons, d. h. der Quotient $-e/m_0$, weiterhin der Betrag v der Geschwindigkeit der Elektronen feststellen. Es ergab sich, daß sich die Geschwindigkeit der Elektronen, die von der elektrischen Spannung zwischen der Kathode und der Anode (der positiven Elektrode) abhängt, zwischen weiten Grenzen verändern kann und bei großen Spannungen Werte von der Größenordnung der Lichtgeschwindigkeit $c = 3 \cdot 10^{10}$ cm/sec erreicht. Für den Wert des Verhältnisses e/m_0 erhält man bei kleinen und mittleren Geschwindigkeiten den Wert

$$\frac{e}{m_0} = 5{,}273 \cdot 10^{17} \text{ elektrostatische Einheiten.} \tag{1.1}$$

Dieses Verhältnis hängt von der Elektronengeschwindigkeit ab, was jedoch nur bei sehr großen Geschwindigkeiten eine Rolle spielt (nach der Relativitätstheorie ist m_0 von der Geschwindigkeit abhängig).

Im Laufe der experimentellen Untersuchungen ergab sich, daß der Betrag e der elektrischen Ladung des Elektrons die in der Natur vorkommende kleinste elektrische Ladung, die sogenannte Elementarladung, darstellt. Zu deren Messung haben im Jahre 1909 R. A. Millikan und F. Ehrenhaft voneinander unabhängig die folgende Methode ausgearbeitet. Zwischen die waagerechten Metallplatten eines Kondensators – zwischen denen man ein senkrechtes homogenes elektrisches Feld erzeugen kann – haben sie durch

Zerstäubung Öl- oder Quecksilbertröpfchen oder Metallteilchen eingeführt. Diese Tröpfchen oder Teilchen haben entweder schon infolge ihrer Herstellung eine elektrische Ladung oder aber man kann an ihnen eine solche erzeugen, z. B. indem man an ihnen einen photoelektrischen Effekt erzeugt oder die Luft ionisiert, wodurch sie aus der Luft Ionen aufnehmen. Ohne elektrisches Feld fallen die Teilchen in Richtung senkrecht zur Erdoberfläche unter der Wirkung des Gravitationsfeldes der Erde und der Reibungskräfte (an der Luft) mit konstanter Geschwindigkeit, die man mit einem Mikroskop gut beobachten und messen kann. Wenn sich ein kugelförmiges Teilchen vom Radius a in diesem Zustand mit der Geschwindigkeit v_0 bewegt, so ist nach dem Satz von STOKES die auf das Teilchen wirkende Reibungskraft $6\pi\eta a v_0$, wo η die Viskositätskoeffizient der Luft bezeichnet. Dieser Kraft hält das Gewicht des Teilchens das Gleichgewicht, das in der Luft $\frac{4\pi a^3}{3}(\varrho - \sigma)g$ beträgt, wo ϱ die Dichte des Teilchens und σ die der Luft bezeichnet und g die Gravitationskonstante ist. Es besteht daher der folgende Zusammenhang

$$\frac{4\pi a^3}{3}(\varrho - \sigma)\, g = 6\pi\eta a v_0. \tag{1.2}$$

Hieraus läßt sich der Radius a des kugelförmigen Teilchens berechnen. Wenn wir nun zwischen den Platten des Kondensators eine elektrische Feldstärke vom Betrag E erzeugen, so wird sich die Geschwindigkeit, mit der das Teilchen fällt, ändern und einen Wert, den wir mit v_1 bezeichnen, annehmen. Dieser Wert der Geschwindigkeit kann kleiner oder größer sein als der Wert v_0, je nach dem Vorzeichen der hinzugekommenen elektrischen Ladung. Wenn wir die elektrische Ladung des Teilchens mit e_i bezeichnen, so kommt zum Gewicht des Teilchens noch die Kraft Ee_i hinzu und man erhält statt (1.2) die Gleichung

$$\frac{4\pi a^3}{3}(\varrho - \sigma)g + Ee_i = 6\pi\eta a v_1. \tag{1.3}$$

Aus den Gln. (1.2) und (1.3) läßt sich die elektrische Ladung des Teilchens berechnen, es ergibt sich

$$e_i = \frac{6\pi\eta a(v_1 - v_0)}{E}. \tag{1.4}$$

Das Resultat der von MILLIKAN durchgeführten Experimente ist, daß die Ladung der Tröpfchen ein kleines ganzzahliges Vielfaches einer Elementarladung beträgt. Für diese Elementarladung ergab sich der Wert

$$e = 4{,}803 \cdot 10^{-10} \text{ elektrostatische Einheiten.} \tag{1.5}$$

Wesentlich ist, daß es sich immer um *kleine* ganzzahlige Vielfache handelt, da man nur in diesem Falle zwangsläufig auf die Existenz einer Elementarladung schließen kann. Große ganzzahlige Vielfache könnten wegen der Meßfehler diesbezüglich nicht als Beweis dienen[1].

Mit Hilfe von (1.1) und (1.5) läßt sich auch die Elektronenmasse m_0 berechnen; man erhält

$$m_0 = 9{,}108 \cdot 10^{-27}\ \text{g}. \tag{1.6}$$

Die Masse des Elektrons ist also im Verhältnis der Atommassen sehr klein, und zwar rund 1850-mal kleiner als die Masse des leichtesten Atoms, des Wasserstoffatoms.

Ganz ähnlich den Kathodenstrahlen erweisen sich die von den radioaktiven Elementen emittierten β-Strahlen. Radioaktive Elemente emittieren dreierlei Strahlen: α-, β- und γ-Strahlen. Die α-Strahlen bestehen aus positiv geladenen He-Atomen, und zwar He^{++}-Ionen, deren Geschwindigkeit 1/15 bis 1/20 der Lichtgeschwindigkeit beträgt. Das Durchdringungsvermögen dieser Strahlen ist klein, auch die mit dem größten Durchdringungsvermögen werden durch eine 9 cm dicke Luftschicht vollkommen absorbiert. Die β-Strahlen sind im wesentlichen mit den Kathodenstrahlen identisch, mit dem Unterschied, daß ihre Anfangsgeschwindigkeit sehr groß, und zwar von der Größenordnung der Lichtgeschwindigkeit ist. Ihr Durchdringungsvermögen ist größer als das der α-Teilchen. Schließlich seien noch kurz die von den α- und β-Strahlen wesentlich verschiedenen γ-Strahlen erwähnt, die elektromagnetischer Natur sind und daher im Gegensatz zu den α- und β-Strahlen keine elektrische Ladung mit sich führen.

Strahlen von gleicher Natur wie die Kathoden- und β-Strahlen treten auch beim sogenannten photoelektrischen Effekt auf, den man nach seinem Entdecker *Hallwachs*-Effekt nennt. Dieser Effekt besteht darin, daß von Metallen unter der Einwirkung ultravioletter oder Röntgen-Strahlen und von einigen Metallen auch schon durch Einwirkung gewöhnlichen Lichtes eine negative Strahlung ausgeht, wodurch das Metall sich positiv auflädet. Eine Untersuchung dieser Strahlen in elektrischen und magnetischen Feldern führte zu dem Ergebnis, daß diese Strahlen ihrem Wesen nach ebenfalls Kathodenstrahlen sind, ihre Geschwindigkeit jedoch nur einige Tausendstel der Lichtgeschwindigkeit beträgt.

Es sei noch erwähnt, daß z. B. auch glühende Metalle Elektronen emittieren, deren Geschwindigkeit von der gleichen Größenordnung ist wie die der beim photoelektrischen Effekt erzeugten Elektronen.

Im Zusammenhang mit allen diesen Erscheinungen haben wir einen der wichtigsten Bausteine des Atoms, das Elektron, kennengelernt, das man als

[1] Aus den Experimenten von EHRENHAFT ergab sich für e ein anderer, und zwar kleinerer Wert. Es zeigte sich jedoch, daß diese Messungen bzw. deren Auswertung mit einem Fehler behaftet waren.

das Atom der Elektrizität betrachten kann, dessen Ladung, die Elementarladung, nach unserem heutigen Wissen die kleinste elektrische Ladung darstellt. Weiterhin haben wir auch gesehen, wie man Elektronen aus der Materie gewinnen kann, d. h. wie man sie aus dem Verband des Atoms abtrennen kann. Diese Erkenntnisse, in erster Linie die Entdeckung der Kathodenstrahlen, haben den bis zum Ende des XIX. Jahrhunderts eingebürgerten Begriff des Atoms, wonach dieses ein unteilbares Teilchen der Elemente darstellt, wesentlich umgestaltet. Nach der Entdeckung der Kathodenstrahlen konnte diese Auffassung nicht weiter aufrechterhalten werden, da sich herausstellte, daß man von Atomen Elektronen abspalten kann. Die Atome mußten also Elektronen enthalten. Natürlich kann ein Atom nicht nur allein aus Elektronen bestehen, da einerseits infolge der gegenseitigen elektrostatischen Abstoßung der Elektronen ein solches Gebilde nicht stabil wäre, sondern explosiv in seine Bestandteile zerfallen würde, und andererseits in diesem Falle das Atom eine negative elektrische Ladung besitzen müßte, im krassen Widerspruch zu der Erfahrung, wonach die Atome elektrisch neutral sind. Im Atom muß sich also auch eine positive Ladung befinden, die die negative Ladung der Elektronen kompensiert.

§ 2. Die Streuung von α-Teilchen
Das Rutherfordsche Atommodell

Wichtige Kenntnisse über die im Atom befindliche positive Ladung ergeben sich aus den von E. Rutherford, H. Geiger, E. Marsden und J. Chadwick durchgeführten grundlegenden Experimenten, die sich auf die Streuung von α-Teilchen beim Durchdringen einer Metallfolie beziehen. Wie wir schon erwähnt haben, sind die α-Teilchen positive He-Ionen (und zwar zweifache He-Ionen). Ihre Masse ist rund 7400-mal größer als die der Elektronen. Wenn man Atome mit α-Teilchen bombardiert, d. h. die Atome einer α-Strahlung aussetzt, so kann man über die Struktur der Atomkerne wichtige Aufschlüsse erwarten. Ein solches schweres Teilchen wird nur durch eine starke Einwirkung von seiner Bahn abgelenkt – so würden die Teilchen z. B. durch Elektronen überhaupt nicht von ihrer Bahn abweichen –, man kann daher einen Aufschluß über den elektrisch positiv geladenen Bestandteil des Atoms (mit dem der überwiegend größte Teil der Masse des Atoms verbunden ist) erwarten.

Das Wesentliche der eingangs erwähnten Experimente ist das folgende. Wenn ein α-Strahl auf eine Zinksulfid-Platte fällt, so beginnt die Platte zu fluoreszieren. Wenn die Intensität des α-Strahles genügend klein ist, so läßt sich mit entsprechender Vergrößerung feststellen, daß die Fluoreszenz aus einzelnen aufleuchtenden Punkten, sogenannten Szintillationen, besteht, die durch die auf die Platte einfallenden einzelnen α-Teilchen hervorgerufen werden. Dies ermöglicht eine Abzählung der auf die Platte auftreffenden α-Teilchen. RUTHERFORD ließ die α-Strahlen auf eine dünne Goldfolie auffallen, die die α-Teilchen noch durchdringen können. Ohne die Goldfolie entstand auf der Zinksulfidplatte an der Stelle, wo das in gerader Linie laufende Strahlenbündel auftraf, ein kleiner fluoreszierender Fleck. Wenn man die Goldfolie in den Weg der α-Teilchen stellte, dann erweiterte sich der fluoreszierende Fleck, was darauf hinweist, daß ein Teil der α-Teilchen vom ursprünglich geraden Weg abgewichen ist. Man fand α-Teilchen in allen Richtungen, es gab also auch α-Teilchen, die von der ursprünglichen Richtung sehr stark abgewichen sind, man fand sogar auch solche, die von der Goldplatte zurückprallten, also sich in entgegengesetzter Richtung zum einfallenden Strahl bewegten, ihre Anzahl war jedoch gering. Durch die sehr mühsame Arbeit der Abzählung der Szintillationen ließ sich feststellen, daß die Anzahl der Szintillationen mit dem vom ursprünglichen Strahl gemessenen Ablenkungswinkel rapide abnimmt, der größte Teil der α-Teilchen durchdringt praktisch unabgelenkt, d. h. in der ursprünglichen Einfallsrichtung die Metallfolie.

Aus diesen experimentellen Ergebnissen hat RUTHERFORD die folgenden grundlegenden Schlüsse gezogen: die positive Ladung des Atoms und auch praktisch die gesamte Masse des Atoms ist in einem im Verhältnis zum Atom sehr kleinen Volumen, im sogenannten Atomkern, vereinigt, dessen lineare Abmessungen von der Größenordnung 10^{-12} bis 10^{-13} cm sind. Die Elektronen des Atoms, deren Masse im Verhältnis zu der des Kerns sehr klein ist, befinden sich in einer Entfernung von der Größenordnung 10^{-8} cm vom Kern und umkreisen diesen ganz ähnlich wie die Planeten die Sonne.

Bei Zugrundelegung dieses einfachen Atommodells konnte RUTHERFORD die Streuung der α-Teilchen auch theoretisch behandeln (vgl. hierzu § 55). Hier wollen wir nur das von RUTHERFORD hergeleitete Resultat angeben. Die Streuung der α-Teilchen ist eine Folge der zwischen den α-Teilchen und dem Kern bestehenden elektrostatischen *Coulomb*schen Wechselwirkung. Mit der Annahme, daß jedes α-Teilchen bei der Durchdringung der Goldfolie nur einmal gestreut wird, hat RUTHERFORD für die α-Teilchen folgende Streuformel hergeleitet:

$$\Delta n = n \frac{4\pi s N Z^2 e^2 \cos\vartheta/2}{m^2 v_0^4 \sin^3\vartheta/2} \Delta\vartheta. \tag{2.1}$$

Diese Formel gibt den Bruchteil Δn der n einfallenden Teilchen an, die nach Durchdringung des α-Strahles durch eine Folie von der Dicke s zwischen den Streuwinkeln ϑ und $\vartheta + \Delta\vartheta$ gestreut werden, wo ϑ den Ablenkungswinkel vom ursprünglichen Strahl bezeichnet; weiterhin bedeutet N die in 1 cm^3 befindliche Anzahl von Atomen (und somit auch die Anzahl der für die Streuung maßgebenden Atomkerne), Z die Anzahl der Elementarladungen des Kerns, e die positive Elementarladung, m die Masse des α-Teilchens und v_0 deren Anfangsgeschwindigkeit.

Diese Streuformel wird für schwere Atome empirisch gut bestätigt. Die Grundannahmen, mit deren Hilfe diese Formel hergeleitet wurde, erweisen sich also als richtig.

Aus einem Vergleich der Streuung an verschiedenen Elementen ergibt sich das grundlegende Resultat, daß Z, d. h. die Anzahl der Elementarladungen im Kern, mit der Ordnungszahl des Elementes identisch ist, die die Nummer des Platzes angibt, den das Element im periodischen System der Elemente einnimmt. Früher hatte man im periodischen System die Elemente nach wachsendem Atomgewicht eingereiht, das jedoch nur dann zu einer für das physikalische und chemische Verhalten der Elemente vollkommen befriedigenden Ordnungsmäßigkeit führte, wenn man an einigen Stellen die nach dem Atomgewicht geordneten Elemente vertauschte, und zwar ist dies bei den Elementen Argon – Kalium, Cobalt – Nickel und Tellur – Jod der Fall. Die Erkenntnis, daß im periodischen System der Elemente für die Ordnung, d. h. für das phsyikalische und chemische Verhalten der Elemente, nicht das Atomgewicht, sondern die Kernladungszahl maßgebend ist, erwies sich als ein grundlegendes Resultat. Die Kernladungszahl steigt im periodischen System der Elemente gleichmäßig an und zeigt nicht die Anomalien wie das Atomgewicht. Da ein Atom nach außen hin elektrisch neutral ist, befinden sich um den positiv geladenen Atomkern soviel Elektronen, wie zur Neutralisierung der positiven Kernladung notwendig ist. Es besteht also der folgende wichtige Zusammenhang: Die Kernladungszahl ist einerseits mit der Ordnungszahl und andererseits mit der Anzahl der Elektronen im neutralen Atom gleich.

Ein Atom, das eine elektrische Ladung besitzt, nennt man bekanntlich Ion. Positive Ionen sind Atome, die ein oder mehrere Elektronen verloren haben und in denen daher die Elektronen die positive Ladung des Kerns nicht vollkommen kompensieren können. Es kann auch vorkommen, daß das Atom eine größere Anzahl von Elektronen bindet als die Kernladungszahl, dann überwiegt die negative Elektronenladung und man hat es mit einem negativen Ion zu tun.

Wir erwähnen noch, daß das Atomgewicht, abgesehen von den genannten Fällen, mit wachsender Ordnungszahl wächst, jedoch rascher als die Ordnungszahl. Eine sehr genaue Bestimmung der Ordnungszahl ist auf Grund des *Moseley*schen Gesetzes möglich, das sich auf die Röntgen-Strahlung der Elemente bezieht.

Die Streuung der α-Teilchen gibt uns die Möglichkeit, die *Coulomb*schen Kräfte in der unmittelbaren Nähe des Kerns zu untersuchen. Die Streuformel (2.1) wurde unter der Voraussetzung der Gültigkeit der *Coulomb*schen Kräfte hergeleitet; wenn also die *Coulomb*-Kräfte gültig sind, dann muß nach Formel (2.1) auch $\Delta n v_0^4$ für ein bestimmtes Element in einer vorgegebenen Richtung konstant sein. Über die Gültigkeit dieses Zusammenhanges bekommt man Aufschluß, wenn man den Wert von v_0 ändert. So wurde festgestellt, daß die Entfernung, für welche die *Coulomb*schen Kräfte noch Gültigkeit besitzen, von der Größenordnung 10^{-12} bis 10^{-13} cm ist. Dies muß man zugleich als die Größenordnung der Dimensionen des Kerns betrachten. Die Größenordnung der Dimensionen der Atome beträgt 10^{-8} cm, sie ist also 10^4- bis 10^5-mal größer als die der Kerne. In diesem Raum mit den Abmessungen von der Größenordnung 10^{-8} cm um den Kern befinden sich die Elektronen des Atoms. Hier sei erwähnt, daß sich für die Größenordnung der Dimensionen der Elektronen aus ganz anderen Überlegungen der Wert 10^{-13} cm ergibt.

§ 3. Das Franck-Hertzsche Experiment

Weitere grundlegende Aufschlüsse über die Struktur der Atome erhält man durch die Untersuchung des Zusammenstoßes von Elektronen mit Atomen, wie dies J. Franck und G. Hertz in ihrem berühmten Experiment im Jahre 1913 getan haben.

Ihre erste wichtige Feststellung war, daß der Stoß von Elektronen an den Atomen eines Gases elastisch verläuft, solange die Geschwindigkeit der Elektronen unter einem für das Gas charakteristischen Wert bleibt. Zu dieser Feststellung gelangten sie mit Hilfe des folgenden Experimentes (vgl. Abb. 1): Die aus der Glühkathode i austretenden Elektronen werden durch die zwischen i und dem Gitter h befindliche Spannung beschleunigt, wodurch sie eine von der Spannung abhängige Durchschnittsgeschwindigkeit erhalten. Die Elektronen erleiden im Raum zwischen i und h Zusammenstöße mit den Gasatomen und durchdringen das Gitter h. Nahe beim Gitter h befindet sich eine Metallplatte f. Zwischen dem Gitter h und der Platte f bringt man ein zu dem Beschleunigungsfeld entgegengesetzt gerichtetes elektrisches Feld an (das kleiner ist als das Beschleunigungsfeld) und kann durch Änderung der Feldstärke dieses Feldes (d. h. durch Änderung der zwischen h und f herrschenden Gegenspannung) die Geschwindigkeitsverteilung der auf f auftreffenden Elektronen feststellen. Es läßt sich nämlich aus der Intensität des zwischen i und h fließenden Stromes die Anzahl der auf die Platte f auftreffenden Elektronen bestimmen und aus der zwischen h und f angelegten Gegenspannung die Geschwindigkeit der auf die Platte f auftreffenden Elektronen feststellen, da die Platte f nur diejenigen Elektronen erreichen, deren Geschwindigkeit genügend groß ist, um die Gegenspannung zwischen h und f zu überwinden.

Die Elektronen erleiden mit den Atomen im Raum zwischen i und h Stöße, deren Anzahl sich mit der gegenseitigen Entfernung von i und h ändert. Falls die Endgeschwindigkeit der Elektronen von der Anzahl der Stöße unabhängig ist, verlaufen die Zusammenstöße der Elektronen mit den Atomen elastisch. Auf diese Weise ergab sich, daß, abgesehen von Gasen, deren Atome mit den Elektronen eine Bindung eingehen, d. h.

abgesehen von den sogenannten elektroaffinen Gasen, immer ein Geschwindigkeitsintervall für die Elektronen existiert, in dem die Stöße mit den Gasatomen elastisch sind.

Mit derselben Einrichtung läßt sich noch folgendes Experiment durchführen. Die zwischen h und f befindliche Gegenspannung wird konstant gehalten, während man die zwischen i und h angelegte Spannung V, die zur Beschleunigung der Elektronen dient, ändert, und zwar von kleineren Werten ausgehend in Richtung größerer Werte. Es ergibt sich dann, daß für kleinere Werte von V die Stöße der Elektronen mit den Atomen elastisch verlaufen; mit wachsendem V erreicht man jedoch eine Spannung, bei der die Stöße unelastisch werden. Dies läßt sich aus der Intensität des Stromes feststellen, der zwischen i und f fließt, und zwar folgendermaßen. Solange die Stöße elastisch verlaufen, wächst die Stromintensität mit wachsendem V, da mit wachsendem V die Geschwindigkeit der Elektronen, also die Anzahl der in der Zeiteinheit auf die Platte f auftreffenden Elektronen, wächst. Wenn V den Wert erreicht, bei dem die Stöße nicht mehr weiter elastisch verlaufen, dann verlieren die Elektronen ihre Geschwindigkeit, d. h. die Stromintensität fällt plötzlich. Wenn V weiter wächst, so wird sich der Ort, an dem die Stöße der Elektronen mit den Atomen unelastisch verlaufen und die Elektronen ihre Geschwindigkeit verlieren, nicht unmittelbar vor dem Gitter befinden, sondern weiter an i heranrücken, so daß von dort an die Elektronen bis h durch das Beschleunigungsfeld wieder beschleunigt werden. Wenn V weiter wächst, so erreichen die Elektronen vor h noch einmal den kritischen Geschwindigkeitswert, bei dem die Stöße unelastisch werden. Wenn V noch weiter anwächst, so wiederholt sich dieser Vorgang. Die Stromintensität als Funktion von V wird also äquidistante Maxima und Minima aufweisen (vgl. Abb. 2). Auf diese Weise läßt sich das sogenannte erste kritische Potential feststellen, bei dem die Elektronen mit den Atomen unelastische Stöße erleiden.

Abb. 1. Skizze zum Experiment von Franck und Hertz

Mit dieser Einrichtung konnte man nicht erreichen, daß die Geschwindigkeit der Elektronen über die Geschwindigkeit, die dem ersten kritischen Potential entspricht, anwächst. Dies läßt sich jedoch durch eine kleine Abänderung der in Abb. 1 schematisch dargestellten Einrichtung leicht nachholen. Man bringt zwischen i und f zwei Gitter h_1 und h_2 an, und zwar h_1 sehr nahe zu i, so daß zwischen i und h_1 die Elektronen praktisch keine Stöße mit den Atomen des verdünnten Gases erleiden. Zwischen i und h_1 wird eine Spannung angebracht, die die Elektronen beschleunigt. Die Elektronen treten durch h_1 hindurch und gelangen in den Raum zwischen h_1 und h_2, wo kein elektrisches Feld herrscht und wo sie mit den Gasatomen

Stöße erleiden. Zwischen h_2 und f wird eine Gegenspannung angebracht, die ein zum Beschleunigungsfeld entgegengesetzt gerichtetes elektrisches Feld erzeugt. Mit dieser Einrichtung läßt sich erreichen, daß in den Raum zwischen h_1 und h_2, wo die Stöße der Elektronen mit den Gasatomen stattfinden, Elektronen mit beliebiger Geschwindigkeit gelangen. Es wird wieder der Strom zwischen i und f gemessen, dessen Intensität ebenso wie beim vorher beschriebenen Experiment bei unelastischen Stößen ein Minimum aufweist. Auf diese Weise ist es gelungen, mehrere kritische Potentiale festzustellen. Bei weiterem Anwachsen des Beschleunigungspotentials, d. h. der Elektronengeschwindigkeit, entsteht bei einer bestimmten Grenze eine Ionisation der Atome, d. h. vom Atom wird ein Elektron abgespalten und das Atom zerfällt in ein positives Ion und ein negatives Elektron.

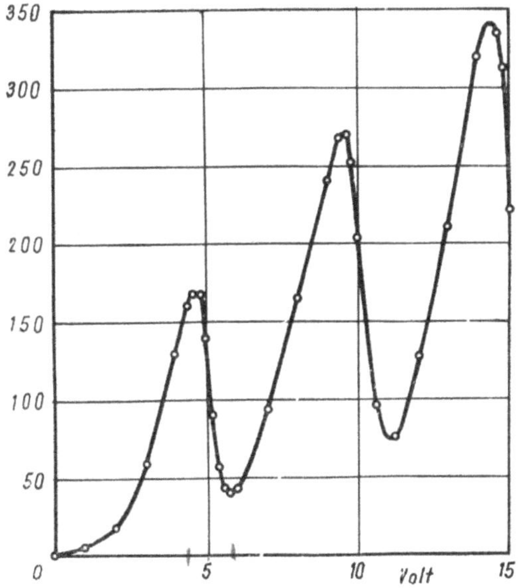

Abb. 2. Die Stromintensität als Funktion der Beschleunigungsspannung im *Franck—Hertz*schen Experiment

Im Quecksilberdampf beträgt z. B. das erste kritische Potential 4,9 Volt, das zweite 6,7 Volt und Ionisation tritt bei 10,2 Volt ein.

Die kritischen Potentiale bzw. die diesen entsprechenden Energiewerte gehören zu den für die Atome und Moleküle charakteristischen wichtigsten Konstanten. Bei dem ersten unelastischen Stoß beginnt nämlich das Gas Licht zu emittieren, und zwar eine Spektrallinie mit bekannter Frequenz. Zwischen den emittierten Spektrallinien und den Energiewerten, die den kritischen Potentialen entsprechen, besteht ein grundlegender Zusammenhang. Wenn $E_1, E_2, \ldots, E_i, \ldots$ die den kritischen Potentialen entsprechenden Energien bedeuten (d. h. die Energiewerte, mit denen die Energie der Elektronen nach Durchlaufen der entsprechenden kritischen Potentialen anwächst, also z. B. bei Hg 4,9 eV, 6,7 eV usw.) und ν_{ik} die Frequenz der emittierten Spektrallinie bezeichnet, dann besteht der folgende grundlegende Zusammenhang

$$h\nu_{ik} = E_i - E_k, \qquad \nu_{ik} = \frac{E_i - E_k}{h}, \tag{3.1}$$

wo h eine fundamentale Konstante der gesamten Quantenphysik, die sogenannte *Planck*sche Konstante, bedeutet, deren Wert

$$h = 6{,}626 \cdot 10^{-27} \text{ erg s} \tag{3.2}$$

beträgt. Die Frequenzen der betreffenden Spektrallinien erhält man also, wenn man die Differenz der kritischen Elektronenenergien durch h dividiert. Diese grundlegende Beziehung ist die sogenannte *Bohr*sche Frequenzbedingung. Diese läßt sich so interpretieren, daß man annimmt, daß die Elektronen eine der kritischen Potentiale entsprechende Energie (E_k) den Gasatomen abgeben, wodurch diese in einen Zustand gelangen, in dem ihre Energie gerade um den Wert der betreffenden kritischen Energie (E_k) größer wird. Wenn das Atom in seinen ursprünglichen Zustand (mit der Energie E_i) zurückkehrt, dann gibt es die Energiedifferenz in Form von Strahlung ab, deren Frequenz durch die *Bohr*sche Frequenzbedingung festgelegt wird.

Das Experiment von Franck und Hertz führt also zu dem überraschenden und grundlegenden Ergebnis, daß die Atome keine beliebigen Energien absorbieren und emittieren können, sondern nur bestimmte diskrete Energiewerte.

§ 4. Das magnetische Moment der Atome

Daß das Atom ein magnetisches Moment besitzt, wurde erstmals von O. Stern und W. Gerlach im Jahre 1921 nachgewiesen. Der Grundgedanke ihres Experiments, mit dem sie das magnetische Moment von Silberatomen bestimmt haben, ist der folgende. Bekanntlich übt ein homogenes magnetisches Feld auf ein magnetisches Moment nur ein Drehmoment aus, das das magnetische Moment in die Richtung des Feldes dreht, jedoch keine Translation ausübt. Eine Translation des magnetischen Momentes kommt nur in einem magnetischen Feld mit veränderlicher Feldstärke, d. h. in einem inhomogenen magnetischen Feld zustande. Dies läßt sich leicht zeigen, wenn wir das magnetische Moment durch einen magnetischen Dipol darstellen (vgl. Abb. 3).

Hierzu betrachten wir einen kleinen Stabmagneten von der Länge l, an dessen Enden sich die magnetischen Pole von der Stärke $+\gamma$ bzw. $-\gamma$ befinden. Dieser Stabmagnet repräsentiert dann einen magnetischen Dipol mit einem Dipolmoment μ vom Betrag

$$\mu = l\gamma. \tag{4.1}$$

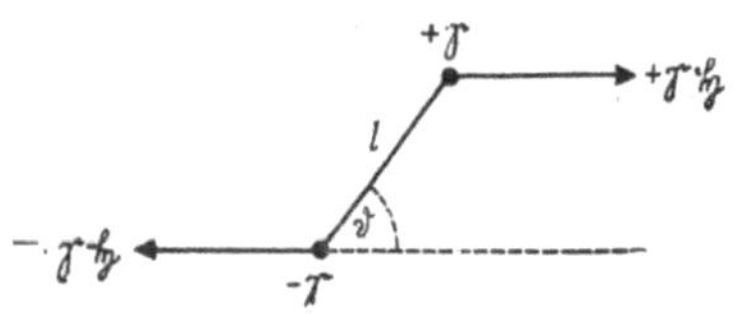

Abb. 3. Magnetischer Dipol in einem homogenen magnetischen Feld

Auf diesen Dipol wirkt ein homogenes magnetisches Feld von der Feldstärke $\mathfrak{H}$ ein Drehmoment vom Betrag

$$M = -\,\mu\mathfrak{H}\sin\vartheta \tag{4.2}$$

aus (vgl. Abb. 3), wo ϑ den Winkel zwischen μ und $\mathfrak{H}$ bezeichnet. Das negative Vorzeichen bedeutet, daß das magnetische Feld den Winkel ϑ zu vermindern versucht. Eine translatorische Kraft entsteht in diesem Falle nicht.

In einem inhomogenen Feld sind die an den beiden Polen des Dipols angreifenden Kräfte nicht gleich groß. Die Feldstärke am Ort des Poles $+\gamma$ sei $\mathfrak{H}'$ und die am Ort des Poles $-\gamma$ sei $\mathfrak{H}$. Dann ist die translatorische Kraft, wenn wir der Einfachheit halber nur in der Richtung x eine Inhomogenität voraussetzen,

$$\begin{aligned}\Delta \mathbf{K} &= \gamma\mathfrak{H}' - \gamma\mathfrak{H} = \gamma\left(\mathfrak{H} + \frac{\partial\mathfrak{H}}{\partial x}\Delta x\right) - \gamma\mathfrak{H} \\ &= \gamma\left(\mathfrak{H} + \frac{\partial\mathfrak{H}}{\partial x} l\cos\vartheta\right) - \gamma\mathfrak{H},\end{aligned} \tag{4.3}$$

also

$$\Delta \mathbf{K} = \mu\cos\vartheta\,\frac{\partial\mathfrak{H}}{\partial x}. \tag{4.4}$$

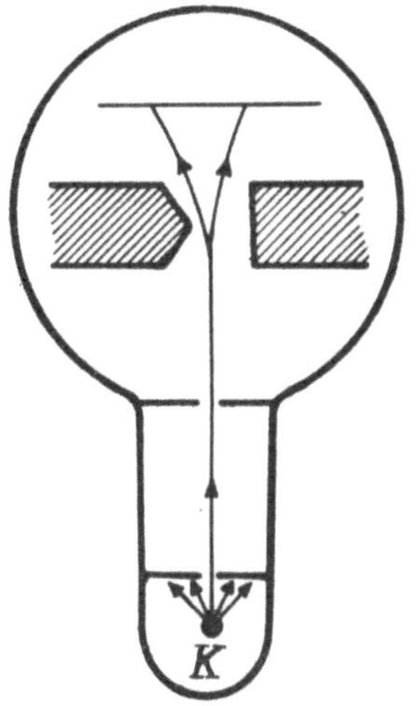

Abb. 4. Schematische Darstellung des *Stern—Gerlach*schen Versuches

Die Kraft in der x-Richtung ist somit mit dem Produkt der Projektion des magnetischen Momentes auf die Richtung x und dem Gradienten der Feldstärke in Richtung x gleich.

Das Experiment von Stern und Gerlach gestaltete sich folgendermaßen (vgl. Abb. 4). In einer evakuierten Glasröhre wurde das zu untersuchende Element, z. B. Silber, bei hoher Temperatur verdampft (K), wobei es in allen Richtungen Atome mit einer von der Temperatur abhängigen Geschwindigkeit abstrahlt. Mit Hilfe von zwei Diaphragmen wurde ein Atomstrahl ausgesondert, der das inhomogene magnetische Feld durchläuft (vgl. Abb. 4). Dieses inhomogene Feld wurde durch zwei Polschuhe erzeugt, von denen der eine am Ende flach und der andere keilförmig ausgebildet war (vgl. Abb. 4). Nach Durchlaufen dieses Feldes wurde der Atomstrahl auf einer Platte aufgefangen, wo dieser durch Niederschlag deutliche Spuren hinterläßt.

Stern und Gerlach haben ihr Experiment, das zu einer grundlegenden Erkenntnis führte, erstmals mit einem Silber-Atomstrahl durchgeführt. Die Silberatome besitzen ein magnetisches Moment und erleiden daher beim Durchlaufen des inhomogenen magnetischen Feldes eine translatorische Kraftwirkung, durch die der aus den Silberatomen bestehende Atomstrahl abgelenkt wird. Falls die Atome ein magnetisches Moment von bestimmter Größe besitzen, dessen Orientierung im magnetischen Feld beliebig sein kann, dann ist eine Verbreiterung des Strahles bzw. der Spur, den der Strahl auf der Platte hinterläßt, zu erwarten; seine Grenze stammt von den Atomen, deren Momente zur magnetischen Feldstärke parallel bzw. antiparallel gerichtet sind. Im Gegensatz hierzu führte jedoch das Experiment zu folgendem Resultat: Der Strahl hat sich nach Durchlaufen des inhomogenen Feldes in zwei Teilstrahlen gespaltet, die zwei Spuren hinterließen, die der zur magnetischen Feldstärke parallelen und antiparallelen Einstellung der magnetischen Momente der Atome entsprechen; die magnetischen Momente besitzen also in einem magnetischen Feld eine bestimmte Orientierung, und zwar stellen sie sich im Falle von Silber-Atomen zum magnetischen Feld entweder parallel oder antiparallel ein.

Es ließ sich auch die Größe des magnetischen Momentes feststellen, und zwar ergab sich für den Betrag des Momentes der Wert

$$\mu = 9{,}2 \cdot 10^{-21}\,\mathrm{G\,cm}^3. \tag{4.5}$$

Dieser stimmt in den Grenzen der Meßgenauigkeit mit dem Wert eines sogenannten *Bohr*schen Magnetons überein. Auf Grund der Atomtheorie läßt sich zeigen, das das *Bohr*sche Magneton der elementaren Einheit des magnetischen Momentes entspricht. Im Rahmen der *Bohr*schen Theorie des Atoms werden wir uns damit noch ausführlich befassen, hier sei vorläufig nur das Resultat vorweggenommen: Für den Betrag des *Bohr*schen Magnetons ergibt sich

$$\mu_B = \frac{eh}{4\pi m_0 c} = 9{,}283 \cdot 10^{-21}\,\mathrm{G\,cm}^3, \tag{4.6}$$

wo e wieder die positive Elementarladung, m_0 die Masse des Elektrons und h die *Planck*sche Konstante bezeichnen; c ist die Lichtgeschwindigkeit.

Das Experiment von STERN und GERLACH führt zu dem grundlegenden Resultat: Erstens, daß ein elementares magnetisches Moment existiert, und zweitens, daß sich dieses Moment in einem magnetischen Feld im Verhältnis zu diesem nur in ganz bestimmten Richtungen einstellen kann.

Andere Erfahrungen weisen darauf hin, daß die magnetischen Momente der Atome immer ganzzahlige Vielfache des elementaren magnetischen Momentes sind. Die Magnetisierung eines Körpers kann man also so auffassen, daß sich die magnetischen Momente der Atome in einer Richtung einstellen. Das magnetische Moment eines Magnets stammt zum größten Teil hieraus.

Mit einem magnetischen Moment ist immer auch ein Drehimpuls verbunden, wie dies das Experiment von EINSTEIN und DE HAAS zeigt. Bei diesem Experiment wird ein Eisenstab an einem elastischen Faden im Inneren eines mit dem Stab koaxialen Solenoids so aufgehängt, daß er sich um seine Längsachse frei drehen kann. Schickt man nun durch das Solenoid einen Strom, dann wird dadurch der Eisenstab magnetisiert, wenn man die Stromrichtung umdreht, so entsteht eine Ummagnetisierung des Stabes, womit eine Drehung des Stabes um seine Längsachse verbunden ist, d. h. es entsteht ein Drehmoment. Wenn sich also das magnetische Moment des Eisenstabes ändert, so ändert sich auch der Drehimpuls des Stabes, woraus folgt, daß dem magnetischen Moment ein Drehimpuls entspricht. Durch Messung des Drehmomentes läßt sich der zu einem magnetischen Moment gehörende Drehimpuls bestimmen. Es ergab sich, daß im Falle bestimmter Elemente, so z. B. im Falle von Fe, Co und Ni, einem *Bohr*schen Magneton der Drehimpuls

$$\frac{1}{2}\frac{h}{2\pi} \tag{4.7}$$

entspricht.

Dieses Resultat ist sehr überraschend. Wenn nämlich das magnetische Moment der Atome aus der Bahnbewegung der um den Atomkern kreisenden Elektronen resultiert, dann ist das Verhältnis des Drehimpulses und des magnetischen Momentes $2m_0c/e$ und nicht, wie im Falle der weiter oben angegebenen Atome, m_0c/e. Dies läßt sich leicht einsehen. Der Betrag eines magnetischen Momentes eines geschlossenen Stromkreises ist bekanntlich in elektrostatischen Einheiten das Produkt der Stromintensität i und der vom Strom umschlossenen Fläche f, dividiert durch c, es ist also

$$|\mu| = \frac{if}{c}. \tag{4.8}$$

Wenn der Strom durch die den Atomkern umkreisenden Elektronen zustande kommt, dann tritt im Falle eines Elektrons $-e/\tau$ anstelle von i, wo τ die Umlaufzeit eines Elektrons bezeichnet. Man erhält also

$$|\mu| = \frac{1}{c}\frac{e}{\tau}f = \frac{1}{c}e\frac{f}{\tau}, \tag{4.9}$$

wo f/τ die Flächengeschwindigkeit darstellt. (Die Flächengeschwindigkeit ist jene Fläche, die der Radiusvektor, der vom Kern zum Elektron gezogen wird, in der Zeiteinheit überstreicht.) Für mehrere Elektronen läßt sich dieser Zusammenhang in folgender Form schreiben

$$\mu = -\frac{1}{c}\sum_i e\frac{1}{2}[\mathbf{r}_i, \mathbf{v}_i] = -\frac{e}{2c}\sum_i [\mathbf{r}_i, \mathbf{v}_i], \tag{4.10}$$

wo $\mathbf{r}_i$ den Ortvektor des i-ten Elektrons und $\mathbf{v}_i$ dessen Geschwindigkeit bezeichnen. Die Formel gilt auch für die Richtung des Momentes.

Für den Drehimpuls der Elektronen erhält man

$$\mathbf{N} = \sum_i m_0[\mathbf{r}_i, \mathbf{v}_i] = m_0 \sum_i [\mathbf{r}_i, \mathbf{v}_i]. \tag{4.11}$$

Aus einem Vergleich mit (4.10) ergibt sich also der Zusammenhang

$$\mu = \frac{e}{2m_0c}\mathbf{N},$$

woraus man für das Verhältnis der Beträge des Drehimpulses und des magnetischen Momentes den Wert

$$\frac{|\mathbf{N}|}{|\boldsymbol{\mu}|} = \frac{2m_0c}{e} \tag{4.12}$$

erhält.

Wie wir schon erwähnt haben, ergibt sich für Fe, Co und Ni die Hälfte dieses Verhältnisses. Die Erklärung dieser Diskrepanz, die man magnetomechanische Anomalie nennt, ist darin zu suchen, daß bei diesen Elementen der Drehimpuls und das magnetische Moment nicht aus der Bahnbewegung der Elektronen resultieren, sondern daß das Elektron einen eigenen Drehimpuls und ein eigenes magnetisches Moment besitzt und die im Falle von Fe, Co und Ni gemessenen Werte sich aus diesen ergeben. Der Drehimpuls des Elektrons beträgt $h/4\pi$ und das magnetische Moment $eh/4\pi m_0c$, also gerade ein *Bohr*sches Magneton. Diesen Drehimpuls des Elektrons nennt man den Elektronenspin. Früher wollte man den Spin interpretieren, indem man voraussetzte, daß sich das Elektron um seine Achse dreht; diese Erklärung konnte jedoch nicht aufrechterhalten werden, da sich für die Geschwindigkeit des Elektrons am Rand ein größerer Wert ergeben würde als die Lichtgeschwindigkeit. Wir werden im folgenden den Spin und das dazugehörige magnetische Moment als Eigenschaften des Elektrons betrachten, die für das Elektron ebenso charakteristisch sind wie seine Ladung oder Masse. Eine Begründung des Spins konnte auf Grund der Quantenmechanik DIRAC geben.

Bei denjenigen Elementen, bei welchen $\frac{|\mathbf{N}|}{|\boldsymbol{\mu}|} = \frac{2m_0c}{e}$ ist, resultieren der Drehimpuls und das magnetische Moment aus der Bahnbewegung der Elektronen und die Spins sowie die magnetischen Momente der Elektronen liefern keinen Beitrag zu $\mathbf{N}$ bzw. $\boldsymbol{\mu}$. Es gibt einige Elemente, so z. B. die seltenen Erden, sowie einige Verbindungen (z. B. gewisse Salze), bei denen man für $|\mathbf{N}|/|\boldsymbol{\mu}|$ einen Wert gefunden hat, der zwischen m_0c/e und $2m_0c/e$ liegt, was sich in der Weise erklären läßt, daß sich in diesen Fällen der resultierende Drehimpuls und der resultierende Spin aus dem Bahndrehimpuls und dem Spin bzw. aus dem magnetischen Moment der Bahnbewegung und dem magnetischen Moment des Elektrons vektoriell zusammensetzt.

Diese Hypothese, daß das Elektron einen Spin und ein eigenes magnetisches Moment besitzt, stammt von GOUDSMIT und UHLENBECK und erwies sich als außerordentlich fruchtbar. Mit dieser Hypothese wurde nicht nur die Erklärung der magnetomechanischen Anomalie ermöglicht, sondern sie erwies sich auch in der Theorie der Spektren als unentbehrlich. Die Erfahrung hat somit die Hypothese von GOUDSMIT und UHLENBECK in vollem Maße bestätigt.

§ 5. Einiges über Atomspektren

Außer den bisher behandelten empirischen Resultaten stehen zur Erforschung der Struktur der Atome noch die Spektren zur Verfügung, die ein außerordentlich reichhaltiges Material enthalten.

Das bekannteste Spektrum ist das der Sonne, das sich sehr einfach demonstrieren läßt. Man läßt in einem verdunkelten Raum einen Sonnenstrahl durch einen Spalt auf ein weißes Blatt Papier fallen, wobei sich der Spalt auf dem weißen Hintergrund weiß abzeichnet. Wenn man nun in den Weg des Strahles ein Glasprisma stellt, so entsteht anstelle des weiß abgebildeten Spaltes ein farbiges Band, das Spektrum des Sonnenlichtes, in dem die Farben in der folgenden Reihenfolge einander folgen: An dem am wenigsten abgelenkten Ende befindet sich rot, danach folgen orange, gelb, grün, blau und violett. Ein solches Spektrum, in dem sich die Farben kontinuierlich aneinanderreihen, nennt man ein kontinuierliches Spektrum. Das, was wir als verschiedenfarbiges Licht wahrnehmen, sind elektromagnetische Wellen von verschiedener Wellenlänge. Im Spektrum der Sonne werden, wenn man von rot in Richtung violett fortschreitet, die Wellenlängen kürzer. Die Wellenlänge des roten Lichtes hat den Wert $7{,}5 \cdot 10^{-5}$ cm, während die des violetten $3{,}6 \cdot 10^{-5}$ cm beträgt.

Das sichtbare Spektrum ist nur ein kleiner Teil des gesamten Sonnenspektrums, an das sich am violetten Ende das ultraviolette und am roten Ende das infrarote Spektrum anschließt. Sowohl die ultravioletten als die infraroten Strahlen sind ebenfalls Wellen elektromagnetischer Natur, die sich vom sichtbaren Licht nur durch ihre Wellenlänge unterscheiden, und zwar ist die der ultravioletten Strahlen kürzer und die der infraroten länger als die des sichtbaren Lichtes. Heute ist schon ein breites Gebiet der elektromagnetischen Strahlen bekannt, so gehören z. B. in dieses Gebiet auch die Röntgen-Strahlen, deren Wellenlänge in den Bereich 10^{-6} bis 10^{-9} cm fällt, sowie die γ-Strahlen, deren Wellenlänge 10^{-9} bis 10^{-11} cm beträgt.

Dem der Sonne ganz ähnliche Spektren emittieren bis zur Weißglut erhitzte feste und flüssige Körper. Die Spektren der Gase sind von diesen wesentlich verschieden, sie sind nicht kontinuierlich, sondern bestehen aus einzelnen Linien; in dem von Gasen emittierten Licht kommen also nur noch ganz bestimmte Wellenlängen vor. Das Studium dieser sogenannten Linienspektren lieferte außerordentlich wichtige Resultate über die Struktur der Atome. Zur Untersuchung der Spektren, insbesondere zur Bestimmung der Wellenlänge der einzelnen Linien dienen die Spektroskope und die optischen Gitter, mit denen wir uns jedoch hier nicht befassen können.

Gegen Ende des XIX. Jahrhunderts hat Balmer die Entdeckung gemacht, daß man die Wellenlängen der damals bekannten Linien des Wasserstoffspektrums durch eine einfache Formel darstellen kann, die man später zweckmäßigerweise auf die folgende Form gebracht hat:

$$\bar{\nu} = R\left(\frac{1}{2^2} - \frac{1}{n^2}\right), \tag{5.1}$$

wo $\bar{\nu}$ die sogenannte Wellenzahl, d. h. die auf 1 cm entfallende Anzahl der Wellen bedeutet; wenn man also die Wellenlänge mit λ bezeichnet, so ist $\bar{\nu} = \frac{1}{\lambda}$, R bezeichnet eine Konstante, deren genauester, heute bekannter Wert

$$R = 109737,309 \text{ cm}^{-1} \tag{5.2}$$

beträgt. Diese Konstante nennt man die *Rydberg*sche Konstante. Die ganze Zahl n kann die Werte 3, 4, 5, 6 annehmen. Durch Einsetzen dieser Werte in die Formel (5.2) erhält man die Wellenzahlen der damals bekannten vier Spektrallinien, der H_α, H_β, H_γ und H_δ-Linien. Später stellte sich heraus, daß die *Balmer*sche Formel (5.1) nicht nur die Wellenzahlen dieser vier Wasserstofflinien richtig wiedergibt, sondern daß man durch Einsetzen der Werte $n = 7, 8, 9, \ldots$ usw. auch die Wellenzahlen der weiteren Spektrallinien des Wasserstoffspektrums erhält, die schon in den ultravioletten Bereich fallen. Heute kennt man bereits mehr als 30 Linien, deren Wellenzahlen die *Bohr*sche Formel wiedergibt, und zwar mit einer sehr großen Genauigkeit.

Aus dem Studium der Linienspektren hat sich herausgestellt, daß sich die Spektrallinien eines Elementes in sogenannte Serien gruppieren lassen, die in erster Linie dadurch charakterisiert sind, daß sich die Linien in Richtung größerer Wellenzahl verdichten und zu einer scharf definierten Grenze konvergieren. Diese Grenze ist für die einzelnen Serien kennzeichnend. Die Linien einer Serie lassen sich auf Grund ihrer Schärfe, ihrer Multiplizität (ob sie aus je einer oder mehreren, dicht nebeneinander liegenden Linien bestehen), ihres Verhaltens in einem Magnetfeld, also im allgemeinen auf Grund ihrer physikalischen Eigenschaften erkennen.

Später hat man im Wasserstoffspektrum noch weitere Serien entdeckt, deren Wellenzahlen sich durch der Gl. (5.1) ganz ähnliche Formeln darstellen lassen und die man zusammengefaßt folgendermaßen schreiben kann

$$\bar{\nu} = R\left(\frac{1}{s^2} - \frac{1}{n^2}\right), \tag{5.3}$$

wo man für $s = 1$ und $n = 2, 3, 4, \ldots$ die *Lyman*-Serie, für $s = 3$ und $n = 4, 5, 6, \ldots$ die *Paschen*-Serie, und für $s = 4$ und $n = 5, 6, 7, \ldots$ die *Bracket*-Serie erhält.

Es läßt sich schon aus den hier angegebenen einfachen Formeln ersehen, daß man die Wellenzahlen der Linien des Wasserstoffspektrums als die Differenz zweier Glieder R/s^2 und R/n^2 darstellen kann, die man in der Spektroskopie Terme nennt. Dies ist ganz allgemein gültig: Es lassen sich nicht nur die Wellenzahlen der Spektrallinien des Wasserstoffs, sondern auch die aller anderen Elemente, und zwar nicht nur die optischen, sondern auch die Wellenzahlen der übrigen Spektralbereiche, so z. B. auch die der Röntgen-Linien als die Differenz von Termen darstellen, die ein viel übersichtlicheres System bilden als die Spektrallinien bzw. deren Wellenzahlen. Die Bestimmung der Terme ist die Hauptaufgabe der Spektroskopie. Aus der Formel (5.3) ist zu sehen, daß im Falle des Wasserstoffes der der Grenze der Serie entsprechende Term R/s^2 ist, d. h. $\bar{\nu}$ nähert sich diesem Grenzwert, wenn n über alle Grenzen wächst.

In den Spektren der Alkalimetalle findet man ähnliche Serien wie beim Wasserstoff. Die Wellenzahlen der Spektrallinien dieser Atome kann man als die Differenz verschiedener Termserien darstellen. Die Terme lassen sich hier nämlich in Serien gruppieren, die man S-, P-, D-, F-, G-, H-, ... Termserien nennt, wobei jeder Buchstabe eine Serie kennzeichnet. In den Termserien unterscheidet man die einzelnen Glieder durch vor das Symbol geschriebene Zahlen; so gibt es z. B. 1S, 2S, 3S, 3P, 6P, 4D, 7D Terme. Die Wellenzahlen der wichtigsten Serien ergeben sich mit diesen Bezeichnungen folgendermaßen:

Im Falle der sogenannten Hauptserie ist $\bar{\nu} = 1\mathrm{S} - m\mathrm{P}$, $m = 2, 3, 4, \ldots,$
im Falle der (diffusen) Nebenserie ist $\bar{\nu} = 2\mathrm{P} - m\mathrm{D}$, $m = 3, 4, 5, \ldots,$
im Falle der (scharfen) Nebenserie ist $\bar{\nu} = 2\mathrm{P} - m\mathrm{S}$, $m = 3, 4, 5, \ldots,$
und im Falle der *Bergmann*-Serie ist $\bar{\nu} = 3\mathrm{D} - m\mathrm{F}$, $m = 4, 5, 6, \ldots.$

Außer diesen gibt es in den Spektren der Alkalimetalle noch weitere Serien. Den Alkalimetallen ganz ähnliche Spektren besitzen die einfach ionisierten Erdalkalien, die zweifach ionisierten alkalischen Erden usw., wenn man in einer Reihe des periodischen Systems von links nach rechts fortschreitet. Im nicht ionisierten Zustand besitzen die Erdalkalien ein komplizierteres Spektrum als die Alkalien, es lassen sich jedoch auch im Spektrum dieser Elemente Serien gut erkennen. Wenn man in einer Reihe des periodischen Systems von links nach rechts fortschreitet, so werden die Spektren der von den Erdalkalien rechts liegenden Elemente in wachsendem Maße komplizierter und man kann in den Spektren dieser Elemente Serien nur noch schwer erkennen, die Wellenzahlen der einzelnen Linien lassen sich jedoch natürlich auch hier durch die Differenz von Termen darstellen, wenigstens prinzipiell, da leider die Feststellung der Terme in vielen Fällen bisher nicht möglich war.

In sehr vielen Spektren bestehen die Spektrallinien nicht aus einer einzelnen Linie, sondern aus mehreren sehr nahe zueinander liegenden Komponenten. Nach der Anzahl der Komponenten spricht man von Singulett-(einfachen), Dublett-(zweifachen), Triplett-(dreifachen) usw. Linien. Gemäß der Multiplizität der Linien müssen auch die entsprechenden Terme, aus deren Differenz sich die Wellenzahlen der Multiplett-(mehrfachen) Linien ergeben, ebenfalls aus mehreren Komponenten bestehen. Der Anzahl der Komponenten entsprechend nennt man die Terme Singulett-, Dublett-, Triplett- usw. Terme. Bei den Alkalien sind die S-Terme alle einfache, also Singulett-Terme, alle anderen Terme sind Dubletts.

Im nächsten Kapitel werden wir uns ausführlich damit befassen, wie es als erstem Bohr gelungen ist, dieses sich aus den Spektren ergebende außerordentlich reichhaltige empirische Material auf Grund der älteren Quantentheorie zu erklären und zu welchen theoretischen Konsequenzen dies führte. Vorerst müssen wir uns jedoch noch mit dem lichtelektrischen Effekt und den Materiewellen befassen, die die duale Natur, d. h. die korpuskulare und Wellennatur des Lichtes und der Materie unter Beweis stellen.

§ 6. Der photoelektrische Effekt. Das Photon

Im ersten Paragraph haben wir schon kurz den *Hallwachs*- oder Photoeffekt erwähnt, der darin besteht, daß bei der Bestrahlung eines Metalles durch Licht ultraviolette Strahlen, Röntgen- oder γ-Strahlen vom Metall-Elektronen austreten, wodurch das Metall sich positiv aufladet. Die Geschwindigkeit der austretenden Elektronen läßt sich experimentell feststellen, wobei sich ergibt, daß zwischen der maximalen Elektronengeschwindigkeit v und der Frequenz ν der auf das Metall auffallenden Strahlung die folgende wichtige Beziehung besteht

$$h\nu = \frac{1}{2} m_0 v^2 + A, \tag{6.1}$$

wo h die *Planck*sche Konstante und m_0 die Elektronenmasse bezeichnen; A bedeutet eine für das betreffende Metall charakteristische Konstante, die sich von der Frequenz als unabhängig erweist. A ist die Arbeit, die ein Elektron leisten muß, um aus dem Metall auszutreten, deshalb nennt man A die Austrittsarbeit der Elektronen. Die Gl. (6.1) ist die von Einstein entdeckte Grundleichung des Photoeffektes.

Im Falle großer Frequenzen, bei Röntgen- oder γ-Strahlen kann man A vernachlässigen, da dann ν bzw. v so groß sind, daß A neben $\frac{1}{2} m_0 v^2$ keine Rolle spielt, wodurch sich die Endgleichung folgendermaßen vereinfacht

$$h\nu = \frac{1}{2} m_0 v^2. \tag{6.2}$$

Die Geschwindigkeit der vom Metall austretenden Elektronen hängt nur von der Frequenz ν ab, ist jedoch von der Intensität der einfallenden

Strahlung unabhängig. Von der Intensität der Strahlung hängt nur die Anzahl der austretenden Elektronen ab.

Der photoelektrische Effekt entsteht nicht nur an Metallen, sondern auch an Dielektrika, nur ist er dort schwieriger nachzuweisen.

Die Erklärung des Photoeffektes auf Grund der klassischen Theorie ist auf große Schwierigkeiten gestoßen und hat letzten Endes zu ganz neuen physikalischen Erkenntnissen geführt. Die Schwierigkeit war die folgende. Das Elektron erhält die zum Austritt aus dem Metall nötige Energie aus der einfallenden elektromagnetischen Strahlung. Nach der klassischen Theorie verteilt sich die Energie in der Strahlung kontinuierlich, woraus folgt, daß bei einer kleinen Intensität eine lange Zeit, bei sehr kleinen Intensitäten Tage nötig wären, bis auf einer von einem Atom beanspruchten Fläche, d. h. auf einer Kreisfläche von einem Durchmesser von etwa 10^{-8} cm, sich eine zum Austritt des Elektrons aus dem Metall genügende Energie ansammeln würde. Im Gegensatz hierzu zeigt die Erfahrung, daß der Effekt auch bei sehr kleinen Intensitäten sofort zustande kommt.

Dies führte EINSTEIN zu der grundlegenden Hypothese, daß im Licht und im allgemeinen in jeder Form der elektromagnetischen Strahlung die Energie nicht kontinuierlich verteilt, sondern in Quanten, sogenannten Photonen, konzentriert ist. Wenn ein Photon mit einem Atomelektron zusammenstößt, kann es seine Energie dem Elektron abgeben, und damit hört das Photon auf zu existieren.

Für die Energie E des Photons muß man nach (6.1) voraussetzen, daß

$$E = h\nu \tag{6.3}$$

ist. Nach der Relativitätstheorie ist die der Energie E entsprechende Masse

$$m = \frac{E}{c^2}, \tag{6.4}$$

also im Falle des Photons

$$m = \frac{h\nu}{c^2}. \tag{6.5}$$

Damit erhält man für den Betrag des Impulses des Photons

$$p = mc = \frac{h\nu}{c} = \frac{h}{\lambda}. \tag{6.6}$$

Hieraus läßt sich die Wellenlänge λ des Lichtes mit dem Impulsbetrag p des Photons folgendermaßen ausdrücken

$$\lambda = \frac{h}{p}. \tag{6.7}$$

Die Grundeigenschaften des Photons bilden die Ausdrücke (6.3) für die Energie und (6.6) für den Betrag des Impulses des Photons.

Mit der Photonenhypothese läßt sich der photoelektrische Effekt erklären, da die durch Bestrahlung mit Licht erzeugte Elektronenemission, wenn die Energie des Lichtes in Photonen konzentriert ist, durch einen Zusammenstoß eines Photons mit einem Elektron zustande kommt, also auch bei sehr kleinen Lichtintensitäten sofort einsetzt.

Andererseits läßt sich jedoch auch die Wellennatur des Lichtes nicht entbehren, da aus den Interferenzerscheinungen eindeutig folgt, daß sich entlang des Lichtstrahles die elektrische und magnetische Feldstärke periodisch ändern. Das Licht besitzt also eine zweifache, duale Natur, und zwar eine Wellennatur und eine korpuskulare Natur. Durch welche der beiden sich das Licht bemerkbar macht, hängt vom Experiment ab, das wir am Lichtstrahl vornehmen. Zwischen den Photonen und der elektromagnetischen Welle besteht folgender Zusammenhang. Die Anzahl der Photonen ist zur Intensität, d. h. zum Quadrat des Betrages der Wellenamplitude proportional. So gelangen z. B. im Falle der Beugung eines Lichtstrahles an die Orte, wo die Intensität groß ist, mehr Photonen als an die Orte mit kleiner Lichtintensität; an diejenigen Orte, an denen die Lichtintensität Null ist, gelangen keine Photonen. Die Intensität der Welle bestimmt also die Verteilung der Photonen.

Die Photonenhypothese hat sich als sehr fruchtbar erwiesen, so ließ sich z. B. mit dieser unabhängig von der Wellentheorie der *Doppler*-Effekt erklären. Weiterhin konnte man auf Grund dieser Hypothese auch eine Erklärung der Rotverschiebung des von Sternen mit großer Masse emittierten Lichtes geben.

Ein weiterer Effekt, den man auf Grund der Photonenhypothese erklären konnte, ist der *Compton*-Effekt, der darin besteht, daß bei der Streuung einer elektromagnetischen Strahlung an einer beliebigen Materie sich die Wellenlänge der gestreuten Strahlung ändert, und zwar größer wird. Die Wellenlängenänderung hängt nur vom Streuwinkel ab und ist unabhängig von der Materie, an der die Streuung stattfindet, sowie von der Wellenlänge der einfallenden Strahlung. Die Änderung der Wellenlänge beträgt

$$\Delta\lambda = 2\lambda_0 \sin^2\frac{\vartheta}{2}, \tag{6.8}$$

wo ϑ den Streuwinkel, d. h. den Winkel zwischen der Richtung des ursprünglichen Strahles und der Richtung des gestreuten Stahles bezeichnet und λ_0 die universelle Konstante

$$\lambda_0 = 2{,}4 \cdot 10^{-10}\,\text{cm} = 0{,}024\,\text{Å}, \quad (1\,\text{Å} = 10^{-8}\,\text{cm}) \tag{6.9}$$

bedeutet. Dieser Effekt läßt sich auf Grund der Photonenhypothese sehr leicht erklären, wenn man voraussetzt, daß die Streuung des Photons so erfolgt, daß das Photon mit einem Elektron zusammenstößt und dadurch aus seiner ursprünglichen Richtung abgelenkt wird. Die hieraus gewonnenen Resultate stimmen mit den empirischen vollkommen überein.

Die duale Natur des Lichtes, die wir hier kennengelernt haben und die auf Grund der klassischen Vorstellungen sehr fremd erscheint, ist ein fundamentales Naturgesetz, das, wie wir im nächsten Paragraph sehen werden, auch für materielle Teilchen gilt.

§ 7. Materiewellen

DAVISSON und GERMER haben im Jahre 1927 die grundlegende Erscheinung entdeckt, daß sich Elektronenstrahlen ganz ähnlich wie elektromagnetische Wellen verhalten, indem sie Beugungserscheinungen aufweisen. Hiervon kann man sich folgendermaßen überzeugen.

Man läßt einen Elektronenstrahl fast tangentiell auf ein Metallgitter auffallen, wie dies THIBAUD im Falle von Röntgenstrahlen getan hat; man erhält dann ganz ähnliche Beugungserscheinungen wie mit Röntgenstrahlen. Die Verwendung eines Glasgitters ist nicht zweckmäßig, da dieses von den Elektronenstrahlen Ladung aufnimmt, durch die die Elektronen abgelenkt werden. Aus dem Beugungsdiagramm läßt sich die Wellenlänge des Elektronenstrahles feststellen, für die sich

$$\lambda = \frac{h}{m_0 v} = \frac{h}{p} \tag{7.1}$$

ergibt, wo h wieder die *Planck*sche Konstante und m_0 die Elektronenmasse bezeichnen; v ist die Elektronengeschwindigkeit und p der Impulsbetrag der Elektronen. Der Zusammenhang (7.1) erweist sich also ganz ähnlich zu (6.7), der für Photonen gilt. λ nennt man die dem Elektronenstrahl entsprechende *de Broglie*sche Wellenlänge.

Ebenso wie das Licht außer seiner Wellennatur eine korpuskulare Natur besitzt, muß man z. B. den korpuskularen Elektronenstrahlen auch eine Wellennatur zuschreiben. Wenn man einen Elektronenstrahl auf eine dünne Kristallfolie auffallen läßt, die der Strahl noch durchdringt, so kann man mit dem Elektronenstrahl dieselben Beugungserscheinungen erzeugen wie mit einem Röntgenstrahl, man erhält so z. B. die den *Laue*schen Beugungserscheinungen entsprechenden Diagramme. Wenn der Elektronenstrahl eine mikrokristalline (d. h. aus sehr vielen elementaren Kristallen zusammengesetzte) Metallplatte durchdringt, so entstehen in sehr prägnanter Weise die *Debye-Scherrer*schen Beugungsringe.

Daß es sich hier tatsächlich um Elektronenstrahlen handelt und nicht etwa um eine elektromagnetische Begleitstrahlung, davon kann man sich sehr leicht mit Hilfe eines Magneten überzeugen, auf dessen Wirkung hin sich das ganze Beugungsbild verschiebt.

Für Elektronen mit großer Geschwindigkeit, die eine Potentialdifferenz von etwa 30000 Volt durchlaufen haben, ergibt sich eine genaue Übereinstimmung mit der Formel (7.1); für langsamere Elektronen, deren Geschwindigkeit einigen Hundert Volt entspricht, erhält man eine Abweichung von (7.1), deren Ursache darin zu suchen ist, daß für die Materiewellen der Brechungsindex und somit auch die Wellenlänge im Inneren des Kristalls einen anderen Wert hat als außerhalb des Kristalls, d. h. in dem kräftefreien Raum mit dem Potential Null.

O. Stern konnte zeigen, daß auch ein aus He-Atomen bestehender Atomstrahl eine Wellennatur besitzt. Der Zusammenhang zwischen der *de Broglie*schen Wellenlänge des He-Atomstrahles und dem Impulsbetrag der He-Atomen ist derselbe wie bei Elektronen. Die rund 7400-mal größere Masse der He-Atome wird durch die bedeutend kleinere Geschwindigkeit der Atome kompensiert, so daß sich für λ wieder eine Größenordnung ergibt, bei der an Kristallen Beugungserscheinungen entstehen.

Damit kann man es als erwiesen betrachten, daß korpuskulare Strahlen ganz im allgemeinen, also nicht nur in den hier erwähnten Fällen, auch eine Wellennatur besitzen. Diese Dualität ist eine der fundamentalsten Erkenntnisse der neuen Physik und zugleich eine der wichtigsten experimentellen Grundlagen der Quantenmechanik.

II. Die Bohrsche Atomtheorie

§ 8. Die Bohrsche Theorie des Wasserstoffatoms

Die Grundlagen, auf die N. BOHR seine Theorie des Atoms aufbaute, waren im wesentlichen das *Rutherford*sche Atommodell und die *Einstein*sche Photonen-Hypothese, die wir im vorhergehenden Kapitel schon kennengelernt haben.

BOHR ging unmittelbar vom *Rutherford*schen Atommodell aus, wonach die Elektronen des Atoms den Kern ganz ähnlich wie die Planeten die Sonne umkreisen. Hier tritt jedoch sofort eine Schwierigkeit auf: Wenn nämlich die Elektronen den Kern umkreisen, so müßte auf Grund der Elektrodynamik das Atom eine elektromagnetische Strahlung emittieren, denn der Kern und die den Kern umkreisenden Elektronen bilden ein System mit einem alternierenden elektrischen Dipol, was besonders im Falle eines einzelnen Elektrons deutlich ersichtlich ist. Infolge der elektromagnetischen Strahlung des Atoms würden die Elektronen an Energie verlieren und auf einer Spiralbahn in den Kern fallen. Das *Rutherford*sche Atommodell ist also in der klassischen Theorie instabil, es bedarf somit einer tiefgreifenden Abänderung, die von BOHR entwickelt wurde. Nach den Voraussetzungen von BOHR kann das Elektron den Kern nur auf ganz bestimmten Bahnen umkreisen. Im Gegensatz zur klassischen Elektrodynamik hat BOHR vorausgesetzt, daß das Atom – während sich das Elektron auf solch einer Bahn bewegt – keine Strahlung emittiert. Auf den einzelnen nach BOHR zulässigen Bahnen hat das Elektron eine bestimmte Energie. Das Elektron kann nur die diesen stationären Bahnen entsprechenden Energien besitzen, zwischen denen es, ebenso wie zwischen den Bahnen, keinen kontinuierlichen Übergang gibt. Das Atom kann also seine Energie nur sprunghaft ändern, indem ein Elektron des Atoms von einer zulässigen Bahn auf eine andere zulässige Bahn übergeht. Hieraus folgt, daß das Atom nur bestimmte Energien emittieren und absorbieren kann, beliebige Energiemengen jedoch nicht. So kann ein Atom z. B. nur eine Strahlung absorbieren, für das die Energie $h\nu$ der Photonen mit der Differenz der Energie zweier stationärer Zustände gleich ist; durch die Absorption des Photons wird die Energie des Atoms erhöht, und zwar in der Weise, daß ein Elektron des Atoms in einen um $h\nu$ höher gelegenen stationären Zustand gehoben wird. Beim entgegengesetzten Prozeß, wenn das Elektron von einem energetisch höher gelegenen Energieniveau auf ein tiefer gelegenes übergeht, emittiert das Atom die Energiedifferenz der beiden Niveaus als ein $h\nu$ Energiequantum als elektromagnetische Strahlung.

Alles dies läßt sich in der folgenden Gleichung zusammenfassen

$$E_n - E_s = h\nu, \tag{8.1}$$

woraus man für die Frequenz bzw. Wellenzahl der vom Atom emittierten oder absorbierten Strahlung die Ausdrücke erhält

$$\nu = \frac{E_n - E_s}{h}, \qquad \bar{\nu} = \frac{\nu}{c} = \frac{E_n - E_s}{ch}. \tag{8.2}$$

Die Gl. (8.1), die für die Theorie grundlegend ist, nennt man, wie schon erwähnt, die *Bohr*sche Frequenzbedingung, der wir schon beim *Franck–Hertz*schen Experiment im § 3 begegnet sind.

Bohr hat seine Theorie zuerst für das Wasserstoffatom ausgearbeitet, bei dem den Kern ein enzelnes Elektron umkreist. Für diesen Fall lassen sich die entsprechenden Energien sehr einfach bestimmen. Das Elektron wird durch die zwischen dem Elektron und dem Kern wirkende elektrostatische Anziehungskraft an den Kern gebunden. Wenn wir uns nur auf Kreisbahnen beschränken und den Radius der Bahn mit r bezeichnen, so ergibt sich für den Betrag dieser Anziehungskraft e^2/r^2, wo e die positive Elementarladung bedeutet. Eine auf das Elektron wirkende, zu dieser entgegengesetzt gerichtete Kraft ist die Zentrifugalkraft vom Betrag $m_0 v^2/r$, wo m_0 die Elektronenmasse und v die Elektronengeschwindigkeit bezeichnen. Auf einer stationären Bahn müssen diese beiden Kräfte gleich sein, man hat also

$$\frac{e^2}{r^2} = \frac{m_0 v^2}{r}. \tag{8.3}$$

Zur Berechnung der Bahn und der Energie des Elektrons benötigen wir noch eine weitere Gleichung. Diese liefert die *Bohr*sche Quantenbedingung, die die möglichen (zulässigen) Bahnen und Energien im Wasserstoffatom bestimmt. Diese Bedingung, die sich weder herleiten noch auf andere Prinzipien oder Grundgleichungen zurückführen läßt, ist somit mit einer Willkür behaftet und besagt im Falle von Kreisbahnen, daß der Betrag des Drehimpulses (der im Falle von Kreisbahnen den Wert $m_0 v r$ besitzt) nur mit einer ganzzahligen Vielfachen von $h/2\pi$ gleich sein kann, daß also

$$m_0 v r = n \frac{h}{2\pi} \tag{8.4}$$

ist, wo n eine ganze Zahl bezeichnet. Diese ganze Zahl, die den Wert Null nicht annehmen kann, nennt man Quantenzahl.

Die Quantenbedingung läßt sich auch allgemeiner formulieren, und zwar in der Form

$$\oint p_i dq_i = n_i h, \quad (i = 1, 2, \ldots, f), \tag{8.5}$$

wo q_i die allgemeinen Koordinaten und

$$p_i = \frac{\partial E_k}{\partial \dot{q}_i}$$

die zu diesen kanonisch konjugierten allgemeinen Impulse des Systems bedeuten, wo wir mit E_k die kinetische Energie des Systems bezeichnet haben. Im allgemeinen ist die Anzahl der Quantenbedingungen mit der Anzahl der allgemeinen Koordinaten identisch.

Im Falle von Kreisbahnen hat man als allgemeine Koordinate das Azimut φ. Mit dem Ausdruck

$$E_k = \frac{1}{2} m_0 r^2 \dot{\varphi}^2$$

der kinetischen Energie ergibt sich für den allgemeinen Impuls

$$p = m_0 r^2 \dot{\varphi} = m_0 r v,$$

da $r\dot{\varphi} = v$ ist. Für Kreisbahnen führt somit die Quantenbedingung zu folgendem Resultat

$$\oint p dq = m_0 v r \oint d\varphi = 2\pi m_0 r v = nh, \tag{8.6}$$

das mit (8.4) übereinstimmt.

Aus den Gln. (8.3) und (8.4) lassen sich die Radien der einzelnen möglichen Kreisbahnen und die Geschwindigkeit des Elektrons auf diesen Bahnen berechnen. Wenn man die beiden Seiten von (8.4) auf die zweite Potenz hebt und mit (8.3) multipliziert, so ergibt sich

$$m_0^2 r^2 v^2 \frac{e^2}{r^2} = n^2 \frac{h^2}{4\pi^2} \frac{m_0 v^2}{r}, \tag{8.7}$$

woraus für die Radien der einzelnen Kreisbahnen

$$r_n = \frac{h^2}{4\pi^2 m_0 e^2} n^2 \tag{8.8}$$

folgt, wo wir den zur Hauptquantenzahl n gehörenden Wert von r mit dem Index n gekennzeichnet haben. Durch Einsetzen von r_n in (8.4) erhält man für den Betrag der Geschwindigkeit des Elektrons auf der n-ten Bahn

$$v_n = \frac{2\pi e^2}{h} \frac{1}{n}. \tag{8.9}$$

Die Radien der nach BOHR zulässigen Elektronenbahnen sind also zu n^2 und der Betrag der Elektronengeschwindigkeiten auf den einzelnen Bahnen zu $1/n$ proportional.

Der Radius der innersten Bahn, der $n = 1$ entspricht, beträgt

$$r_1 = \frac{h^2}{4\pi^2 m_0 e^2} = 0{,}529 \cdot 10^{-8}\,\text{cm}. \tag{8.10}$$

Auf dieser Bahn hat die Geschwindigkeit des Elektrons den Wert

$$v_1 = \frac{2\pi e^2}{h} = 2{,}2 \cdot 10^8\,\text{cm}\,\text{s}^{-1}.$$

Uns interessiert in erster Linie die Energie E des Elektrons im Atom, die sich aus einem potentiellen und einem kinetischen Anteil zusammensetzt. Es ergibt sich

$$E = -\frac{e^2}{r} + \frac{1}{2} m_0 v^2 . \tag{8.11}$$

Wenn man die Gl. (8.3) mit $r/2$ multipliziert, so erhält man den Zusammenhang

$$\frac{1}{2}\frac{e^2}{r} = \frac{1}{2} m_0 v^2,$$

den man Virialsatz nennt und der besagt, daß die Hälfte des Betrages der potentiellen Energie des Elektrons mit der kinetischen Energie des Elektrons gleich ist. Mit Rücksicht auf diesen Zusammenhang ergibt sich aus (8.11) für die Energie des Elektrons

$$E = -\frac{1}{2}\frac{e^2}{r}. \tag{8.12}$$

Wenn man in diesem Ausdruck für r die Werte (8.8) einsetzt und die entsprechenden Energien ebenfalls mit dem Index n versieht, so erhält man

$$E_n = -\frac{2\pi^2 m_0 e^4}{h^2}\frac{1}{n^2}. \tag{8.13}$$

Diese Formel gibt die möglichen Energiewerte des Elektrons im H-Atom, die den einzelnen *Bohr*schen Bahnen entsprechen.

Mit der *Bohr*schen Frequenzbedingung erhält man aus dieser Formel für die Wellenzahl der Strahlung, die das Atom im Falle eines Quantensprungs des Elektrons von der Bahn mit der Quantenzahl n auf eine Bahn mit der kleineren Quantenzahl s emittiert, den Wert

$$\bar{\nu} = \frac{E_n - E_s}{hc} = \frac{2\pi^2 m_0 e^4}{h^3 c}\left(\frac{1}{s^2} - \frac{1}{n^2}\right), \tag{8.14}$$

$$(n > s)$$

wo c die Lichtgeschwindigkeit bezeichnet. Wenn man hier die Werte der atomaren Konstanten einsetzt, dann findet man, daß, abgesehen von einer kleinen Korrektion, auf die wir sofort zu sprechen kommen, der Faktor $2\pi^2 m_0 e^4/h^3 c$ mit dem empirischen Wert (5.2) der *Rydberg*-Konstante übereinstimmt. Die von BOHR für die Wellenzahlen des Wasserstoffatoms hergeleitete Formel (8.14) stimmt also mit den empirischen Werten überein und für R ergibt sich der Ausdruck

$$R = \frac{2\pi^2 m_0 e^4}{h^3 c}, \tag{8.15}$$

der nur universelle atomare Konstanten enthält.

Die *Bohr*sche Theorie des Wasserstoffatoms war also imstande, über die Wasserstoffterme und somit das Wasserstoffspektrum Rechenschaft zu geben. Die einzelne Serien ergeben sich aus (8.14), wenn man für s eine der ganzen Zahlen 1, 2, 3, 4 und für n eine jeweils größere Zahl als s setzt, was dem Umstand entspricht, daß bei einer Lichtemission das Elektron von einem höheren Energiezustand in einen tieferen übergeht.

Dem tiefsten Energiezustand, für den der Radius der Elektronenbahn am kleinsten ist, entspricht $n = 1$. Diesen Zustand nennt man den Grundzustand des Wasserstoffatoms. Die Energie des Elektrons, also des Wasserstoffatoms, beträgt in diesem Zustand

$$E_1 = -Rhc = -13{,}54\,\text{eV}.$$

Den Betrag dieser Energie nennt man die Ionisierungsenergie des Wasserstoffatoms, diese Energie ist aufzuwenden, um das im Grundzustand des Wasserstoffatoms befindliche Elektron aus dem Atomverband zu entfernen, also das Atom zu ionisieren.

Die hier entwickelte Theorie des Wasserstoffatoms läßt sich sehr einfach auch auf den allgemeinen Fall übertragen, in dem die Kernladungszahl Z statt 1 beträgt. Es entsteht dann nur in der Grundgleichung (8.3) der Unterschied, daß auf der linken Seite Ze^2/r^2 statt e^2/r^2 steht. Dadurch werden die *Bohr*schen Radien zu $1/Z$, die Elektronengeschwindigkeiten zu Z und die Energien zu Z^2 proportional. Somit tritt auch im Ausdruck von $\bar{\nu}$ der Faktor Z^2 auf, wodurch sich die Spektrallinien in das ultraviolette Gebiet verschieben.

Wir haben weiter oben erwähnt, daß zur vollständigen Übereinstimmung der theoretisch hergeleiteten *Rydberg*schen Konstante R mit der empirischen am theoretischen Ausdruck (8.15) von R noch eine kleine Korrektion anzubringen ist. Ein sehr schöner Erfolg der *Bohr*schen Theorie war, daß man diese Korrektion auf Grund dieser Theorie begründen konnte. In unseren bisherigen Berechnungen haben wir nämlich den Kern als ruhend betrachtet. Bei einer größeren Genauigkeit muß man jedoch in Betracht ziehen, daß sich auch der Kern bewegt, und zwar bewegen sich das Elektron und der Kern um den im Ruhe befindlichen gemeinsamen Schwerpunkt des Systems.

Die Berechnungen kann man auch bei Berücksichtigung der Mitbewegung des Kerns leicht durchführen und es ergibt sich das Resultat, daß anstelle von R der Faktor

$$\frac{R}{1+\frac{m_0}{M}} \tag{8.16}$$

tritt, wo M die Masse des Kerns bezeichnet. So erhält man z. B. für die *Rydberg*-Konstante des Wasserstoffs

$$R_{\mathrm{H}}=\frac{R}{1+\frac{m_0}{M}},$$

und für die des einfach ionisierten Heliums

$$R_{\mathrm{He}}=\frac{R}{1+\frac{m_0}{M_{\mathrm{He}}}}.$$

Bei Berücksichtigung der Mitbewegung des Kerns mit der Masse M tritt ganz allgemein in die Formel für die Wellenzahl der Spektrallinien $R\Big/\left(1+\frac{m_0}{M}\right)$ anstelle von R, was durch die empirischen Resultate vollkommen bestätigt wird.

Solange wir nur Kreisbahnen in Betracht ziehen, genügt zur Charakterisierung eines Quantenzustandes eine Quantenzahl; wenn wir jedoch auch Ellipsenbahnen zulassen, bei denen sich der Kern in einem Fokus befindet, so treten, wie SOMMERFELD gezeigt hat, zwei Quantenbedingungen und dementsprechend zwei Quantenzahlen auf. In diesem Falle wird nämlich der Ort eines Elektrons durch zwei Koordinaten, und zwar durch das Azimut φ und die Entfernung vom Kern r festgelegt. Wenn man die zu φ bzw. r kanonisch konjugierten allgemeinen Impulse mit p_φ bzw. p_r bezeichnet, so kann man die Quantenbedingungen in folgender Form schreiben

$$\oint p_\varphi d\varphi = kh, \tag{8.17}$$

$$\oint p_r dr = n_r h, \tag{8.18}$$

wo k und n_r ganze Zahlen bedeuten, und zwar ist k die sogenannte azimutale und n_r die radiale Quantenzahl. Die Integrationen sind über einen vollen Umlauf des Elektrons zu erstrecken. Die Quantenbedingung (8.17) besagt, daß der Betrag des Drehimpulses ein ganzes Vielfaches von $h/2\pi$ sein, also den Wert $kh/2\pi$ haben muß. Die Quantenzahlen können die folgenden ganzzahligen Werte annehmen: Die radiale Quantenzahl n_r kann alle ganzzahligen Werte inklusive des Wertes Null annehmen, für die Quantenzahl k ist der Wert Null ausgeschlossen.

Um mit der Erfahrung im Einklang zu bleiben, erwies es sich als notwendig, statt k die sogenannte Nebenquantenzahl l einzuführen, die einen um 1 kleineren Wert als k hat; es ist also $k = l + 1$, wo nun l auch den Wert Null annehmen kann. Aus den empirischen Ergebnissen folgt, daß der Betrag des Drehimpulses nicht $kh/2\pi$ ist, sondern mit $lh/2\pi$ besser übereinstimmt.

Die Summe

$$n = n_r + k = n_r + l + 1 \tag{8.19}$$

nennt man Hauptquantenzahl. Bei vorgegebener Hauptquantenzahl n beträgt der maximale Wert von k gleich n, während der maximale Wert von l gleich $n - 1$ ist.

Im Falle von Kreisbahnen reduzieren sich die Quantenbedingungen (8.17) und (8.18) auf die Bedingung (8.6); im Falle von Kreisbahnen ist nämlich $p_r = 0$, es bleibt daher nur (8.17) bestehen. Für Kreisbahnen ist $k = n$.

Im Falle von elliptischen Bahnen ergeben sich für die halbe große Achse a und für die halbe kleine Achse b der Ellipsenbahn bei einer Kernladungszahl Z die folgenden Formeln

$$a = \frac{n^2}{Z} a_{\mathrm{H}}, \qquad b = \frac{nk}{Z} a_{\mathrm{H}}, \tag{8.20}$$

wo a_{H} den kleinsten *Bohr*schen Wasserstoffradius (8.10) bezeichnet. Aus diesen Formeln ist zu sehen, daß für $k = n$ die Bahn eine Kreisbahn ist. Für $k \neq n$ ergibt sich eine elliptische Bahn, die um so schmäler (d. h. in Richtung der langen Achse gestreckt) ist, je kleiner k im Verhältnis zu n ist. Für den Wert $k = 0$ erhielte man für die Elektronenbahn eine Gerade, die durch den Kern geht; dieses anschauliche Bild weist auch darauf hin, daß der Wert $k = 0$ nicht zulässig ist. In Abb. 5 haben wir die den Quantenzahlen $n = 3$, $k = 1$; $n = 3$, $k = 2$; $n = 3$, $k = 3$ entsprechenden Bahnen dargestellt. Die zum gleichen Wert der Hauptquantenzahl gehörenden großen Achsen der Ellipsenbahnen sind alle gleich groß und sind im Falle einer Kreisbahn mit dem Durchmesser der Kreisbahn identisch.

Es läßt sich zeigen, daß im Falle der Ellipsenbahnen des H-Atoms – solange man nicht relativistisch rechnet – die Energie nur von $n = n_r + k$ abhängt, was bedeutet, daß diese mit der Energie der Kreisbahnen identisch sind.

Die hier bisher entwickelte nicht-relativistische Theorie des Wasserstoffatoms gibt keinen Aufschluß über die sogenannte Feinstruktur des Wasserstoffspektrums, die wir bisher nicht behandelt haben und die darin besteht, daß unter einem Spektroskop von sehr großem Auflösungsvermögen die Linien des H-Atoms auf sehr nahe zueinander liegende Linien (Komponenten) aufspalten. Dies konnte von Sommerfeld geklärt werden, indem er die Rechnungen auf Grund der relativistischen Mechanik durchführte, was zu dem Resultat führte, daß sich die Ellipsenbahnen um den Fokus, in welchem sich der Atomkern befindet, drehen, und das Elektron sich somit auf der in Abb. 6 dargestellten Bahn bewegt. Für die Energieterme des Wasserstoffatoms erhielt er das wichtige Resultat, daß diese nun nicht nur von $n = n_r + k = n_r + l + 1$, sondern auch noch eigens von l abhängen; die einzelnen Energieniveaus, die in unseren bisherigen Berechnungen zusam-

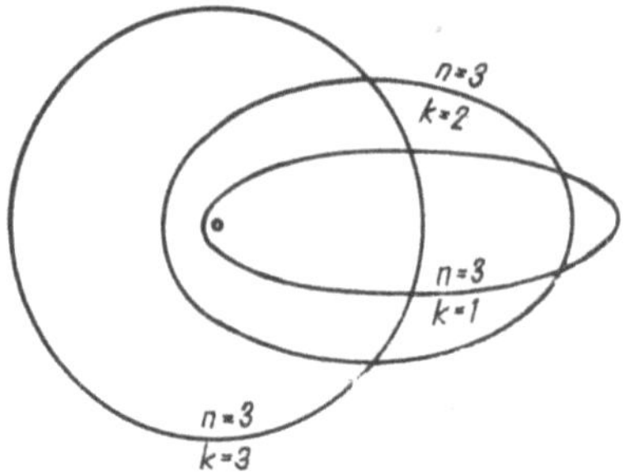

Abb. 5. Die *Bohr*schen Elektronenbahnen des H-Atoms

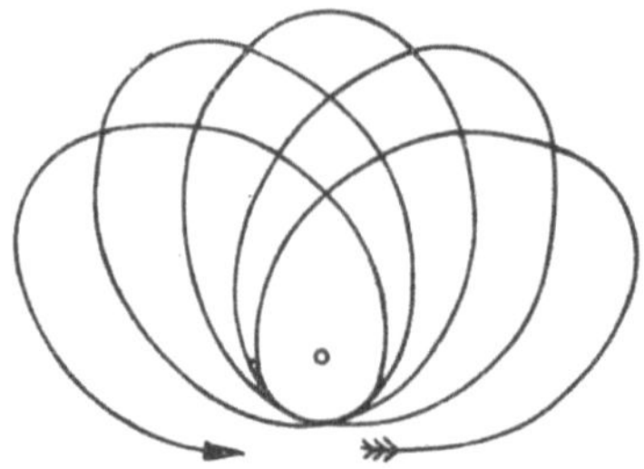

Abb. 6. Eine Elektronenbahn des H-Atoms nach der Theorie von Bohr und Sommerfeld

menfielen, spalten auf und es entsteht die Feinstruktur des H-Spektrums. Diese Theorie von Sommerfeld, die für die Feinstruktur des Spektrums ein mit der Erfahrung vollkommen übereinstimmendes Resultat lieferte, enthält trotzdem einen Mangel, es fehlt nämlich die Berücksichtigung des Spins und der Quantenmechanik. Die durch diese beiden Vernachlässigungen verursachten Fehler kompensieren sich jedoch gerade in der Feinstruktur des Spektrums, was eines der seltensten Zusammentreffen ist. Die strenge Theorie der Feinstruktur des H-Spektrums hat auf Grund der relativistischen Quantenmechanik Dirac gegeben.

§ 9. Das Moseleysche Gesetz

Ein hochgradig ionisiertes Atom von der Ordnungszahl Z, das alle Elektronen bis auf eines verloren hat, würde – wenn man von der Mitbewegung des Kerns absieht – Spektrallinien emittieren, deren Wellenzahl durch die folgende Formel dargestellt wird

$$\bar{\nu} = RZ^2 \left(\frac{1}{s^2} - \frac{1}{n^2}\right). \tag{9.1}$$

Der Faktor Z^2 bewirkt, daß die Linien von $Z = 30$ an in den Röntgen-Bereich des Spektrums fallen. 30-fach oder höher ionisierte Atome kann man experimentell nicht herstellen. Man findet jedoch im Röntgenspektrum Linien, deren Wellenzahlen durch eine Formel dargestellt werden können, die zu (9.1) analog ist und aus dieser hergeleitet werden kann.

Bei der Herleitung dieser Formel müssen wir die Tatsache vorwegnehmen, auf die wir in Kürze zu sprechen kommen, daß nämlich die Elektronen eines Atoms nicht alle das energetisch tiefste Niveau mit $n = 1$ besetzen, sondern sich auf verschiedene Quantenzustände verteilen. Die zur gleichen Hauptquantenzahl gehörenden Elektronen gruppieren sich in Elektronenschalen. Diese Schalen nennt man K-, L-, M-, N-, ... Schalen, ihre durchschnittliche Entfernung vom Kern wächst und sie enthalten der Reihe nach die Elektronen mit den Hauptquantenzahlen $n = 1, 2, 3, 4, \ldots$.

Wenn ein Atom durch Stoß eines Photons mit großer Energie oder durch einen Elektronenstoß ein Elektron in einer inneren Schale verliert, dann kann auf dessen Platz aus einer anderen Schale ein Elektron von höherer Energie übergehen, wobei es Licht, im Falle einer größeren Ordnungszahl Röntgen-Strahlen emittiert. Wenn man von der Wechselwirkung der Elektronen absieht, so würde die Wellenzahl der so entstandenen Röntgen-Strahlen die obenstehende Formel darstellen. In Wirklichkeit wird jedoch die elektrostatische Wirkung des Kerns durch die inneren Elektronen abgeschirmt und man kann für jede Schale eine Konstante Z_n einführen, die dieser Abschirmung Rechnung trägt, und zwar in der Weise, daß in der betreffenden Schale das Kernpotential nicht Ze/r, sondern $(Z - Z_n)e/r$ beträgt. Dementsprechend ist die Energie eines Elektrons, das sich in der Schale mit der Hauptquantenzahl n befindet,

$$E = (Z - Z_n)^2 \frac{Rhc}{n^2}. \tag{9.2}$$

Die Bedeutung der Einführung der Abschirmungskonstanten liegt darin, daß sich diese von Z im wesentlichen als unabhängig erweisen.

Für die K- und L-Schalen kann man $Z_n = 1$ setzen und erhält somit für die Wellenzahl des Lichtes, das beim Übergang eines Elektrons von der L-Schale in die K-Schale emittiert wird

$$\bar{\nu} = (Z - 1)^2 R \left(\frac{1}{1^2} - \frac{1}{2^2}\right) = \frac{3}{4}(Z - 1)^2 R. \tag{9.3}$$

Dies ist das berühmte *Moseley*sche Gesetz, wonach die Wellenzahl der sogenannten K_α-Linie zu $(Z - 1)^2$ proportional ist. Die Elemente von $Z = 4$ bis $Z = 92$ genügen diesem Gesetz mit großer Genauigkeit. Am besten wird dieses Gesetz für die Elemente mit mittlerem Z erfüllt, da Z_n doch eine geringe Abhängigkeit von Z aufweist. Mit Hilfe des *Moseley*schen Gesetzes läßt sich die Ordnungszahl eines Elementes sofort feststellen, wenn die Wellenzahl der K_α-Linie bekannt ist. Auf die komplizierten und mit einem sehr ausgedehnten empirischen Material verbundenen Röntgen-Spektren können wir hier nicht näher eingehen.

§ 10. Die Spektren der Alkali- und der alkaliähnlichen Atome

Die Theorie des Wasserstoffatoms konnte man, von den Quantenbedingungen ausgehend, auch auf komplizierte Atome, so in erster Linie auf Alkaliatome ausdehnen, bei denen das äußerste Elektron wesentlich schwächer an das Atom gebunden ist als die übrigen Elektronen des Atoms. Auf dieses Elektron, das sich im Durchschnitt in größerer Entfernung vom Kern befindet als die übrigen, wirkt das elektrostatische Potential des Kerns und der übrigen Elektronen. Bei genügend großen Entfernungen vom Kern ist die Wirkung des Kerns und der übrigen Elektronen ganz ähnlich der einer Punktladung, also eines Wasserstoffkerns, weshalb die diesen Zuständen entsprechenden Terme fast vollkommen mit den Wasserstofftermen übereinstimmen. Wenn aber das äußerste Elektron, das sogenannte Valenzelektron, an den Kern näher herankommt und z. B. im Falle schmaler Ellipsenbahnen in die inneren Elektronen des Atoms eindringt, dann weicht das Feld des Kerns und der inneren Elektronen von dem einer punktförmigen Ladung ab, weshalb sich die diesen Zuständen entsprechenden Terme von den Wasserstofftermen stärker unterscheiden. Rydberg hat die Alkaliterme in erster Näherung in folgender Form dargestellt

$$T = \frac{R}{(n + \delta_1)^2}\,. \tag{10.1}$$

Ritz hat in zweiter Näherung die folgende Formel angegeben

$$T = \frac{R}{\left(n + \delta_1 + \frac{\delta_2}{n^2}\right)^2}\,, \tag{10.2}$$

wo δ_1 und δ_2 die sogenannten *Rydberg*schen bzw. *Ritz*schen Korrektionen bezeichnen, die nur von k bzw. l abhängen. Die Terme sind also von den Wasserstofftermen verschieden, da im Nenner nicht mehr das Quadrat einer ganzen Zahl, sondern das Quadrat von $n + \delta_1$ bzw. $n + \delta_1 + \delta_2/n^2$ steht, die keine ganzen Zahlen sind. Die Alkaliterme schreibt man häufig auch in der Form R/n^{*2}, wo n^{*2} die Nenner der obenstehenden Ausdrücke bezeichnet. n^* nennt man effektive Quantenzahl, die jedoch keine ganze Zahl mehr ist. Auf Grund der *Bohr*schen Theorie konnte man δ_1 und δ_2 berechnen, wobei sich mit der Erfahrung gut übereinstimmende Resultate ergaben.

Daß die Alkaliterme mit den Wasserstofftermen nicht vollständig übereinstimmen, hat zwei Ursachen. Die eine, die wir schon erwähnten, besteht darin, daß in den Zuständen, in denen das Valenzelektron in den Atomrumpf eindringt, das auf das Valenzelektron wirkende Potential von einem *Coulomb*-Potential abweicht, die zweite ist darin zu suchen, daß in dem Fall, in dem sich das Valenzelektron in größerer Entfernung vom Atomrumpf befindet, dieses den Atomrumpf polarisiert, also das aus dem positiven Kern und den negativen Elektronen bestehende System etwas auseinanderzieht, indem es den positiven Kern anzieht und die negativen Elektronen abstößt, wodurch im Atomrumpf ein elektrischer Dipol entsteht, den man ebenfalls zu berücksichtigen hat.

Wie aus dem weiter oben Gesagten hervorgeht, hängen die Alkaliterme nicht mehr allein von der Hauptquantenzahl $n = n_r + l + 1$ ab, sondern zeigen auch eine Abhängigkeit von l (da δ_1 und δ_2 Funktionen von l sind). Die den verschiedenen Werten von l entsprechenden Terme gruppiert man in Serien, deren Glieder man durch die Hauptquantenzahl n unterscheidet. Die den Werten $l = 0, 1, 2, 3, \ldots$ entsprechenden Terme nennt man bzw. S-, P-, D-, F-, ... Terme. Die Hauptquantenzahl setzt man vor das Termsymbol. Die einzelnen Glieder der S-Termserie sind z. B. 1S, 2S, 3S, ..., was wir schon im § 5 erwähnten.

Den Alkalitermen ähnliche Terme ergeben sich, wenn man im periodischen System der Elemente von links nach rechts fortschreitet, für die einfach ionisierten Erdalkalien, für die zweifach ionisierten alkalischen Erden usw. Diese Ionen besitzen eine ähnliche Elektronenstruktur wie die Alkaliatome, nur daß bei diesen die Wirkung des Rumpfes auf das Valenzelektron der Reihe nach der Wirkung eines zweifachen, dreifachen, ... Ions entspricht und daß dementsprechend die Alkaliterme mit den Faktoren 2^2, $3^2, \ldots$ zu multiplizieren sind. Diese Terme ließen sich also auf Grund der *Bohr*schen Theorie ebenfalls herleiten, man konnte die Theorie sogar auf kompliziertere Atome erweitern.

§ 11. Das Korrespondenzprinzip

Wir wenden uns wieder dem H-Atom zu und berechnen die Frequenz, die einem Übergang vom Quantenzustand mit der Hauptquantenzahl m in einen Quantenzustand mit der Hauptquantenzahl n entspricht für den Fall, daß $m - n \ll n$ ist. Man hat dann

$$\nu = Rc\left(\frac{1}{n^2} - \frac{1}{m^2}\right) = Rc\,\frac{m^2 - n^2}{m^2 n^2} = Rc\,\frac{(m+n)(m-n)}{m^2 n^2} \approx Rc\,\frac{2}{n^3}\,(m-n), \tag{11.1}$$

da voraussetzungsgemäß $m \approx n$ ist.

Wir wollen nun die klassische Umlaufsfrequenz des Elektrons auf der Quantenbahn mit der Hauptquantenzahl n bestimmen. Für diese ergibt sich

$$\nu = \frac{v_n}{2\pi\, r_n} = \frac{\dfrac{2\pi e^2}{h}\,\dfrac{1}{n}}{\dfrac{h^2}{2\pi m_0 e^2}\, n^2} = \frac{2\pi^2 m_0 e^4}{h^3}\,\frac{2}{n^3} = Rc\,\frac{2}{n^3}\,. \tag{11.2}$$

Aus einem Vergleich dieser Formel mit der obenstehenden ist zu sehen, daß für große Quantenzahlen die dem Quantensprung $m - n = 1$ entsprechende

Frequenz mit der klassischen Umlaufsfrequenz übereinstimmt, weiterhin die Frequenz, die dem Quantensprung $m - n = 2$ entspricht, in das zweifache der klassischen Umlaufsfrequenz übergeht usw. Zwischen den quantentheoretischen und den klassischen Frequenzen besteht also ein asymptotischer Zusammenhang.

Dies ist ein spezieller Fall einer allgemeinen Gesetzmäßigkeit, die man das *Bohr*sche Korrespondenzprinzip nennt; es besagt, daß die quantentheoretischen Gesetze im Grenzfall in die entsprechenden klassischen übergehen. Das Korrespondenzprinzip erwies sich in der *Bohr*schen Quantentheorie als sehr wichtig, denn mit Hilfe dieses Prinzips ließ sich z. B. die Intensität und Polarisation der den verschiedenen Quantensprüngen entsprechenden Spektrallinien bestimmen.

Ebenfalls auf Grund des Korrespondenzprinzips ließ sich feststellen, daß bestimmte Quantensprünge nicht vorkommen, daß also die diesen entsprechenden Spektrallinien im Spektrum fehlen. So ergeben sich sogenannte Auswahlregeln, mit denen sich die Quantenzustände bestimmen lassen, zwischen denen ein Quantensprung zustande kommt, d. h. deren Terme man miteinander kombinieren kann. So ließ sich feststellen, daß nur solche Terme miteinander kombinieren können, bei denen sich die Nebenquantenzahl l um den Wert 1 unterscheidet, für die also $\Delta l = \pm 1$ ist; andere Termkombinationen kommen nicht zustande. So kann z. B. ein S-Term mit einem P-Term kombinieren, eine Kombination z. B. mit einem anderen S-Term oder D-Term ist jedoch ausgeschlossen. Für die Hauptquantenzahl n besteht keine Auswahlregel, es können daher zwischen Termen mit beliebiger Hauptquantenzahl, die sonst erlaubt sind, Übergänge stattfinden. Zwei weitere Auswahlregeln werden wir später kennenlernen (vgl. § 29).

§ 12. Der Stark- und Zeeman-Effekt

Mit dem *Stark*- und *Zeeman*-Effekt befassen wir uns hier nur kurz. Wenn sich ein Atom in einem elektrischen Feld befindet, so spalten sich die Spektrallinien im allgemeinen in mehrere Linien auf oder aber sie verschieben sich; dies ist der *Stark*-Effekt. Die Quantentheorie vermag diesen Effekt zu erklären (vgl. § 62), denn in einem äußeren elektrischen Feld ändern sich die Terme, es können mehrere zusammenfallende Terme in voneinander verschiedene Terme aufspalten, was zur Aufspaltung der Spektrallinien führt; die Verschiebung einzelner Spektrallinien ist eine Folge der Verschiebung der Terme im elektrischen Feld. Das äußere elektrische Feld wirkt sich auch auf die Intensität der Spektrallinien aus. Wie nämlich aus der Theorie auf Grund des Korrespondenzprinzips folgt, kann das äußere elektrische Feld bewirken, daß gewisse, ohne ein äußeres elektrisches Feld nach dem Korrespondenzprinzip verbotene Übergänge erlaubt (ermöglicht) werden, wodurch das Vorhandensein von verbotenen Linien in starken elektrischen Feldern erklärt wird.

Der *Zeeman*-Effekt, der in der Erforschung der Elektronenstruktur des Atoms eine besonders wichtige Rolle spielt, besteht in folgendem. Wenn sich Atome in einem magnetischen Feld befinden, so spalten die von diesen emittierten Spektrallinien in mehrere Linien auf. Dieser Effekt findet ganz ähnlich zum *Stark*-Effekt seine Erklärung darin, daß ursprünglich zusammenfallende Terme im magnetischen Feld aufspalten, was zu einer Aufspaltung der Spektrallinien führt. Mit diesem Effekt befassen wir uns später ausführlicher (vgl. § 61), hier bringen wir nur die für die Atomstruktur wichtigsten Resultate.

Wie aus dem Verhalten von Atomen in einem magnetischen Feld hervorgeht (vgl. hierzu auch § 4), kann die in Richtung des Feldes fallende Komponente des aus der Bahnbewegung des Elektrons entstehenden Drehimpulses, kurz Bahndrehimpulses, nur ganz bestimmte Werte, und zwar ganzzahlige Vielfache von $h/2\pi$ annehmen; diese Werte können somit $mh/2\pi$ betragen, wo die ganze Zahl m die magnetische Quantenzahl bezeichnet. So kann sich z. B. für den Wert $l = 4$ der Nebenquantenzahl der Bahndrehimpuls des Elektrons im Verhältnis zum magnetischen Feld $\mathfrak{H}$ nur in den auf Abb. 7 dargestellten Richtungen einstellen. Danach kann die Projektion von l in Richtung des äußeren magnetischen Feldes nur die Werte 4, 3, 2, 1, 0, -1, -2, -3, -4 annehmen. Es gibt also in diesem Fall $2 \cdot 4 + 1 = 9$ mögliche Werte für die Projektion und somit ebensoviel Einstellungsmöglichkeiten des Bahndrehimpulses. Im allgemeinen gehören zu einem Wert l der Nebenquantenzahl die folgenden Werte $l, l-1, \ldots, 1, 0, -1, \ldots, -(l-1), -l$ der magnetischen Quantenzahl m, deren Anzahl $2l + 1$ beträgt. Die magnetische Quantenzahl kann also auch negative Werte annehmen. Wie wir im § 4 gesehen haben, gehört zum Bahndrehimpuls $\mathbf{N}$ eines Elektrons das magnetische Moment $-\frac{e}{2m_0c}\mathbf{N}$. Die magnetische Quantenzahl m gibt den Wert der in Richtung der magnetischen Feldstärke gemessenen Komponente des magnetischen Momentes in der Einheit $eh/4\pi m_0c$, d. h. eines *Bohr*schen Magnetons an.

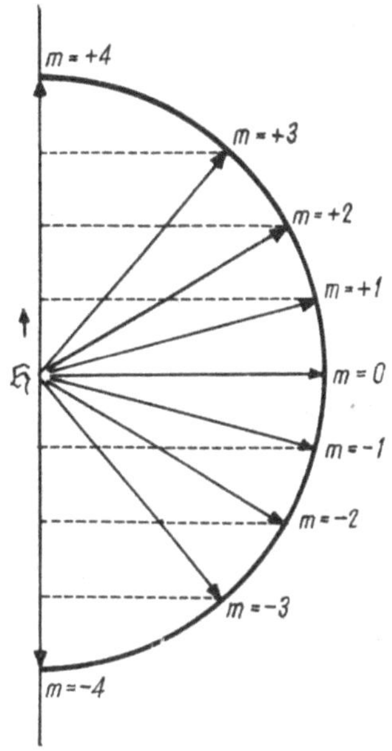

Abb. 7. Die möglichen Einstellungen des Drehimpulses für den Fall $l = 4$

Da der Bahndrehimpuls des Elektrons auf die Bahnebene senkrecht steht, zeigt dieses Resultat anschaulich, daß sich die Ebene der Elektronenbahn zur magnetischen Feldstärke nur in bestimmten Richtungen einstellen kann.

Aus dem Korrespondenzprinzip läßt sich auch für die magnetische Quantenzahl m eine Auswahlregel herleiten, wonach ein Übergang nur zwischen solchen Zuständen stattfinden kann, für welche die magnetische Quantenzahl unverändert bleibt oder sich um 1 ändert, d. h. für welche

$$\Delta m = 0, \pm 1 \tag{12.1}$$

ist.

§ 13. Spinquantenzahl, innere Quantenzahl

Zur vollständigen Beschreibung eines Quantenzustandes muß man noch eine weitere Quantenzahl einführen. Wie wir schon im § 4 erwähnten, haben GOUDSMIT und UHLENBECK die sehr fruchtbare Hypothese aufgestellt, daß das Elektron einen eigenen Drehimpuls besitzt, dessen Größe jedoch kein ganzzahliges Vielfaches, sondern das $\pm 1/2$-fache von $h/2\pi$ ist, also $\pm \frac{1}{2} \frac{h}{2\pi}$ beträgt. Die Zahl $\pm 1/2$ nennt man Spinquantenzahl und bezeichnet sie mit m_s. Wie wir ebenfalls im § 4 gesehen haben, entspricht dem Spin ein magnetisches Moment vom Wert $eh/4\pi m_0 c$, d. h. vom Wert eines *Bohr*schen Magnetons.

Zur vollständigen Beschreibung bzw. zur vollständigen Definition eines Quantenzustandes sind die vier Quantenzahlen n, l, m und m_s notwendig.

Mit Hilfe des Spins konnte man unter anderem die Multiplizität der Terme erklären, und zwar folgendermaßen. Der Spin des Elektrons, oder im Falle von mehreren Elektronen die Resultante der Spins der Elektronen, kann sich im Verhältnis zum Bahndrehimpuls nur in ganz bestimmten Richtungen einstellen. Infolge der Wechselwirkung zwischen den mit dem Spin und mit dem Bahndrehimpuls gekoppelten magnetischen Momenten entsprechen den verschiedenen Spineinstellungen verschiedene Wechselwirkungsenergien. Dies verursacht die Aufspaltung der Terme in mehrere nahe zueinander liegende Komponenten und führt zur Multiplettaufspaltung der Spektrallinien.

Außer den vier Quantenzahlen, mit denen wir uns bisher befaßt haben, benutzt man häufig noch eine Quantenzahl, die sogenannte innere Quantenzahl, die man mit j bezeichnet. j ist für den gesamten Drehimpuls des Atoms maßgebend, der aus dem Bahndrehimpuls und dem Spin resultiert; der gesamte Drehimpuls des Atoms beträgt also $jh/2\pi$ und j kann ganz- oder halbzahlige Werte annehmen.

Die Quantenzahlen n, l, m und m_s genügen, wie schon gesagt, vollständig zur Beschreibung eines Quantenzustandes; man muß also die Quantenzahl m_j zu diesen nicht noch hinzunehmen. Man kann jedoch statt diesen vier Quantenzahlen auch die folgenden vier Quantenzahlen einführen: n, l, j und m_j, wo m_j wieder eine magnetische Quantenzahl bedeutet, die folgendermaßen definiert ist. Der gesamte Drehimpuls des Atoms kann sich im Verhältnis zur Richtung eines äußeren magnetischen Feldes nur so einstellen, daß die Projektion des gesamten Drehimpulses in dieser Richtung $m_j h/2\pi$ sei, wo m_j eine ganze oder halbe Zahl bezeichnet; den Wert 0 kann m_j nur im Falle ganzzahliger Werte von j annehmen.

Für j bestehen die folgenden Auswahlregeln

$$\Delta j = 0, \pm 1,$$

mit Ausnahme des Überganges $0 \rightarrow 0$.

§ 14. Die hyperfeine Struktur der Spektren

Wie aus dem bisher Gesagten hervorgeht, läßt sich die Multiplizität der Spektrallinien mit dem Elektronenspin erklären. Außer der Multiplettstruktur besitzen jedoch die Spektrallinien eine weitere Struktur, die sogenannte hyperfeine Struktur, die ebenfalls in einer Aufspaltung der Spektrallinien besteht; die Aufspaltung ist jedoch wesentlich kleiner als die gewöhnliche Multiplettaufspaltung und kann nur mit Spektroskopen von sehr großem Auflösungsvermögen beobachtet werden.

Die Hyperfeinstruktur ist auf mehrere Ursachen zurückzuführen. Die eine ist die Isotopie. Die meisten Elemente sind ein Gemisch von Elementen mit derselben Ordnungszahl, aber verschiedenem Atomgewicht, die man Isotope nennt. Wie wir schon bei der Behandlung des Wasserstoffatoms im § 8 gesehen haben, muß man bei der genauen Berechnung der Terme in Betracht ziehen, daß sich ein Elektron im Atom nicht um den in Ruhe befindlichen Kern bewegt, sondern daß sich ein Elektron und der Kern um den gemeinsamen Schwerpunkt bewegen, weshalb die Kernmasse in die Formel für die Wellenzahl der Spektrallinien eingeht. Bei den Isotopen äußert sich dieser Umstand darin, daß sich die Spektrallinien aufspalten.

Weiterhin wird die Wellenzahl auch dadurch beeinflußt, daß nicht nur die Masse, sondern auch die Struktur der Kerne in den verschiedenen Isotopen verschieden ist (vgl. hierzu § 59).

Eine weitere Ursache der Hyperfeinstruktur ist darin zu suchen, daß auch die Kerne ein magnetisches Moment und einen Spin besitzen. Die Größenordnung des magnetischen Kernmomentes ist ein Kernmagneton, das man aus dem *Bohr*schen Magneton dadurch erhält, daß man die Elektronenmasse durch die Nukleonenmasse ersetzt, wodurch sich für das Kernmagneton ein rund 1800-mal kleinerer Wert als das *Bohr*sche Magneton ergibt. Der Kernspin verursacht ebenso wie der Elektronenspin eine noch weitere Aufspaltung der Spektrallinien, da aber das dem Kernspin entsprechende magnetische Kernmoment wesentlich kleiner ist als das *Bohr*sche Magneton, erweist sich dementsprechend auch die Aufspaltung der Spektrallinien als wesentlich kleiner.

§ 15. Die Terme der aus mehreren Elektronen bestehenden Konfigurationen. Termsymbole

Wir wollen uns kurz damit befassen, wie die Drehimpulse bzw. die diesen entsprechenden magnetischen Momente der Elektronen im Falle mehrerer Elektronen zusammenzusetzen sind, und feststellen, welche Quantenzustände bzw. Terme zustande kommen. Wir betrachten ein Zweielektronensystem, an dem sich die Gesetzmäßigkeiten leicht demonstrieren lassen. Statt der Zusammensetzung der Drehimuplse zu einer Resultante setzen wir die entsprechenden Quantenzahlen zusammen, da diese die Drehimpulse bzw. die magnetischen Momente eindeutig definieren. Es seien also zwei Elektronen gegeben, von denen sich das eine in einem Quantenzustand mit der Nebenquantenzahl l_1 und der Spinquantenzahl $m_{s1} = \pm 1/2$ und das andere in einem Quantenzustand mit der Nebenquantenzahl l_2 und der Spinquantenzahl $m_{s2} = \pm 1/2$ befindet. Die Drehimpulse bzw. die ihnen entsprechenden Quantenzahlen kann man auf verschiedene Weise zusammensetzen bzw. koppeln; wir befassen uns hier nur mit der normalen sogenannten *Russel-Saunders*schen Koppelung. Danach sind l_1 und l_2 zu einer Resultante L und ganz ähnlich m_{s1} und m_{s2} zu einer Resultante S zusammenzusetzen; den endgültigen Drehimpuls erhält man aus der Zusammensetzung von L und S. Für die Zusammensetzung der Nebenquantenzahlen l_1 und l_2 gilt die Regel, daß diese als Vektoren zusammenzusetzen sind, und zwar so, daß die Resultante eine ganze Zahl sei. Der maximale Wert von L ist $l_1 + l_2$ und der minimale $l_1 - l_2$ (wenn $l_1 > l_2$ ist). Negative Werte sind hier nicht zugelassen, diesen käme nämlich keinerlei phsyikalische Bedeutung zu, da es keine ausgezeichnete Richtung gibt, mit deren Hilfe man die positive und negative Richtung des Drehimpulses unterscheiden könnte. Wenn also z. B. $l_1 = 3$ und $l_2 = 2$ ist, dann kann L die folgenden Werte annehmen: $L = 5, 4, 3, 2, 1$. Die Spins können sich zueinander parallel oder antiparallel einstellen. Im Falle einer antiparallelen Einstellung ist $S = 0$ und im Falle einer parallelen Einstellung $S = 1$. Im letzteren Fall bestehen drei verschiedene Möglichkeiten zur Einstellung von S im Verhältnis zu L, und zwar kann sich S zu L parallel, senkrecht oder antiparallel einstellen. Die sich hieraus ergebende Resultante ist J. Im Falle $L = 3$ und $S = 1$ hat J die Werte $J = 4, 3, 2$. Für $S = 1$ ergibt sich also eine Triplettaufspaltung und für $S = 0$, da in diesem Falle keine Spinaufspaltung existiert, erhält man singulette Terme.

Für die Werte $L = 0, 1, 2, \ldots$ bezeichnet man die Terme mit den Symbolen $S, P, D, \ldots$. Vor dieses Symbol schreibt man die Hauptquantenzahl und ebenfalls vor das Symbol, und zwar als oberen Index, setzt man die Multiplizität der Terme. Zur Unterscheidung der einzelnen Multiplettkomponenten setzt man als unteren Index hinter das Symbol die innere Quantenzahl J. So erhält man z. B. in dem oben behandelten Fall die folgenden Terme: ${}^3F_4$, ${}^3F_3$, ${}^3F_2$ und ${}^1F_3$. Wenn man auch die Hauptquantenzahl hinzunimmt (die in dem oben behandelten Beispiel nicht vorkam), dann gestaltet sich ein Termsymbol z. B. folgendermaßen: $3^2P_{1/2}$. Es sei noch erwähnt, daß die dem Wert $L = 0$ entsprechenden Terme, d. h. die S-Terme, immer Singulett-Terme sind, da es in diesem Fall keine vorgegebene Richtung gibt, im Verhältnis zu der sich S gemäß den Regeln der Richtungsquantelung einstellen könnte.

§ 16. Das Pauli-Prinzip

Aufbau des periodischen Systems der Elemente auf Grund des Pauli-Prinzips

Wie schon erwähnt, werden die einzelnen Quantenzustände eines Elektrons im Atom durch die Quantenzahlen n, l, m und m_s vollständig definiert. Die den Werten $l = 0, 1, 2, 3, 4, \ldots$ der Nebenquantenzahl entsprechenden Quantenzustände bzw. die in diesen befindlichen Elektronen bezeichnet man mit den Symbolen $s, p, d, f, g, \ldots$. Die entsprechende Hauptquantenzahl n setzt man vor das Symbol. So spricht man z. B. von einem $4s$ oder $2p$-Quantenzustand der Elektron. Im ersten Fall ist $n = 4$ und $l = 0$ und im zweiten $n = 2$ und $l = 1$.

Es läßt sich leicht feststellen, wieviel s-, p-, d-, f-, ... Quantenzustände zu einem vorgegebenen Wert der Hauptquantenzahl gehören. Wir haben gesehen, daß zu einem Wert von l $2l + 1$ verschiedene Werte der magnetischen Quantenzahl m gehören und daß jedem dieser Werte eine Quantenbahn entspricht. Auf jede dieser Quantenbahnen entfallen zwei Quantenzustände, da die Spinquantenzahl m_s je zwei verschiedene Werte hat. Bei einem vorgegebenen Wert der Hauptquantenzahl ist also die Anzahl der s-, p-, d-, f-, ... Elektronen 2, 6, 10, 14, ... Die Anzahl der zu einem vorgegebenen Wert der Hauptquantenzahl n gehörenden Quantenzustände, d. h. die Zustände mit allen zulässigen l-Werten, erhält man, wenn man $2(2l + 1)$ über alle möglichen Werte von l summiert. Bei einem vorgegebenen Wert n der Hauptquantenzahl sind die möglichen l-Werte $0, 1, 2, .., n - 1$. Da weiterhin

$$\sum_{l=1}^{n-1} 2(2l + 1) = 2n^2 \tag{16.1}$$

ist, folgt, daß die Anzahl der zum Wert n der Hauptquantenzahl gehörenden Quantenzustände $2n^2$ beträgt. Für die Werte $n = 1, 2, 3, 4, 5, ..$ der Hauptquantenzahl ergibt sich also für die Anzahl aller Quantenzustände 2, bzw. 8, 18, 32, 50, ...

Für die Elektronenstruktur des Atoms ist es ausschlaggebend, wie sich die Elektronen auf die einzelnen Quantenzustände des Atoms verteilen. Hierüber gibt das *Pauli*-Prinzip Aufschluß, das sich in der gesamten Quantenphysik als grundlegend erwiesen hat und folgendes besagt: In einem Atom kann es keine zwei oder mehr als zwei Elektronen geben, deren alle vier Quantenzahlen übereinstimmen, d. h. mit anderen Worten, daß ein durch vier Quantenzahlen definierter Zustand nur durch 1 Elektron besetzt werden kann.

Die Besetzungszahlen der Quantenzustände von Atomen

Die *Stoner*sche Tabelle

Periode	Z	Element	1s	2s	2p	3s	3p	3d	4s	4p	4d	4f	5s	5p	5d	6s	6p	6d	7s
I.	1	H	1																
	2	He	2																
	3	Li	2	1															
	4	Be	2	2															
	5	B	2	2	1														
II.	6	C	2	2	2														
	7	N	2	2	3														
	8	O	2	2	4														
	9	F	2	2	5														
	10	Ne	2	2	6														
	11	Na	2	2	6	1													
	12	Mg	2	2	6	2													
	13	Al	2	1	6	2	1												
III.	14	Si	2	2	6	2	2												
	15	P	2	2	6	2	3												
	16	S	2	2	6	2	4												
	17	Cl	2	2	6	2	5												
	18	A	2	2	6	2	6												
	19	K	2	2	6	2	6		1										
	20	Ca	2	2	6	2	6		2										
	21	Sc	2	2	6	2	6	1	2										
	22	Ti	2	2	6	2	6	2	2										
	23	V	2	2	6	2	6	3	2										
	24	Cr	2	2	6	2	6	5	1										
	25	Mn	2	2	6	2	6	5	2										
	26	Fe	2	2	6	2	6	6	2										
IV.	27	Co	2	2	6	2	6	7	2										
	28	Ni	2	2	6	2	6	8	2										
	29	Cu	2	2	6	2	6	10	1										
	30	Zn	2	2	6	2	6	10	2										
	31	Ga	2	2	6	2	6	10	2	1									
	32	Ge	2	2	6	2	6	10	2	2									
	33	As	2	2	6	2	6	10	2	3									
	34	Se	2	2	6	2	6	10	2	4									
	35	Br	2	2	6	2	6	10	2	5									
	36	Kr	2	2	6	2	6	10	2	6									
	37	Rb	2	2	6	2	6	10	2	6			1						
	38	Sr	2	2	6	2	6	10	2	6			2						
	39	Y	2	2	6	2	6	10	2	6	1		2						
	40	Zr	2	2	6	2	6	10	2	6	2		2						
	41	Nb	2	2	6	2	6	10	2	6	4		1						
	42	Mo	2	2	6	2	6	10	2	6	5		1						
	43	Tc	2	2	6	2	6	10	2	6	6		1						
	44	Ru	2	2	6	2	6	10	2	6	7		1						

Periode	Z	Element	1s	2s	2p	3s	3p	3d	4s	4p	4d	4f	5s	5p	5d	6s	6p	6d	7s
V.	45	Rh	2	2	6	2	6	10	2	6	8		1						
	46	Pd	2	2	6	2	6	10	2	6	10								
	47	Ag	2	2	6	2	6	10	2	6	10		1						
	48	Cd	2	2	6	2	6	10	2	6	10		2						
	49	In	2	2	6	2	6	10	2	6	10		2	1					
	50	Sn	2	2	6	2	6	10	2	6	10		2	2					
	51	Sb	2	2	6	2	6	10	2	6	10		2	3					
	52	Te	2	2	6	2	6	10	2	6	10		2	4					
	53	J	2	2	6	2	6	10	2	6	10		2	5					
	54	Xe	2	2	6	2	6	10	2	6	10		2	6					
	55	Cs	2	2	6	2	6	10	2	6	10		2	6		1			
	56	Ba	2	2	6	2	6	10	2	6	10		2	6		2			
	57	La	2	2	6	2	6	10	2	6	10		2	6	1	2			
	58	Ce	2	2	6	2	6	10	2	6	10	1	2	6	1	2			
	59	Pr	2	2	6	2	6	10	2	6	10	2	2	6	1	2			
	60	Nd	2	2	6	2	6	10	2	6	10	3	2	6	1	2			
	61	Pm	2	2	6	2	6	10	2	6	10	4	2	6	1	2			
	62	Sm	2	2	6	2	6	10	2	6	10	5	2	6	1	2			
	63	Eu	2	2	6	2	6	10	2	6	10	6	2	6	1	2			
	64	Gd	2	2	6	2	6	10	2	6	10	7	2	6	1	2			
	65	Tb	2	2	6	2	6	10	2	6	10	8	2	6	1	2			
	66	Dy	2	2	6	2	6	10	2	6	10	9	2	6	1	2			
	67	Ho	2	2	6	2	6	10	2	6	10	10	2	6	1	2			
	68	Er	2	2	6	2	6	10	2	6	10	11	2	6	1	2			
	69	Tu	2	2	6	2	6	10	2	6	10	12	2	6	1	2			
VI.	70	Yb	2	2	6	2	6	10	2	6	10	13	2	6	1	2			
	71	Lu	2	2	6	2	6	10	2	6	10	14	2	6	1	2			
	72	Hf	2	2	6	2	6	10	2	6	10	14	2	6	2	2			
	73	Ta	2	2	6	2	6	10	2	6	10	14	2	6	3	2			
	74	W	2	2	6	2	6	10	2	6	10	14	2	6	4	2			
	75	Re	2	2	6	2	6	10	2	6	10	14	2	6	5	2			
	76	Os	2	2	6	2	6	10	2	6	10	14	2	6	6	2			
	77	Ir	2	2	6	2	6	10	2	6	10	14	2	6	7	2			
	78	Pt	2	2	6	2	6	10	2	6	10	14	2	6	9	1			
	79	Au	2	2	6	2	6	10	2	6	10	14	2	6	10	1			
	80	Hg	2	2	6	2	6	10	2	6	10	14	2	6	10	2			
	81	Tl	2	2	6	2	6	10	2	6	10	14	2	6	10	2	1		
	82	Pb	2	2	6	2	6	10	2	6	10	14	2	6	10	2	2		
	83	Bi	2	2	6	2	6	10	2	6	10	14	2	6	10	2	3		
	84	Po	2	2	6	2	6	10	2	6	10	14	2	6	10	2	4		
	85	At	2	2	6	2	6	10	2	6	10	14	2	6	10	2	5		
	86	Rn	2	2	6	2	6	10	2	6	10	14	2	6	10	2	6		
	87	Ft	2	2	6	2	6	10	2	6	10	14	2	6	10	2	6		1
	88	Ra	2	2	6	2	6	10	2	6	10	14	2	6	10	2	6		2
VII.	89	Ac	2	2	6	2	6	10	2	6	10	14	2	6	10	2	6	1	2
	90	Th	2	2	6	2	6	10	2	6	10	14	2	6	10	2	6	2	2
	91	Pa	2	2	6	2	6	10	2	6	10	14	2	6	10	2	6	3	2
	92	U	2	2	6	2	6	10	2	6	10	14	2	6	10	2	6	4	2

Mit Hilfe dieses Prinzips läßt sich das periodische System der Elemente aufbauen. Ein im Grundzustand befindliches Atom kann man sich aus dem Kern und aus den Elektronen in der Weise aufgebaut denken, daß die Elektronen zunächst die energetisch tiefsten Quantenzustände und dann sukzessive die energetisch höheren besetzen. Das einfachste Atom ist das H-Atom, das aus einem einfach geladenen H-Kern (Proton) und einem Elektron besteht, dessen energetisch tiefster Zustand der Quantenzustand $n = 1$, $l = 0$, $m = 0$, $m_s = \pm 1/2$ ist; welcher von den beiden möglichen Werten von m_s verwirklicht ist, bleibt unbestimmt. Das Elektron des Wasserstoffatoms besetzt also im Grundzustand eine $1s$-Bahn. Das nächstfolgende Atom ist das He-Atom, das aus einem zweifach geladenen He-Kern und 2 Elektronen besteht, die im Grundzustand die beiden Quantenzustände $n = 1$, $l = 0$, $m = 0$, $m_s = +1/2$ und $n = 1$, $l = 0$, $m = 0$, $m = -1/2$ besetzen; die beiden Elektronen füllen also die $1s$-Bahn auf. Damit sind die zur Hauptquantenzahl $n = 1$ gehörenden Quantenzustände voll besetzt. In den danach folgenden 8 Elementen von Li bis Ne werden der Reihe nach die zur Hauptquantenzahl $n = 2$ gehörenden 8 Quantenzustände aufgefüllt, und zwar zuerst die beiden $2s$-Zustände und danach die sechs $2p$-Zustände, so daß z. B. das Ne-Atom zwei $1s$-, zwei $2s$- und sechs $6p$-Elektronen besitzt. Bei den nächstfolgenden 8 Elementen von Na bis A werden sukzessive die $3s$- und $3p$- Zustände besetzt. In der nächsten, aus 18 Elementen bestehenden Periode von K bis Kr füllen sich die zehn $3d$-, zwei $4s$- und sechs $4p$-Zustände auf. Es ist interessant, daß das äußerste Elektron im K-Atom im Grundzustand einen $4s$-Zustand und nicht einen $3d$-Zustand besetzt, wie man dies aus der sukzessiven Auffüllung der aufeinander folgenden Quantenzustände erwarten sollte. Die Auffüllung der $3d$-Zustände beginnt bei Se und endet bei Cu, während die der $4p$-Zustände bei Ga beginnt und bei Kr endet. Die Anomalie in der sukzessiven Besetzung der aufeinander folgenden Quantenzustände, wonach d-Zustände (im allgemeinen Zustände mit großer Nebenquantenzahl) erst nachträglich besetzt werden, wiederholt sich im weiteren Aufbau des periodischen Systems der Elemente. In der nächsten, ebenfalls 18 Elemente enthaltenden Periode des periodischen Systems von Rb bis Xe werden die $5s$-, $5p$- und $4d$-Zustände und in der darauffolgenden Periode mit 32 Elementen von Cs bis Em die $6s$-, $6p$-, $4f$- und $5d$-Zustände aufgefüllt. Die vierzehn $4f$-Zustände werden ebenfalls erst nachträglich besetzt, und zwar bei den 14 seltenen Erden durch die sukzessive Auffüllung je eines $4f$-Zustandes. Bei den noch übrigen 6 Elementen des periodischen Systems werden zum Teil die $7s$- und $6d$-Zustände besetzt. Die Besetzungszahlen der einzelnen Quantenzustände sind in der *Stoner*schen Tabelle (S. 54 und 55) zusammengestellt.

Man kann also das periodische System der Elemente auf diese Weise aufbauen. Die Anzahl der Elemente in den einzelnen Perioden, d. h. die Zahlen 2, 8, 18, 32, ..., findet eine einfache Erklärung. Diese Zahlen sind die

Anzahl der zu den einzelnen Werten der Hauptquantenzahl gehörenden Quantenzustände, für die sich nach (16.1) die Zahl $2n^2$ ergibt. Wenn man in diesen Ausdruck für n die Werte 1, 2, 3, 4, ... einsetzt, so erhält man die Anzahl der Elemente in den einzelnen Perioden.

§ 17. Das chemische Verhalten der Elemente Einige Bemerkungen über die chemische Bindung

Für das chemische Verhalten eines Elementes sind die äußeren Elektronen eines Atoms verantwortlich. Bei den meisten chemischen Erscheinungen, z. B. bei der chemischen Bindung, spielen nämlich fast ausschließlich diese eine Rolle. Darin findet z. B. das chemisch sehr ähnliche Verhalten der seltenen Erden ihre Erklärung, bei diesen ist nämlich die äußere Elektronenstruktur dieselbe, da bei den Atomen dieser Elemente die im Inneren der Atome verlaufenden $4f$-Bahnen sukzessive besetzt werden.

Die Edelgase, die im periodischen System am Ende der Perioden stehen, sind dadurch gekennzeichnet, daß von den 8 äußersten Elektronen sich 2 in einem s- und 6 in einem p-Zustand befinden, die zu demselben Wert der Hauptquantenzahl gehören (eine Ausnahme bildet nur das He-Atom, wo $n = 1$ ist, weshalb es keine p-Zustände gibt); diese 8 Elektronen besetzen also alle s- und p-Zustände, die zu demselben Wert der Hauptquantenzahl gehören. Man drückt dies so aus, daß die Edelgasatome eine abgeschlossene (s,p)-Elektronenschale besitzen. Diese Elektronenkonfiguration ist sehr stabil; dies erklärt die chemische Inaktivität der Edelgasatome. Dieser Spalte folgen im periodischen System die einvalentigen Alkalimetalle, die außerhalb der stabilen edelgasähnlichen Elektronenkonfiguration noch ein Elektron, und zwar ein s-Valenzelektron besitzen. In der nächsten Spalte befinden sich die zweivalentigen Erdalkalimetalle, bei deren Atomen sich außerhalb der stabilen edelgasähnlichen Elektronenkonfiguration 2 Elektronen aufhalten, usw. bis zu den Halogenen, deren maximale Valenz 7 beträgt und deren Atome 7 äußere Elektronen besitzen; es fehlt ihnen also noch 1 Elektron zur Ausgestaltung der nächstfolgenden edelgasähnlichen Elektronenkonfiguration. Wie zu sehen ist, hängt die Valenz von der Anzahl der äußeren Elektronen des Atoms ab, was man auf Grund der sogenannten Spin-Valenztheorie auch einfach erklären konnte.

Diese äußeren Elektronen der Atome spielen bei der chemischen Bindung der Elemente die ausschlaggebende Rolle. Ein Typ der chemischen Bindung, die sogenannte heteropolare oder Ionenbindung, läßt sich auf Grund des weiter oben Gesagten leicht erklären. Wie wir erwähnten, ist die Elektronenkonfiguration der Edelgase sehr stabil. Es ist daher verständlich, daß sich in der Natur möglichst diese Konfiguration ausbilden wird, die die in den ersten Spalten des periodischen Systems stehenden Atome durch Abgabe von Elektronen und die in den Spalten vor den Edelgasen stehenden Atome durch Aufnahme von Elektronen verwirklichen. So ist z. B. das NaCl-Molekül aus einem einfach geladenen positiven Na^+-Ion und aus einem einfach geladenen negativen Cl^--Ion aufgebaut. Das Na-Atom kann nämlich das schwach gebundene Valenzelektron leicht abgeben, wodurch seine Elektronenkonfiguration der des Ne-Atoms ähnlich wird, und das Cl-Atom kann leicht ein zusätzliches Elektron aufnehmen, wodurch es eine dem A-Atom ähnliche Elektronenkonfiguration erhält. Die Bindung des Moleküls wird durch die elektrisch entgegengesetzt geladenen Ionen bewirkt. Ganz ähnlich kann man z. B. die Bindung der NaCl- und KCl-Kristalle erklären, deren Bindung ihrem Wesen nach mit der der entsprechenden Moleküle identisch ist, und die man als Riesenmoleküle betrachten kann. Ganz ähnlich lassen sich auch z. B. die Bindungskräfte des MgO-Kristalls erklären, das aus zweifach geladenen positiven Mg^{++}-Ionen und zweifach geladenen negativen O^{--}-Ionen aufgebaut ist. Hier werden die beiden äußersten Elektronen des Mg-Atoms vom O-Atom aufgenommen.

Es gibt jedoch auch eine andere Gruppe von Molekülen und Kristallen, deren Bindung auf diese einfache Weise nicht erklärt werden kann. Dazu gehören z. B. die Moleküle des Wasserstoffs, Sauerstoffs und Stickstoffs, also die Moleküle: H_2, O_2 und N_2, weiterhin z. B. der Diamant-Kristall, der aus C-Atomen aufgebaut ist. Hier sind die einzelnen Bausteine, aus denen die Moleküle oder Kristalle aufgebaut sind, neutral. Diese Bindung nennt man eine homöopolare oder Valenzbindung. Man konnte sie mit der *Bohr*schen Theorie nicht erklären; eine Erklärung dieser Bindung war erst auf Grund der Wellenmechanik möglich.

Der Vollständigkeit halber seien hier noch zwei weitere Arten der chemischen Bindung erwähnt: Die metallische Bindung und die *van der Waals*sche (oder Polarisations-) Bindung. Unter der metallischen Bindung versteht man, wie dies auch aus ihrem Namen zu entnehmen ist, die zwischen Metallatomen wirkenden Bindungskräfte; in diese Kategorie gehören also z. B. die Alkalimetalle, die Edelmetalle, weiterhin das Ni oder Fe. Im Gegensatz zu den bisher erwähnten Bindungen ist die *van der Waals*sche Bindung eine schwache Bindung; sie kommt durch Polarisationskräfte zustande, die zwischen neutralen Atomen und Molekülen auftreten. In diese Kategorie gehören z. B. die Edelgase in kondensiertem festem Zustand. Weder die metallische noch die *van der Waals*sche Bindung konnte mit der *Bohr*schen Theorie geklärt werden, beide haben erst durch die Wellenmechanik eine Erklärung gefunden.

§ 18. Kurzer Überblick der Grundlagen der Bandenspektren

Die Bandenspektren werden von Molekülen emittiert. Auch die Bandenspektren bestehen aus einzelnen Linien, die jedoch so nahe beieinander liegen, daß sie in einem Spektroskop mit nicht genügend großem Auflösungsvermögen zu einem Band zusammenfließen, woher ihr Name stammt. Die Anzahl der Linien ist in diesen Spektren außergewöhnlich groß.

Die Theorie der Bandenspektren ist sehr kompliziert, denn die Energie des Moleküls besteht nicht nur aus der Energie der Elektronen des Moleküls, sondern enthält auch noch die sogenannte Oszillationsenergie, die aus der Oszillation der Kerne des Moleküls resultiert, sowie die Rotationsenergie, die aus der Rotation des Moleküls um bestimmte Achsen entsteht.

Ein zweiatomiges Molekül läßt sich mit einem Hantelmodell schematisieren. In einem solchen Molekül können die Atome bzw. die Atomkerne im Verhältnis zueinander Schwingungen ausführen, d. h. oszillieren, weiterhin kann das Molekül um eine auf die Kernverbindungslinie senkrechte Achse rotieren. Außer der aus der Oszillation und Rotation stammenden Energie verfügt das Molekül natürlich auch noch über die Elektronenenergie.

Die allein aus der Rotation stammende Energie eines zweiatomigen Moleküls läßt sich einfach berechnen. Wenn man das Trägheitsmoment des Moleküls mit Θ bezeichnet und die konstante Winkelgeschwindigkeit der Rotation mit $\dot{\varphi}$ (also das um die Drehachse gemessene Azimut mit φ), dann hat man für die Rotationsenergie

$$E = E_{kin} = \frac{1}{2}\,\Theta\dot{\varphi}^2. \tag{18.1}$$

Die zu φ kanonisch konjugierte Impulskomponente ist

$$p_\varphi = \frac{\partial E_{kin}}{\partial \dot{\varphi}} = \Theta\dot{\varphi}.$$

Durch Einsetzen dieses Ausdruckes in die Quantenbedingung (8.5) ergibt sich

$$\oint p_\varphi d\varphi = 2\pi\Theta\dot{\varphi} = mh, \tag{18.2}$$

also

$$\dot{\varphi} = \frac{mh}{2\pi\Theta}, \tag{18.3}$$

wo m eine ganze Zahl, die sogenannte Rotationsquantenzahl, bedeutet. Wenn man den Ausdruck von $\dot{\varphi}$ in (18.1) einsetzt und die der Quantenzahl m entsprechenden Rotationsenergieniveaus mit E_m bezeichnet, so folgt

$$E_m = \frac{m^2h^2}{8\pi^2\Theta}. \tag{18.4}$$

Aus einem Vergleich dieser Formel mit der Erfahrung geht hervor, daß sie nur dann mit den entsprechenden empirischen Energieniveaus übereinstimmt, wenn man darin $m(m+1)$ statt m^2 setzt, was auf Grund der Quantenmechanik erklärt werden konnte; aus der geänderten Form ergibt sich unmittelbar das richtige Resultat.

Wenn wir voraussetzen, daß die Kerne harmonische Schwingungen ausführen, so kann man die aus der Oszillation der Kerne herrührende Oszillationsenergie mit der Energie eines harmonischen Oszillators identifizieren. Man hat dann für die Oszillationsenergie des Moleküls

$$E_n = nh\nu_0, \tag{18.5}$$

wo ν_0 die Oszillationsfrequenz und n die Oszillationsquantenzahl bezeichnen. Diese wird hier als ganzzahlig vorausgesetzt, während die Quantenmechanik für n halbzahlige Werte liefert (vgl. § 32). Für die Spektrallinien führen jedoch – da es sich bei diesen um die Differenz der Energieniveaus handelt – die ganzzahligen und halbzahligen Werte zu demselben Resultat.

Wenn man die Elektronenenergie des Moleküls mit E_{el} bezeichnet, so hat man für die gesamte Energie des Moleküls

$$E = E_{el} + nh\nu_0 + \frac{m(m+1)h^2}{8\pi^2\Theta}. \tag{18.6}$$

Den wesentlichen Beitrag zur Energie liefert E_{el}, danach folgt größenmäßig $nh\nu_0$, den kleinsten Energiebeitrag gibt die Rotationsenergie.

Die Frequenz der Spektrallinien erhält man wieder aus der *Bohr*schen Frequenzbedingung. Für n und m bestehen die folgenden Auswahlregeln

$$\Delta n = \pm 1 \quad \text{und} \quad \Delta m = \pm 1.$$

Die Theorie der Bandenspektren ist wesentlich komplizierter als die der Linienspektren. Wir haben hier nur einen ganz kurzen Einblick in die Grundlagen dieser Spektren gegeben, ausführlicher können wir uns damit im Rahmen dieses Buches nicht befassen.

III. Die Grundlagen der Quantenmechanik

§ 19. Allgemeine Übersicht

Obwohl die *Bohr*sche Theorie über sehr viele Eigenschaften des Atoms Rechenschaft geben konnte, mußte sie in mehrfacher Hinsicht wesentlich umgestaltet werden. Die *Bohr*sche Theorie führt nämlich einerseits in einigen Fällen zu unrichtigen Resultaten und vermag über gewisse Erscheinungen keinen Aufschluß zu geben, andererseits enthält die Theorie innere Widersprüche.

So blieb z. B. in der *Bohr*schen Theorie unverständlich, warum ein Elektron, während es den Kern umkreist, nicht strahlt. Außerdem ist die Einführung der Quantenbedingungen an sich unverständlich. In der *Bohr*schen Theorie werden nämlich die Atomprobleme auf Grund der klassischen Theorie behandelt, der man die Quantenbedingungen aufzwingt, die man weder begründen noch aus der Theorie selbst herleiten kann. Auf Grund dieser Quantenbedingungen werden dann die einzelnen möglichen Elektronenbahnen ausgesondert, jedoch ohne eine tiefere Begründung dieses Verfahrens geben zu können. Von den unrichtigen Resultaten, zu denen die *Bohr*sche Theorie führt, erwähnen wir, daß man statt der azimutalen Quantenzahl k die um 1 kleinere Nebenquantenzahl l einführen mußte, damit die Resultate mit den empirischen übereinstimmen. Aus demselben Grund mußte man – wie wir schon kurz erwähnten – im Ausdruck der Rotationsenergie statt dem Quadrat der Rotationsquantenzahl m den Ausdruck $m(m + 1)$ setzen. Ein ganz ähnlicher Fall ergab sich beim *Zeeman*-Effekt, wo man j^2 durch $j(j + 1)$ ersetzen mußte. Weiterhin sei erwähnt, daß die *Bohr*sche Theorie schon für das einfachste Atom mit mehr als einem Elektron, für das He-Atom, zu unrichtigen Energieniveaus führte, sie versagte also schon beim einfachsten Mehrelektronenproblem des Atoms. Schließlich sei noch darauf hingewiesen, daß die *Bohr*sche Theorie nur die Ionenbindungen (sowohl für Moleküle als auch für Kristalle) zu erklären vermochte, die Valenzbindung, die metallische Bindung und die *van der Waals*sche Bindung blieben jedoch im Rahmen dieser Theorie unverständlich.

Dies alles hat darauf hingewiesen, daß die *Bohr*sche Theorie einer wesentlichen Umgestaltung bedarf. Diese sehr tiefgreifende Umgestaltung brachte die Quantenmechanik, die alle die erwähnten Schwierigkeiten, die sich in der *Bohr*schen Theorie ergaben, überwinden konnte und weit über die *Bohr*sche Theorie hinausgeht. Die Quantenmechanik ging von zwei, ihrem Äußeren nach sehr verschiedenen Theorien aus, und zwar von der *Heisenberg*schen Matrixmechanik und von der Wellenmechanik von *Schrödinger*. Von den beiden Theorien, die fast zu derselben Zeit entstanden sind, ließ sich kurz nach ihrem Entstehen zeigen, daß sie zwei verschiedene Formen ein und derselben Theorie, der Quantenmechanik, sind. Die Wellenmechanik ist viel anschaulicher als die Matrixmechanik und eignet sich zur Lösung von konkreten Problemen viel besser. Die Matrixmechanik ist bedeutend abstrakter; sie gibt jedoch einen tieferen Einblick in die Grundlagen der Quantenmechanik, die nur auf Grund der Matrixmechanik voll geklärt werden konnten. Da wir im II. Teil des Buches konkrete Probleme behandeln, befassen wir uns im folgenden vorwiegend mit der Wellenmechanik.

§ 20. Die Heisenbergsche Unbestimmtheitsrelation

Zunächst befassen wir uns mit der Unbestimmtheitsrelation von W. Heisenberg, die sich nicht nur in der Quantenmechanik, sondern für unsere ganze moderne naturwissenschaftliche Anschauung als grundlegend erwies.

In der klassischen Mechanik, d. h. vor dem Entstehen der Quantenmechanik, war man der Ansicht, daß für die Genauigkeit der Messung einer physikalischen Größe keine prinzipiellen Grenzen bestehen. Die Unvollkommenheit der Meßgeräte setzt natürlich jeder Messung Schranken, es schien jedoch so, als ob durch die Vervollkommnung der Meßgeräte die Genauigkeit der Messung einer Größe prinzipiell unbegrenzt sei. Dies ist auch in der Quantenmechanik so, sofern man nur eine Veränderliche des Systems mißt. Zwei kanonisch konjugierte Veränderliche eines Systems kann man jedoch gleichzeitig nicht mit beliebiger Genauigkeit messen, da die Messung einer Variablen notwendigerweise einen Eingriff in das System bedeutet, wodurch der Wert der anderen (zur ersteren konjugiert komplexen) Variable verändert wird. Wenn wir z. B. eine Koordinate eines Teilchens messen, so erhält das Teilchen durch die Messung notwendigerweise eine Impulsänderung, wodurch man die Genauigkeit der zur gleichen Zeit vorgenommenen Impulsmessung des Teilchens vermindert.

Um die *Heisenberg*sche Unbestimmtheitsrelation näher kennenzulernen, führen wir das folgende, von Heisenberg stammende Gedankenexperiment durch. Ein Elektron, das sich auf einer Platte mit einer bestimmten Geschwindigkeit bewegt, wollen wir durch ein Mikroskop beobachten. Hierzu beleuchten wir das Elektron mit einem monochromatischen Licht von der Frequenz ν. Für die Beobachtung ist das vom Objekt (Elektron) gestreute und in das Mikroskop einfallende Licht maßgebend. Wenn man den Elementarprozeß betrachtet, so trifft auf das Elektron das Photon $h\nu$ auf und erleidet beim Zusammenstoß mit dem Elektron eine Richtungsänderung, d. h. es entsteht ein *Compton*-Effekt. Aus der Theorie des *Compton*-Effektes geht hervor, daß die durch den Stoß verursachte Impulsänderung des Photons (genauer die Änderung der zum einfallenden Photon senkrechten Impulskomponente des Photons) $\frac{h\nu'}{c}\sin\vartheta$ beträgt, wo ϑ den Ablenkungswinkel von der ursprünglichen Richtung des Photons bezeichnet. In erster Näherung kann man in diesem Ausdruck ν' durch ν ersetzen und erhält für die Impulsänderung $\frac{h\nu}{c}\sin\vartheta$. Wie aus Abb. 8 zu sehen ist, können in das Mikroskop nur solche von dem Elektron abgelenkte Photonen in das Mikroskop gelangen, die in den Kegel mit dem Raumwinkel $2\,\omega$ fallen. Dies bedeutet, daß in unserem Fall der Ablenkungswinkel zwischen $+\omega$ und $-\omega$ fallen muß, damit das durch das Elektron abgelenkte Photon in das Mikroskop gelangt. Die Impulsänderung der in das Mikroskop gelangenden Photonen fällt also zwischen $-\frac{h\nu}{c}\sin\omega$ und $+\frac{h\nu}{c}\sin\omega$. Dies bedeutet, daß die durch den *Compton*-Effekt entstehende Unsicherheit des Photonimpulses von der Größenordnung $\Delta p \approx \frac{h\nu}{c}\sin\omega$ ist. Mit Rücksicht auf den Zusammenhang $c/\nu = \lambda$ hat man also

$$\Delta p \approx \frac{h}{\lambda}\sin\omega. \tag{20.1}$$

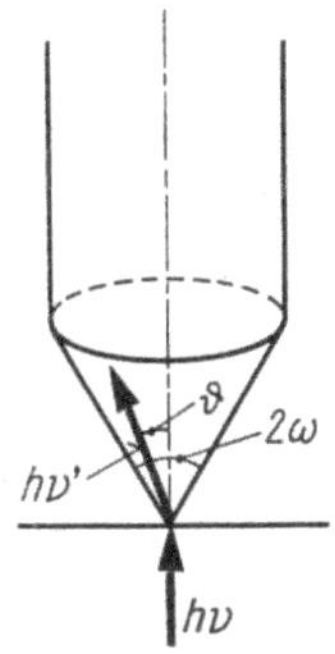

Abb. 8. Skizze zum *Heisenberg*schen Gedankenexperiment

Wir wollen uns nun der Bestimmung des Ortes des Elektrons zuwenden. Eine Ortsbestimmung durch eine elektromagnetische Strahlung von der Wellenlänge λ ist bekanntlich mit einer Unbestimmtheit von der Größenordnung λ verbunden; die linearen Abmessungen des im Mikroskop vom Objekt entstehenden Beugungsbildes sind nämlich von der Größenordnung λ. Außerdem hängen die Abmessungen des Beugungsbildes vom Öffnungswinkel 2ω des Mikroskops ab, und zwar sind diese zu $\frac{1}{\sin\omega}$ proportional. Die Größenordnung der Unbestimmtheit Δq der Ortsbestimmung beträgt also $\frac{\lambda}{\sin\omega}$. Somit folgt

$$\Delta q \approx \frac{\lambda}{\sin\omega}. \tag{20.2}$$

Für die Genauigkeit der Ortsbestimmung wäre es also vorteilhaft, diese mit einem möglichst kurzwelligen Licht vorzunehmen und ein Mikroskop mit einem möglichst großen Öffnungswinkel zu benützen. Beides würde jedoch die Unbestimmtheit des Impulses Δp vergrößern.

Wenn man die bei einer simultanen Bestimmung des Ortes und des Impulses auftretenden Unbestimmtheiten multipliziert, so folgt

$$\Delta q \Delta p \approx h. \tag{20.3}$$

Diese Relation enthält im wesentlichen schon die *Heisenberg*sche Unbestimmtheitsrelation, die genauer folgendermaßen formuliert werden kann. Wenn q und p zu einander kanonisch konjugierte Variable bedeuten und Δq und Δp die bei der gleichzeitig stattfindenden Messung dieser Variablen auftretenden (prinzipiellen) Unbestimmtheiten bezeichnen, dann ist

$$\Delta q \Delta p \geqq h. \tag{20.4}$$

Es sei besonders hervorgehoben, daß sich die Unbestimmtheitsrelation auf das Produkt von Δq und Δp bezieht. Eine der beiden Unbestimmtheiten Δq oder Δp kann prinzipiell beliebig klein werden, wenn man die andere im entsprechenden Verhältnis vergrößert. Über die Genauigkeit der Messung *einer* Variablen enthält also die Unbestimmtheitsrelation keine Aussage; wenn man von technischen Schwierigkeiten absieht, so kann diese beliebig gesteigert werden. Wenn eine der beiden Unbestimmtheiten Δq oder Δp gleich Null ist (d. h. wenn man eine Veränderliche ganz genau messen könnte), so ergibt sich aus (20.4) für die Unbestimmtheit der zu derselben Zeit gemessenen, zu dieser kanonisch konjugierten Veränderlichen ein unendlich großer Wert, was bedeutet, daß man über die Größe dieser Veränderlichen überhaupt nichts weiß.

Da die *Planck*sche Konstante eine sehr kleine Größe ist, führt die *Heisenberg*sche Relation nur für atomare Systeme bzw. für atomare Dimensionen zu einer bedeutenden Beschränkung der im weiter oben dargelegten Sinne definierten Meßgenauigkeit. Aus der *Heisenberg*schen Relation (20.4) folgt

$$\Delta v_x \geqq \frac{h}{m_0} \frac{1}{\Delta x}, \tag{20.5}$$

wo m_0 die Masse des in Betracht gezogenen Systems und Δv_x die Unbestimmtheit der x-Komponente der Geschwindigkeit des Systems bezeichnet.

Wir ziehen zunächst ein makroskopisches System in Betracht: Es sei eine Kugel von der Masse 1g gegeben, deren Ort wir mit der Genauigkeit von 10^{-4} cm bestimmen wollen, was unter makroskopischen Verhältnissen als sehr genaue Ortsbestimmung zu betrachten ist. In diesem Falle erhält man

$$\Delta v_x \geqq \frac{6{,}63 \cdot 10^{-27}}{1} \cdot \frac{1}{10^{-4}} \,\mathrm{cm\,s^{-1}} = 6{,}63 \cdot 10^{-23} \,\mathrm{cm\,s^{-1}}. \tag{20.6}$$

Diese Grenze der Unbestimmtheit ist äußerst klein und übertrifft sehr weit die Forderungen, die wir in bezug auf die Genauigkeit der Geschwindigkeitsbestimmung stellen.

Im Falle atomarer Dimensionen ändert sich jedoch die Sachlage ganz wesentlich. Betrachten wir z. B. den Fall, daß wir den Ort und die Geschwindigkeit eines Elektrons simultan bestimmen wollen. Es kann dann die Unbestimmtheit der Ortsbestimmung keinesfalls größer sein als 10^{-8} cm, wenn man die Bewegung des Elektrons im Atomverband verfolgen wollte. Wenn man nun in (20.5) für Δq 10^{-8} cm und für m_0 die Elektronenmasse setzt, so erhält man für die Unbestimmtheit der Geschwindigkeit des Elektrons die Grenze

$$\Delta v_x \geqq \frac{6{,}63 \cdot 10^{-27}}{9{,}11 \cdot 10^{-28}} \cdot \frac{1}{10^{-8}} \,\mathrm{cm\,s^{-1}} = 7{,}3 \cdot 10^{8} \,\mathrm{cm\,s^{-1}}. \tag{20.7}$$

Der kleinste Wert von Δv_x ist also rund dreimal so groß wie die Elektronengeschwindigkeit, die man für das auf der innersten Bahn im H-Atom kreisende Elektron erhält (vgl. hierzu auf S. 40 den Wert von v_1). Die Unbestimmtheit der Geschwindigkeitsbestimmung erweist sich also als sehr groß.

Aus diesem Grunde wäre es prinzipiell unmöglich, die Bewegung eines Elektrons auf einer *Bohr*schen Bahn zu verfolgen. Denn sobald man den Ort des Elektrons mit einer den atomaren Dimensionen entsprechenden Genauigkeit bestimmt hätte, würde es infolge des *Compton*-Effektes durch das Photon aus seiner Bahn geworfen. Man könnte dann nur feststellen, daß sich das Elektron an dem Ort, wo man es gesichtet hat, bestimmt *nicht* aufhält. Aus allen diesen Gründen ist die Beobachtung der *Bohr*schen Elektronenbahnen prinzipiell unmöglich.

Die *Heisenberg*sche Unbestimmtheitsrelation enthält eine der wichtigsten Erkenntnisse der gesamten theoretischen Physik. In der klassischen Mechanik hat man vorausgesetzt, daß alle Variablen eines Systems zu einem beliebigen Zeitpunkt simultan mit einer beliebigen Genauigkeit bestimmt werden können. Nun sieht man, daß dies nicht möglich ist, die Veränderlichen eines Systems lassen sich nicht alle simultan mit einer beliebigen Genauigkeit feststellen, denn diese Genauigkeit hat prinzipielle Grenzen. Es ist z. B. prinzipiell unmöglich, die 3 Koordinaten und die 3 Geschwindigkeitskomponenten eines Massenpunktes zu einem beliebigen Zeitpunkt simultan ganz genau zu bestimmen. Daher ist es auch prinzipiell unmöglich, aus den zu einem Anfangszeitpunkt im Sinne der klassischen Mechanik ganz genau bestimmten Daten der Variablen des Systems auf die genauen Daten dieser Variablen in einem späteren Zeitpunkt zu schließen, wie dies in der klassischen Mechanik geschieht. In der Quantenmechanik kann man also nicht von Gleichungen und Zusammenhängen ausgehen, aus denen man mit den nach der klassischen Mechanik exakt vorausgesetzten Anfangswerten von Variablen auf die exakten Werte dieser Größen zu einem späteren Zeitpunkt schließen kann. Den wahren Verhältnissen entspricht nämlich nicht die Frage, wie sich der Verlauf eines im klassischen Sinne exakt definierten Zustandes gestaltet, sondern die Frage ist die, wie sich der zeitliche

Verlauf eines im Sinne der klassischen Mechanik nicht genau definierten Zustandes gestaltet. Auf diese Frage kann man offenbar eine im Sinne der klassischen Mechanik exakte Antwort nicht erteilen, für die späteren Zustände des Systems läßt sich nur eine Wahrscheinlichkeitsprognose feststellen. Hieraus ist schon zu sehen, daß die Quantenmechanik im wesentlichen eine statistische Theorie ist. Natürlich kann man die Daten eines Systems nur in dem Maße als unbestimmt betrachten, wie dies die *Heisenberg*sche Relation aus prinzipiellen Gründen fordert; die infolge technischer Mängel entstehenden Meßfehler können natürlich zu den aus prinzipiellen Gründen entstehenden Unbestimmtheiten nicht mitgezählt werden.

Bezüglich der *Heisenberg*schen Relation sei noch folgendes hervorgehoben. Da diese Relation für jedes Paar kanonisch konjugierter Veränderlichen besteht, so gilt die Relation auch für die Energie und die Zeit, da diese beiden Größen ebenfalls zueinander kanonisch konjugiert sind. Aus der *Hamilton*schen Gleichung

$$\frac{dq}{dt} = \frac{\partial H}{\partial p}$$

folgt nämlich für $p = H = E$

$$\frac{dq}{dt} = 1,$$

d. h. $q = t$. Die *Heisenberg*sche Relation besteht also auch für E und t. Es gilt daher

$$\Delta E \Delta t \geqq h. \tag{20.8}$$

Wenn man also die Energie eines Quantenzustandes genau kennt, so weiß man über die Zeit, die das System in diesem Zustand verbringt, nichts.

Aus dieser Relation folgt z. B., daß man den Prozeß der Emission eines Photons prinzipiell zeitlich nicht verfolgen und daher theoretisch nicht behandeln kann. Von einer solchen Photonen-Emissionstheorie müßte man nämlich fordern, daß sie während des Prozesses der Photonenausstrahlung die Energie als Funktion der Zeit angibt. Eine solche Relation könnte man jedoch nicht kontrollieren, wie dies aus der Relation (20.8) sofort zu sehen ist. In einem makroskopischen System, z. B. bei der Ausstrahlung einer Antenne, machen sich jedoch die eben erwähnten Schwierigkeiten nicht bemerkbar, da die in der Enerige und in der Zeit entstehenden Unbestimmtheiten wegen der Kleinheit von h keine merkliche Rolle spielen.

Die *Heisenberg*sche Relation hat der Theorie ganz neue Wege gewiesen. Aus der Relation folgt nämlich, daß das Ziel der Theorie nicht die Aufdeckung von inneratomaren Prozessen sein kann, die prinzipiell nicht beobachtbar sind, sondern vielmehr darin bestehen muß, eine Mechanik aufzubauen, die nur beobachtbare Größen, also z. B. die Wellenlängen von Spektrallinien oder die Energieniveaus der Atome, aus einem Modell herleitet, in dem nur die elementaren Bausteine und die zwischen diesen wirkenden Kräfte als bekannt betrachtet werden, in welchem jedoch die sogenannten Integrationskonstanten der klassischen Mechanik nicht enthalten sind, da diese simultan prinzipiell nicht festgestellt werden können.

§ 21. Das Prinzip der Kausalität in der Quantenmechanik

Im Zusammenhang mit der *Heisenberg*schen Relation erhebt sich sofort die Frage, wie das Kausalitätsprinzip in der Quantenmechanik zu formulieren ist. Bevor wir uns mit dieser Frage befassen, sei hier vorerst kurz die Formulierung dieses Prinzips in der klassischen Mechanik angegeben. Das Kausalitätsprinzip lautet dort folgendermaßen: Im Falle eines abgeschlossenen Systems folgen aus den gleichen Anfangsbedingungen immer dieselben späteren Zustände des Systems. In der Quantenmechanik gilt diese Formulierung des Kausalitätsprinzips nicht. Wenn man nämlich mit einem atomaren System in dieser Richtung Experimente durchführt, d. h. wenn man untersucht, welchen Entwicklungsprozeß das atomare System durchläuft, wenn man von dem im Rahmen der prinzipiellen Unbestimmtheit immer als gleich zu betrachtenden Zustand ausgeht, dann zeigt die Erfahrung, daß sich dieser Prozeß im allgemeinen in jedem Fall anders gestaltet. Man könnte sich natürlich auch auf den Standpunkt stellen, daß das Resultat dieses Experimentes mit der klassischen Formulierung des Kausalitätsprinzips nicht im Widerspruch steht, da man ja bei jeder Wiederholung des Experimentes in Wirklichkeit von einem jeweils anderen Anfangszustand ausgeht, und man zwischen den Anfangszuständen nur deshalb keinen Unterschied feststellen kann, weil der Beobachtung prinzipielle Grenzen gesetzt sind und man somit jedesmal einen einem anderen Anfangszustand entsprechenden Prozeß beobachtet; wenn man die Möglichkeit hätte, durch prinzipielle Unbestimmtheiten nicht beeinflußte Beobachtungen durchzuführen, dann würde man voraussichtlich feststellen, daß das Kausalitätsprinzip auch weiterhin in der in der klassischen Mechanik gegebenen Formulierung bestehen bleibt. Folgerungen bzw. Spekulationen dieser Art sind jedoch zwecklos. Die Aufgabe des Physikers besteht nämlich nicht darin, festzustellen bzw. zu untersuchen, was geschehen würde, wenn verschiedene nicht realisierbare Bedingungen verwirklicht wären. Das Objekt, mit dem sich die Physik befaßt, ist die tatsächlich beobachtbare Welt. Der Physiker kann sich nur damit befassen, was tatsächlich beobachtbar, also kontrollierbar ist, sonst begibt er sich auf das Gebiet der Spekulationen und nicht-kontrollierbaren Hypothesen, das mit Physik nichts zu tun hat. Aus all dem folgt, daß man zwei Zustände, zwischen denen man durch keinerlei Beobachtung einen Unterschied feststellen kann, als identisch betrachten muß. In der Quantenmechanik kann man also die klassische Formulierung des Kausalitätsprinzips nicht aufrechterhalten.

Im Zusammenhang damit erhebt sich als erste die Frage, wie es dann möglich ist, daß man in der klassischen Mechanik trotz der prinzipiellen Einschränkung der Meßgenauigkeit aus einem Anfangszustand eines Systems eindeutig auf einen beliebig späteren Zustand des Systems schließen kann. Der Grund hierfür ist darin zu suchen, daß sich die klassische Mechanik mit makroskopischen Systemen befaßt und für diese sich die prinzipielle Beschränkung der Meßgenauigkeit wegen der Kleinheit von h als unbedeutend erweist, wie wir dies an einem Beispiel gezeigt haben. Die klassische Formulierung des Kausalitätsprinzips gilt also auch in der makroskopischen Welt nicht, nur wird dies von uns nicht wahrgenommen, da unsere Meßapparate aus technischen Gründen keine genügend genauen Resultate liefern. Wäre jedoch die *Planck*sche Konstante genügend groß, so würde auch im Makrokosmos ein Körper seine Geschwindigkeit ändern, wenn wir diesen zwecks Bestimmung seines Ortes beleuchten würden.

Die nächste Frage ist, wie das Kausalitätsprinzip in der Quantenmechanik zu formulieren ist. Wie wir schon erwähnt haben, kann man in der Quantenmechanik aus dem Anfangszustand eines Systems nicht so wie in der klassischen Mechanik exakt auf einen späteren Zustand des Systems schließen, da man die Daten des Anfangszustandes nicht genügend genau kennt. Dazu jedoch, daß man die Wahrscheinlichkeit feststellt, mit der man das System bei einer Beobachtung in einem späteren Zustand antrifft, kennt man die Daten des Anfangszustandes genügend genau. Ohne mathematische Hilfsmittel kann man also das Kausalitätsprinzip in der Quantenmechanik folgendermaßen formulieren: Durch einen Anfangszustand eines Systems wird das weitere Geschehen des Systems im klassischen Sinne nicht determiniert, es wird jedoch die Wahrscheinlichkeit des weiteren Geschehens des Systems determiniert. In der Quantenmechanik kann man also nur in diesem statistischen Sinne aus einem Zustand des Systems auf einen späteren Zustand schließen.

§ 22. Die Phasen- und Gruppengeschwindigkeit von Wellen

Im folgenden befassen wir uns im Zusammenhang mit der Wellenbewegung mit einigen Begriffen, die wir im weiteren benötigen. Wir betrachten zunächst eine einfache ebene periodische Welle φ, die wir in komplexer Form darstellen. Wenn wir die x-Achse des Koordinatensystems in die Richtung legen, in der die Welle fortschreitet, dann hat man

$$\varphi = A e^{i(\omega t - k x)}, \tag{22.1}$$

wo ω die Kreisfrequenz, k die Wellenzahl, A die Amplitude und t die Zeit bedeuten. Wenn wir mit T die Dauer einer vollen Schwingung und mit λ die Wellenlänge bezeichnen, so ist

$$\omega = \frac{2\pi}{T} \quad \text{und} \quad k = \frac{2\pi}{\lambda}. \tag{22.2}$$

Die Geschwindigkeit u der Ausbreitung der Welle, d. h. der Phase läßt sich aus der Gleichung

$$\omega t - kx = \text{konst.} \tag{22.3}$$

durch Differenzieren feststellen. Es ergibt sich

$$u = \frac{dx}{dt} = \frac{\omega}{k} = \nu\lambda. \tag{22.4}$$

Die durch den Ausdruck (22.1) dargestellte einfache periodische Welle ist unendlich, d. h. daß entlang der x-Achse, abgesehen von den momentanen Nullstellen, jeder Punkt eine Elongation besitzt, deren maximaler Wert A beträgt (Abb. 9). Die durch (22.4) definierte Geschwindigkeit nennt man die Phasengeschwindigkeit der Welle.

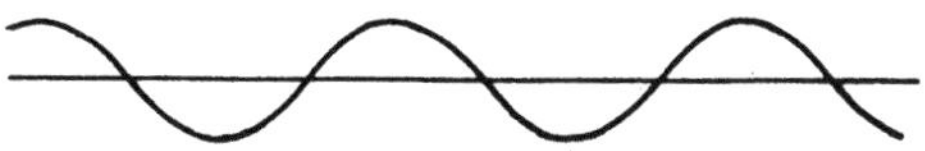

Abb. 9. Einfache periodische Welle

Zur Herstellung einer Welle, deren Elongation nur innerhalb eines endlichen Bereiches von Null verschiedene meßbare Werte besitzt, außerhalb dieses Bereiches jedoch überall Null ist, muß man Wellen mit verschiedenen Werten von ω und k superponieren. Durch Interferenz verstärken sich diese Wellen an gewissen Stellen, an anderen führt die Interferenz zu einer Abschwächung, d. h. zu einer Verkleinerung der Elongation; bei geeigneter Wahl der Wellen läßt sich erreichen, daß sich die Wellen mit Ausnahme eines endlichen Bereiches überall praktisch auslöschen. Je kürzer der Bereich ist, in dem die resultierende Welle endliche Elongationen besitzt, d. h. je kürzer der (in Abb. 10 dargestellte) Wellenzug (auch Wellengruppe oder Wellenpaket genannt) ist, desto größer muß der Bereich von ω und k für die Wellen sein, aus deren Superposition man den endlichen Wellenzug aufbaut.

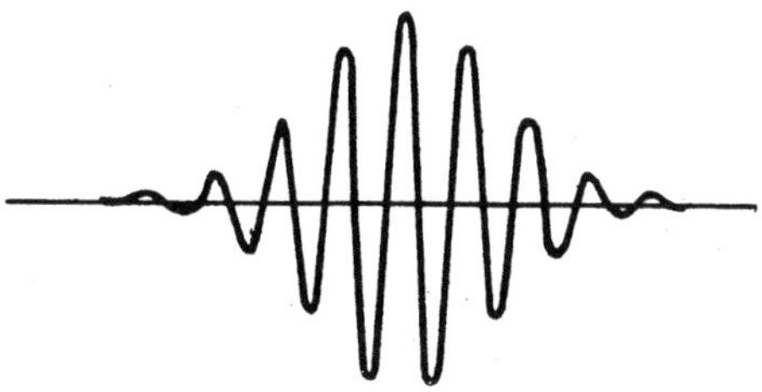

Abb. 10. Endlicher Wellenzug, Wellengruppe

Der aus der Superposition von einfachen Wellen resultierende endliche Wellenzug (Wellengruppe) hat folgende mathematische Gestalt

$$\Phi = \int\limits_{k_0-\eta}^{k_0+\eta} A(k) e^{i[\omega(k)t - kx]}\, dk. \tag{22.5}$$

Wenn das Intervall $k_0 - \eta$, $k_0 + \eta$ genügend klein ist, so kann man den Ausdruck (22.5) als eine von der ursprünglichen nur wenig verschiedene

Welle auffassen, deren Amplitude sich ändert. Der Exponent im Integranden in (22.5) läßt sich nämlich folgendermaßen schreiben

$$\omega t - kx = \omega_0 t - k_0 x + (\omega - \omega_0)t - (k - k_0)x. \tag{22.6}$$

Nach Einsetzen dieses Ausdruckes in (22.5) ergibt sich

$$\Phi = Ce^{i(\omega_0 t - k_0 x)}, \tag{22.7}$$

wo

$$C = \int_{k_0-\eta}^{k_0+\eta} A(k) e^{i[(\omega-\omega_0)t-(k-k_0)x]}\, dk \tag{22.8}$$

ist.

Die Geschwindigkeit des endlichen Wellenzuges oder der Wellengruppe ist mit der Fortschreitungsgeschwindigkeit des Ortes identisch, an dem C konstant ist, d. h. wo

$$(\omega - \omega_0)t - (k - k_0)x = \text{konst.} \tag{22.9}$$

ist. Hieraus ergibt sich für die Geschwindigkeit des Fortschreitens des Wellenzuges oder der Wellengruppe, für die sogenannte Gruppengeschwindigkeit

$$u_g = \frac{dx}{dt} = \frac{\omega - \omega_0}{k - k_0} = \frac{d\omega}{dk}, \tag{22.10}$$

vorausgesetzt, daß $\omega - \omega_0$ und $k - k_0$, d. h. η genügend klein sind. Der Differentialquotient $\frac{d\omega}{dk}$ bezieht sich auf den Wert $k = k_0$.

Weiter oben haben wir gesehen, daß

$$u = \frac{\omega}{k} \tag{22.11}$$

ist, woraus

$$k = \frac{\omega}{u} \tag{22.12}$$

folgt. Hieraus ergibt sich

$$\frac{1}{u_g} = \frac{d}{d\omega}\left(\frac{\omega}{u}\right) = \frac{d}{d\nu}\left(\frac{\nu}{u}\right), \tag{22.13}$$

wo $\nu = \frac{\omega}{2\pi}$ die Frequenz bezeichnet. Dies ist ein bekannter Ausdruck für die Gruppengeschwindigkeit. Daraus ist ersichtlich, daß die Gruppengeschwindigkeit mit der Phasengeschwindigkeit u nur dann nicht übereinstimmt, wenn die Phasengeschwindigkeit eine Funktion von ν ist, d. h. im Falle einer Dispersion.

Die Gruppengeschwindigkeit erweist sich in der Wellenmechanik als sehr wichtig und bedeutet die Geschwindigkeit, mit der die Wellengruppe, d. h. der nichtperiodische Wellenzug, fortschreitet, während die Phasengeschwindigkeit die Fortpflanzungsgeschwindigkeit der Phase der einfachen Sinuswellen bedeutet, aus denen die Wellengruppe aufgebaut ist.

Mit einer unendlich langen Sinuswelle, z. B. mit deren Maxima und Minima, kann man keine Signale übermitteln. Die Übermittlung von Signalen, z. B. auf akustischem oder elektromagnetischem Wege, kann nur durch Wellengruppen geschehen, was schon daraus zu sehen ist, daß es sich bei der Signalübermittlung immer um eine Welle von beschränkter Zeitdauer handelt; die Welle hat also einen Anfang und ein Ende. Mit einer Welle von unendlicher Länge lassen sich keine Signale übermitteln. Aus dem allen folgt, daß die Gruppengeschwindigkeit mit der Signalgeschwindigkeit zu identifizieren ist.

§ 23. Materiewellen

In den Paragraphen 6 und 7 haben wir die duale Natur des Lichtes sowie die der Elektronenstrahlen und der Atomstrahlen kennengelernt. Wir haben gesehen, daß diese sowohl die Eigenschaften von Wellen als auch die von Korpuskeln besitzen. Auf Grund dieser Wellen läßt sich die *Heisenberg*sche Unbestimmtheitsrelation ebenfalls herleiten, was auf den engen Zusammenhang hinweist, der zwischen den Korpuskeln und den zu diesen gehörenden Materiewellen besteht. Der Grundgedanke der Materiewellen geht auf L. DE BROGLIE zurück. Wir wollen uns damit im folgenden ausführlich befassen.

Im Falle vom Licht sind die Bahnen der Photonen, d. h. die Lichtstrahlen, die orthogonalen Trajektorien der Wellenflächen gleicher Phase. Solange die Öffnungen in den optischen Schirmen im Verhältnis zur Wellenlänge des Lichtes groß sind, solange man sich also im Bereich der geometrischen Optik befindet, kann man Beugungserscheinungen vernachlässigen und den Weg des Lichtstrahles aus dem *Fermat*schen Prinzip bestimmen, das folgendermaßen lautet

$$\int_{P_0}^{P} n ds = \text{Extremum}, \tag{23.1}$$

wo P_0 und P zwei Punkte des Lichtweges, n den Brechungsindex und ds ein Element des Lichtweges bezeichnen. In Worten läßt sich das *Fermat*sche Prinzip folgendermaßen formulieren: Das Integral $\int_{P_0}^{P} n ds$, das man über dem vom Lichtstrahl tatsächlich durchlaufenen Weg bildet, ist im Vergleich zu den Werten der Integrale, die man für andere durch die Punkte P_0 und P gehende Wege berechnet, ein Extremum. Das *Fermat*sche Prinzip kann man auch folgendermaßen schreiben

$$\delta \int_{P_0}^{P} n ds = 0, \tag{23.2}$$

wo der Weg zwischen den Punkten P_0 und P zu variieren ist, die Punkte P_0 und P jedoch bei der Variation als fix zu betrachten sind. Wenn man in Betracht zieht, daß zwischen dem Brechungsindex n und der Phasengeschwindigkeit u die Beziehung

$$n = \frac{c}{u}$$

besteht, wo c die Lichtgeschwindigkeit im Vakuum bezeichnet, so kann man das Prinzip von FERMAT in folgender Form schreiben

$$\delta \int_{P_0}^{P} \frac{ds}{u} = 0. \tag{23.3}$$

Wie wir schon erwähnten, ist das *Fermat*sche Prinzip nur im Rahmen der geometrischen Optik gültig, also für den Fall, daß die Öffnungen der optischen Schirme im Verhältnis zur Wellenlänge des Lichtes groß sind. Wenn jedoch die Größenordnung der Öffnungen auf den optischen Schirmen mit der der Wellenlänge des Lichtes übereinstimmt, also wenn Beugungserscheinungen auftreten, dann verliert die geometrische Optik ihre Gültigkeit. Man kann dann die optischen Erscheinungen nicht mehr mit Hilfe von Lichtstrahlen beschreiben, sondern man muß zu deren Behandlung von der Wellennatur des Lichtes, d. h. von der Wellenoptik ausgehen.

Die Bahn eines Massenpunktes kann man auf Grund der klassischen Mechanik mit Hilfe des *Hamilton*schen Prinzips bestimmen, das eine Ähnlichkeit mit dem *Fermat*schen Prinzip aufweist, mit Hilfe dessen sich der Weg eines Lichtstrahles feststellen läßt. Diese Ähnlichkeit tritt hauptsächlich in den Fällen zutage, in denen man nur solche Bahnen vergleicht, auf denen die Gesamtenergie des Massenpunktes E konstant ist, d. h. die Variation von E verschwindet. In diesem Fall erhält man aus dem *Hamilton*schen Prinzip ein neues, das sogenannte *Maupertuis*sche Prinzip. Das *Hamilton*sche Prinzip lautet

$$\delta \int_{t_0}^{t} L dt = \delta \int_{t_0}^{t} (2T - E) dt = 0, \tag{23.4}$$

wo $L = T - V$ ist und weiterhin T die kinetische, V die potentielle Energie und t die Zeit bezeichnen; die Variation ist so vorzunehmen, daß sie in den Anfangs- und Endpunkten verschwindet. Wenn man die Gesamtenergie nicht variiert, dann erhält man hieraus

$$\delta \int_{t_0}^{t} 2T dt = 0. \tag{23.5}$$

Für einen Massenpunkt von der Masse m_0 und der Geschwindigkeit v kann man dies folgendermaßen schreiben

$$\delta \int_{t_0}^{t} m_0 v^2 dt = \delta \int_{t_0}^{t} m_0 v \frac{ds}{dt} dt = \delta \int_{P_0}^{P} m_0 v ds = 0, \tag{23.6}$$

wo ds das Bahnelement bezeichnet. Wenn man hier in Betracht zieht, daß m_0 eine Konstante ist, so erhält man das *Maupertuis*sche Prinzip, wonach

$$\delta \int_{P_0}^{P} v ds = 0 \tag{23.7}$$

ist.

Wenn man den Korpuskeln, deren Bewegung durch die Gesetze der Mechanik bestimmt wird, Wellen zuordnen will, in ähnlicher Weise, wie zu den sich entlang des Lichtstrahles bewegenden Photonen die Lichtstrahlen gehören, und wenn man für diese Wellen wieder die Gültigkeit des *Fermat*schen Prinzips vorschreibt, dann ergibt sich aus einem Vergleich der Formeln (23.3) und (23.7), daß die Phasengeschwindigkeit u der zugeordneten Wellen zu $\frac{1}{v}$ proportional sein muß. Da im Falle einer potentiellen Energie V

$$v = \sqrt{\frac{2}{m_0}(E - V)} \tag{23.8}$$

ist, erhält man für u den Ausdruck

$$u = \frac{B}{\sqrt{E - V}}, \tag{23.9}$$

wo B einen Proportionalitätsfaktor bezeichnet.

Es sei besonders hervorgehoben, daß die den Korpuskeln zugeordneten Wellen nicht von elektromagnetischer Natur sind. Sie sind nur im Falle von Photonen elektromagnetische Wellen.

Man muß nun noch die Frequenz ν dieser den Korpuskeln zugeordneten Wellen, der sogenannten *de Broglie*schen Wellen, festlegen. Es ist naheliegend, diese durch die Gleichung

$$E = h\nu \tag{23.10}$$

zu definieren, woraus man den Zusammenhang

$$u = \frac{B}{\sqrt{h\nu - V}} \tag{23.11}$$

erhält. Da u von ν abhängt, besteht für die den Korpuskeln zugeordneten Wellen eine Dispersion.

Die Hypothese von de Broglie bringen wir hier wegen ihrer grundlegenden Bedeutung in ihrer originalen Formulierung (Journal de Physique,

Bd. 1, S. 1, 1924) in deutscher Übersetzung: »Sooft eine materielle Korpuskel in einem Koordinatensystem im allgemeinsten Sinne über eine Energie E verfügt, so existiert in diesem Koordinatensystem ein periodisches Phänomen, dessen Frequenz ν durch die Gleichung $E = h\nu$ definiert ist (h ist die *Planck*sche Konstante).« Es sei erwähnt, daß DE BROGLIE auch die Photonen als Korpuskeln betrachtet. Dadurch, daß er in die Gleichung, die die Frequenz der Wellen definiert, die *Planck*sche Konstante einführte, hat er den Zusammenhang dieser Wellen mit der Quantentheorie geschaffen.

Mit diesem Zusammenhang wollen wir uns im folgenden noch ausführlich befassen. Wie wir gesehen haben, besteht für die *de Broglie*schen Wellen eine Dispersion. In diesem Falle besteht – wie wir dies im vorhergehenden Paragraph gesehen haben – zwischen der Phasengeschwindigkeit u der Wellen und der Gruppengeschwindigkeit u_g, d. h. der Geschwindigkeit der Wellengruppe, ein Unterschied. Wir haben weiterhin gesehen, daß die Gruppengeschwindigkeit mit der sogenannten Signalgeschwindigkeit identisch ist, das ist die Geschwindigkeit von elektromagnetischen Signalen, mit der sie sich im Raum ausbreiten und die man mit entsprechenden elektromagnetischen Apparaten messen kann. Die Geschwindigkeit eines Massenpunktes läßt sich natürlich ebenfalls auf empirischem Wege feststellen, d. h. messen; wir werden daher von den *de Broglie*schen Wellen fordern, daß ihre Gruppengeschwindigkeit mit der Geschwindigkeit der Korpuskel, in unserem Falle mit v, übereinstimme.

Nach (22.13) gilt für die Gruppengeschwindigkeit folgende Formel

$$\frac{1}{u_g} = \frac{d}{d\nu}\left(\frac{\nu}{u}\right). \tag{23.12}$$

Da u_g mit v übereinstimmen soll, erhält man

$$\frac{d}{d\nu}\left(\frac{\nu}{u}\right) = \frac{1}{v} = \frac{1}{\sqrt{\frac{2}{m_0}(E - V)}} = \frac{1}{\sqrt{\frac{2}{m_0}(h\nu - V)}}, \tag{23.13}$$

wo wir $E = h\nu$ setzen. Aus diesem Zusammenhang ergibt sich nach Durchführung der Integration

$$\frac{\nu}{u} = \int \frac{d\nu}{\sqrt{\frac{2}{m_0}(h\nu - V)}} = \frac{1}{h}\sqrt{2m_0(h\nu - V)}. \tag{23.14}$$

Es ist also

$$u = \frac{h\nu}{\sqrt{2m_0}}\,\frac{1}{\sqrt{h\nu - V}}. \tag{23.15}$$

Wenn man also für die Konstante B den Wert $h\nu/\sqrt{2m_0}$ setzt, dann erhält man ein Dispersionsgesetz, das einerseits der Forderung genügt, daß $\frac{1}{u}$ zu ν proportional sei, und andererseits die Gleichung $u_g = v$ erfüllt. Es sei hier noch erwähnt, daß die Konstante B die Größe $h\nu$, d. h. E enthalten kann, da beim *Maupertuis*schen Prinzip nur solche Bahnen miteinander verglichen werden, die zum gleichen Wert von E gehören.

Man erhält so für die Phasengeschwindigkeit in einem Raum, in dem die Korpuskel die potentielle Energie V besitzt

$$u = \frac{E}{\sqrt{2m_0(E-V)}} = \frac{h\nu}{\sqrt{2m_0(h\nu - V)}}, \tag{23.16}$$

woraus sich für die Wellenlänge

$$\lambda = \frac{u}{\nu} = \frac{h}{\sqrt{2m_0(h\nu - V)}} = \frac{h}{\sqrt{2m_0(E-V)}} \tag{23.17}$$

ergibt.

Für den Fall, daß $V = 0$ ist, folgt also mit Rücksicht auf die Beziehung $E = \frac{1}{2} m_0 v^2$ für die Wellenlänge

$$\lambda_0 = \frac{h}{\sqrt{2m_0 E}} = \frac{h}{m_0 v} = \frac{h}{p}. \tag{23.18}$$

Falls die Wellen aus einem Raum mit verschwindendem Potential in einen anderen übertreten, in dem die Korpuskel die potentielle Energie V besitzt, so entspricht das dem Übertritt von Wellen in einen Raum, dessen Brechungsindex, bezogen auf den potentialfreien Raum

$$n = \frac{\lambda_0}{\lambda} = \sqrt{\frac{E-V}{E}} \tag{23.19}$$

beträgt. Da n durch V vom Ort abhängt, ist der Raum, in dem ein örtlich veränderliches Potential vorhanden ist, mit einem Medium von veränderlichem Brechungsindex äquivalent, in dem die orthogonalen Trajektorien der Wellenflächen, d. h. die Bahnen der Korpuskeln im allgemeinen gekrümmt sind.

Würden die experimentellen Resultate nicht ganz eindeutig darauf hinweisen, daß man den Korpuskeln tatsächlich Wellen zuordnen muß, dann wären die weiter oben gegebenen Ausführungen zwecklose Spekulationen, die jeder empirischen Grundlage entbehren. Der experimentelle Befund zeigt jedoch, daß man mit Elektronenstrahlen und Atomstrahlen Beugungserscheinungen hervorrufen kann (vgl. § 7), was beweist, daß diese Strahlen außer ihrer korpuskularen Natur auch eine Wellennatur besitzen. Weiterhin haben wir gesehen, daß die Länge dieser Wellen für $V = 0$ in die Wellenlänge $\lambda = \frac{h}{p}$ der *de Broglie*schen Wellen übergeht. Wir haben auch ausführlich besprochen, daß beim Licht, gemäß den empirischen Feststellungen, ebenfalls eine Dualität besteht, und zwar besitzt das Licht außer der Wellennatur auch eine Photonenstruktur (vgl. hierzu § 6). Den physikalischen Inhalt der Theorie der *de Broglie*schen Wellen geben gerade diese empirischen Tatsachen.

§ 24. Die Schrödinger-Gleichung

In der Optik hat man bei der Behandlung von Beugungserscheinungen die Wellenoptik zugrunde zu legen und von deren Grundgleichung, der Wellengleichung, auszugehen. Ganz ähnlich muß man bei der Behandlung von Systemen, deren Dimensionen in die Größenordnung der *de Broglie*schen Wellenlängen fallen, die Quantenmechanik zugrunde legen und von der Wellengleichung der *de Broglie*schen Wellen ausgehen, die der optischen ähnlich ist und sich folgendermaßen gestaltet

$$\Delta\Psi = \frac{1}{u^2}\frac{\partial^2\Psi}{\partial t^2}, \qquad u = \frac{E}{\sqrt{2m_0(E-V)}}. \tag{24.1}$$

Von der Größe Ψ setzen wir einstweilen nur soviel voraus, daß das Quadrat von Ψ, oder, im Falle eines komplexen Ψ, das Quadrat des Betrages von Ψ, d. h. $\Psi\Psi^*$ (wo Ψ^* die zu Ψ konjugiert komplexe Größe bezeichnet), ein Maß für die Intensität des korpuskularen Strahles, z. B. des Elektronenstrahles, darstellt, ganz ähnlich wie in der Optik, wo das Quadrat des Lichtvektors, der die Lösung der Wellengleichung darstellt, ein Maß der Lichtintensität repräsentiert.

Wie in der Wellentheorie im allgemeinen setzen wir auch hier voraus, daß Ψ eine reine periodische Funktion der Zeit ist, d. h. daß

$$\Psi = \psi\cdot e^{-2\pi i\nu t} = \psi e^{-2\pi i\frac{E}{h}t} \tag{24.2}$$

ist, wo ψ eine vom Ort abhängige Funktion bezeichnet. Durch Einsetzen dieses Ausdruckes in (24.1) ergibt sich für ψ die fundamentale *Schrödinger*-Gleichung

$$\Delta\psi + \frac{8\pi^2 m_0}{h^2}(E-V)\psi = 0, \tag{24.3}$$

die die Grundlage der Quantenmechanik bildet. In dieser Gleichung bezeichnet m_0 die Masse und V die potentielle Energie der in Betracht gezogenen Korpuskel.

Diese Gleichung kann man für einen Massenpunkt mit der Masse m_0 und der potentiellen Energie V aus dem Energieausdruck

$$H = \frac{1}{2m_0}(p_x^2 + p_y^2 + p_z^2) + V(x, y, z) \tag{24.4}$$

auf formalem Wege durch folgende Substitution erhalten. Statt den Impulskomponenten setzt man die folgenden Operatoren

$$p_x \to \frac{h}{2\pi i} \frac{\partial}{\partial x}, \qquad p_y \to \frac{h}{2\pi i} \frac{\partial}{\partial y}, \qquad p_z \to \frac{h}{2\pi i} \frac{\partial}{\partial z} \tag{24.5}$$

und den Quadraten der Impulskomponenten ordnet man die folgenden Operatoren zu

$$p_x^2 \to -\frac{h^2}{4\pi^2} \frac{\partial^2}{\partial x^2}, \qquad p_y^2 \to -\frac{h^2}{4\pi^2} \frac{\partial^2}{\partial y^2}, \qquad p_z^2 \to -\frac{h^2}{4\pi^2} \frac{\partial^2}{\partial z^2}, \tag{24.6}$$

die man formal als die Quadrate der vorangehenden betrachten kann. Durch Einsetzen dieser Operatoren in den Energieausdruck ergibt sich der *Hamilton*-Operator oder Energieoperator des Teilchens. Wenn man diesen auf eine Funktion ψ anwendet, d. h. formal von rechts mit ψ multipliziert und den so erhaltenen Ausdruck mit $E\psi$ gleichsetzt, ergibt sich die *Schrödinger*-Gleichung

$$H\left(x, y, z, \frac{h}{2\pi i} \frac{\partial}{\partial x}, \frac{h}{2\pi i} \frac{\partial}{\partial y}, \frac{h}{2\pi i} \frac{\partial}{\partial z}\right) \psi = E\psi,$$

$$-\frac{1}{2m_0}\left(\frac{h^2}{4\pi^2} \frac{\partial^2\psi}{\partial x^2} + \frac{h^2}{4\pi^2} \frac{\partial^2\psi}{\partial y^2} + \frac{h^2}{4\pi^2} \frac{\partial^2\psi}{\partial z^2}\right) + V\psi = E\psi,$$

$$-\frac{h^2}{8\pi^2 m_0}\left(\frac{\partial^2\psi}{\partial x^2} + \frac{\partial^2\psi}{\partial y^2} + \frac{\partial^2\psi}{\partial z^2}\right) + V\psi = E\psi,$$

$$\Delta\psi + \frac{8\pi^2 m_0}{h^2}(E - V)\psi = 0.$$

Hierbei muß noch hervorgehoben werden, daß man der potentiellen Energie V, die eine Funktion der Koordinaten ist, als Operator die Multiplikation mit dieser Funktion zuordnet. Hieraus folgt zugleich, daß ganz allgemein den Koordinaten als Operator die Multiplikation mit den Koordinaten zuzuordnen ist.

Dies alles gilt einstweilen nur rein formal, man erhält jedoch mit diesem Formalismus die *Schrödinger*-Gleichung auch im Falle allgemeiner Koordinaten. Wenn q_i und p_i die zueinander kanonisch konjugierte i-te allgemeine Koordinate und die Impulskoordinate bezeichnen, dann entsprechen den allgemeinen Impulskoordinaten bzw. deren Quadraten die folgenden Operatoren

$$p_i \to \frac{h}{2\pi i} \frac{\partial}{\partial q_i}, \qquad p_i^2 \to -\frac{h^2}{4\pi^2} \frac{\partial^2}{\partial q_i^2}. \tag{24.7}$$

Die Substitution dieser Operatoren in die *Hamilton*sche Funktion zur Gewinnung des *Hamilton*-Operators kann man jedoch nur nach entsprechender Symmetrisierung der *Hamilton*-Funktion durchführen. In diesem

Falle gestaltet sich dann die *Schrödinger*-Gleichung folgendermaßen

$$H\left(q_i, \frac{h}{2\pi i}\frac{\partial}{\partial q_i}\right)\psi = E\psi. \tag{24.8}$$

Die Energie E läßt sich aus der *Schrödinger*-Gleichung eliminieren, es ist nämlich

$$\Psi = \psi e^{-\frac{2\pi i}{h}Et}, \tag{24.9}$$

woraus

$$\frac{\partial\Psi}{\partial t} = -\frac{2\pi i}{h}E\Psi \quad \text{und} \quad \frac{\partial^2\Psi}{\partial t^2} = -\frac{4\pi^2}{h^2}E^2\Psi \tag{24.10}$$

folgt. Wenn man in die erste Gl. (24.1) den Ausdruck für u aus der zweiten Gl. (24.1) einsetzt, so erhält man die Gleichung

$$\Delta\Psi = 2m_0(E - V)\frac{1}{E^2}\frac{\partial^2\Psi}{\partial t^2}. \tag{24.11}$$

Man kann nun $\frac{1}{E^2}\frac{\partial^2\Psi}{\partial t^2}$ mit Hilfe der zweiten Gl. (24.10) ausdrücken und in (24.11) $\frac{1}{E^2}\frac{\partial^2\Psi}{\partial t^2}$ durch den so erhaltenen Ausdruck ersetzen; dadurch gelangt man zu folgender Gleichung

$$\Delta\Psi = 2m_0(E - V)\left(-\frac{4\pi^2}{h^2}\Psi\right) = -\frac{8\pi^2 m_0}{h^2}E\Psi + \frac{8\pi^2 m_0}{h^2}V\Psi. \tag{24.12}$$

Wenn man in dieser Gleichung $E\Psi$ mit Hilfe der ersten Gl. (24.10) eliminiert, so folgt als Endresultat

$$\Delta\Psi - \frac{8\pi^2 m_0}{h^2}V\Psi + \frac{4\pi i m_0}{h}\frac{\partial\Psi}{\partial t} = 0. \tag{24.13}$$

Diese Gleichung nennt man die zeitabhängige *Schrödinger*-Gleichung oder kurz die Zeitgleichung. Sie bildet die Grundlage der Behandlung solcher Probleme, bei denen V die Zeit enthält, d. h. V eine Funktion der Zeit ist. Die zu bestimmende Funktion Ψ wird natürlich ebenfalls eine Funktion der Zeit.

Die von der Zeit abhängige *Schrödinger*-Gleichung kann man z. B. im Falle allgemeiner Koordinaten in folgender Weise einfach erhalten. Die Gl. (24.8) ist natürlich nicht nur für ψ, sondern auch für Ψ gültig, was sofort zu sehen ist, wenn man sie z. B. von rechts (oder von links, da der H-Operator auf die Zeit nicht wirkt) mit dem Faktor $e^{-\frac{2\pi i}{h}Et}$ multipliziert. Es besteht somit die Gleichung

$$H\left(q_i, \frac{h}{2\pi i}\frac{\partial}{\partial q_i}\right)\Psi = E\Psi. \tag{24.14}$$

Wenn man in dieser Gleichung $E\Psi$ mit Hilfe der ersten Gl. (24.10) eliminiert, erhält man die allgemeine Form der zeitabhängigen *Schrödinger*-Gleichung:

$$H\left(q_i, \frac{h}{2\pi i}\frac{\partial}{\partial q_i}\right)\Psi = -\frac{h}{2\pi i}\frac{\partial \Psi}{\partial t}. \tag{24.15}$$

Zwischen der *Schrödinger*-Gleichung und der *Hamilton–Jacobi*schen Gleichung der klassischen Physik besteht eine Ähnlichkeit. Wenn H die Zeit explizit nicht enthält, dann lautet die sogenannte gekürzte *Hamilton–Jacobi*sche Gleichung folgendermaßen

$$H\left(q_i, \frac{\partial S_0}{\partial q_i}\right) = E, \tag{24.16}$$

wo

$$p_i = \frac{\partial S_0}{\partial q_i} \tag{24.17}$$

ist und S_0 die gekürzte *Hamilton*sche prinzipale Funktion bezeichnet.

Ein Vergleich der Gl. (24.16) mit der von der Zeit unabhängigen *Schrödinger*-Gleichung (24.8) zeigt die weitgehende Analogie der beiden Gleichungen, zugleich ist jedoch auch der große Unterschied zwischen den beiden Gleichungen ersichtlich. Während nämlich im *Hamilton*schen Energieausdruck im Falle der *Hamilton–Jacobi*schen Gleichung p_i^2 durch $\left(\frac{\partial S_0}{\partial q_i}\right)^2$ zu ersetzen ist, hat man im Falle der *Schrödinger*-Gleichung für p_i^2 den Operator $-\frac{h^2}{2\pi^2}\frac{\partial^2}{\partial q_i^2}$ zu setzen. Es läßt sich zeigen, daß die *Schrödinger*-Gleichung für $h \to 0$ in die *Hamilton–Jacobi*sche Gleichung übergeht, so wie im allgemeinen die gesamte Quantenmechanik für $h \to 0$ in die klassische Mechanik übergeht.

Die ungekürzte *Hamilton–Jacobi*sche Gleichung ist die folgende:

$$H\left(q_i, \frac{\partial S}{\partial q_i}\right) = -\frac{\partial S}{\partial t}, \tag{24.18}$$

wo $\frac{\partial S}{\partial q_i} = p_i$ ist. Sie weist mit der zeitabhängigen *Schrödinger*-Gleichung dieselbe Ähnlichkeit auf, die zwischen (24.16) und (24.8) besteht; wie zu sehen ist, entspricht $\frac{\partial S}{\partial t}$ der Ausdruck $\frac{h}{2\pi i}\frac{\partial \Psi}{\partial t}$. Die Funktion S bedeutet die (ungekürzte) *Hamilton*sche prinzipale Funktion.

§ 25. Herleitung der Schrödinger-Gleichung aus einem Variationsprinzip

Ganz ähnlich wie man die Bewegungsgleichungen der klassischen Mechanik aus einem Variationsprinzip herleiten kann, läßt sich die Grundgleichung der Wellenmechanik, die *Schrödinger*-Gleichung, ebenfalls aus einem Variationsprinzip gewinnen. Die Bewegungsgleichungen der klassischen Mechanik sind die *Euler–Lagrange*schen Differentialgleichungen des *Hamilton*schen Prinzips, die *Schrödinger*-Gleichung ist die *Euler–Lagrange*sche Differentialgleichung eines Variationsprinzips, das im Falle eines Systems, das aus N Teilchen besteht, folgende Form hat

$$\delta \int L dv = 0, \tag{25.1}$$

wo L den Ausdruck

$$L = \sum_{i=1}^{N} \frac{h^2}{8\pi^2 m_i} \left(\frac{\partial \psi^*}{\partial x_i} \frac{\partial \psi}{\partial x_i} + \frac{\partial \psi^*}{\partial y_i} \frac{\partial \psi}{\partial y_i} + \frac{\partial \psi^*}{\partial z_i} \frac{\partial \psi}{\partial z_i} \right) + V \psi \psi^* \tag{25.2}$$

bedeutet; m_i ist die Masse des i-ten Teilchens, V die potentielle Energie des Systems und dv das Volumenelement des Konfigurationsraumes von der Dimension $3N$; ψ bezeichnet die Wellenfunktion, die folgende Normierungsbedingung zu erfüllen hat

$$\int \psi^* \psi dv = 1. \tag{25.3}$$

Durch Einführen eines *Lagrange*schen Parameters $-E$ kann man die Nebenbedingung (25.3) dadurch berücksichtigen, daß man das Variationsprinzip in der Form schreibt

$$\delta \int (L - E\psi^*\psi) dv = 0. \tag{25.4}$$

Hieraus erhält man nach Durchführung der Variation die *Schrödinger*-Gleichung des aus N-Teilchen bestehenden Systems:

$$\sum_{i=1}^{N} \frac{h^2}{8\pi^2 m_i} \Delta_i \psi + (E - V)\psi = 0, \tag{25.5}$$

wo Δ_i den auf das i-te Teilchen bezogenen Laplace-Operator bezeichnet. Aus der Gl. (25.5) ist zugleich zu sehen, daß E, d. h. das Negative des *Lagrange*schen Multiplikators, mit dem Energieparameter des Systems identisch ist.

Mit dem *Hamilton*-Operator H des Systems läßt sich die Gl. (25.5) in folgender Form schreiben

$$H\psi = E\psi, \tag{25.6}$$

woraus sich für den Energieparameter der Ausdruck

$$E = \frac{\int \psi^* H \psi dv}{\int \psi^* \psi dv} \tag{25.7}$$

ergibt.

Durch partielle Integration erhält man den Zusammenhang

$$\int L dv = \int \psi^* H \psi dv, \tag{25.8}$$

mit dem aus (25.7) für E der Ausdruck

$$E = \frac{\int L dv}{\int \psi^* \psi dv} \tag{25.9}$$

folgt. Hieraus ergibt sich, mit Rücksicht auf das Variationsprinzip, daß die Energieeigenwerte der *Schrödinger*-Gleichung die Extrema, und zwar, wie gezeigt werden kann, die Minima des Ausdruckes (25.9) sind.

Aus (25.8) folgt, daß man dem Variationsprinzip auch die folgende Form geben kann

$$\delta \int \psi^* (H - E) \psi dv = 0. \tag{25.10}$$

Die Energieminima des Ausdruckes (25.7) stimmen also ebenfalls mit den Energieeigenwerten der Gl. (25.6) bzw. mit denen der mit dieser identischen Gl. (25.5) überein.

§ 26. Eigenfunktionen und Eigenwerte

Die Lösung der *Schrödinger*-Gleichung Ψ steht mit den betreffenden Korpuskeln in einem ähnlichen Zusammenhang wie die Lichtwellen mit den Photonen. Wo also $\Psi\Psi^*$ bzw. Ψ verschwindet, befinden sich keine Korpuskeln. Wenn wir also die Lösung Ψ der *Schrödinger*-Gleichung für ein Elektron bestimmen wollen, das an ein Atom gebunden ist, dann muß Ψ im Unendlichen verschwinden, da das an das Atom gebundene Elektron sich nicht im Unendlichen aufhalten kann. Außerdem muß man von einer physikalisch sinnvollen Lösung der *Schrödinger*-Gleichung fordern, daß sie überall stetig und eine eindeutige Funktion des Ortes sei. Es ist als einer der wesentlichsten Erfolge der Wellenmechanik gegenüber der älteren *Bohr*schen Quantentheorie zu betrachten, daß die Lösungen ganz natürlichen Forderungen zur Bestimmung der diskreten Energieniveaus von Atomen oder atomaren Systemen genügen, während man die Lösung in der älteren *Bohr*schen Quantentheorie nur aus den für die Theorie fremdartigen Quantenbedingungen herleiten konnte, die sich gerade wegen ihres fremden Ursprunges nicht begründen ließen.

Interessanterweise folgt aus der Stetigkeits- und Eindeutigkeitsforderung von Ψ, daß sich daraus für große, d. h. im äußeren Bereich des Atoms verlaufende *Bohr*sche Bahnen die *Bohr*–*Sommerfeld*schen Quantenbedingungen ergeben. Die Wellenlänge der Welle Ψ, die das Verhalten (die Bewegung) einer Korpuskel mit der Masse m_0 und der potentiellen Energie V beschreibt, ist nach (23.17) die folgende

$$\lambda = \frac{h}{\sqrt{2m_0(E - V)}}. \tag{26.1}$$

Sie ändert sich im allgemeinen entlang der Bahn von Ort zu Ort. Wir betrachten nun ein Bahnelement dq, von dem wir voraussetzen, daß auf seine Länge noch mehrere Wellen von gleicher Wellenlänge λ fallen. Diese Einteilung der gesamten Bahn ist nur dann möglich, wenn sich die Wellenlänge entlang der Bahn nur langsam ändert, was bei den großen *Bohr*schen Bahnen, die im äußeren Bereich des Atoms verlaufen, der Fall ist. Die Anzahl der auf das Bahnelement dq fallenden Wellen beträgt dq/λ. Auf die ganze Bahn des Elektrons fallen $\oint \frac{dq}{\lambda}$ Wellen, wobei die Integration auf die ganze Bahn auszudehnen ist. Aus der Eindeutigkeitsforderung von Ψ folgt, daß die Anzahl der auf die ganze Bahn fallenden Wellen eine ganze Zahl sein muß (vgl. Abb. 11), es muß also der Zusammenhang bestehen

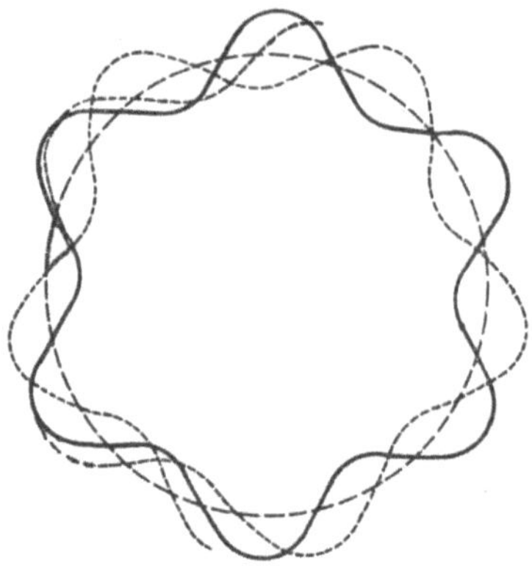

Abb. 11. Die *de Broglie*schen Wellen entlang einer Kreisbahn des Teilchens

$$\oint \frac{dq}{\lambda} = \oint \frac{1}{h} \sqrt{2m_0(E - V)}\,dq = n, \quad (26.2)$$

wo n eine ganze Zahl bezeichnet. Aus dem Energieausdruck des Elektrons

$$E = \frac{p^2}{2m_0} + V$$

ergibt sich

$$p = \sqrt{2m_0(E - V)}, \quad (26.3)$$

womit aus (26.2) die *Bohr—Sommerfeld*sche Quantenbedingung

$$\oint p\,dq = nh \quad (26.4)$$

folgt.

Es sei nochmals hervorgehoben, daß die eben gegebene Herleitung der *Bohr—Sommerfeld*schen Quantenbedingung nur für den Fall gilt, daß die Änderung der Wellenlänge entlang der Bahn so langsam erfolgt, daß man die ganze Bahn in Intervalle dq einteilen kann, innerhalb deren noch mehrere gleiche Wellenlängen liegen, was nur für große *Bohr*sche Bahnen näherungsweise zutrifft. Falls die eben erwähnte Einteilung nicht möglich ist, so können sich die auf Grund der Wellenmechanik erhaltenen Resultate von denen, die man mit der *Bohr*schen Theorie erhält, unterscheiden, in gewissen Fällen sogar sehr beträchtlich. Man darf also aus dem weiter oben erhaltenen Resultat keinesfalls den Schluß ziehen, daß die beiden Theorien einander gleichwertig sind; in den Fällen, in denen sich die mit den beiden Theorien gewonnenen Resultate unterscheiden, entscheidet der empirische Befund immer zugunsten der Wellenmechanik.

Aus der Theorie der linearen Differentialgleichungen folgt, daß die in bezug auf Ψ gültigen Randbedingungen, weiterhin die Bedingung, daß Ψ eine stetige und eindeutige Funktion des Ortes sei, nur bei gewissen Werten des Energieparameters erfüllt werden können. Der Energieparameter E kann also nicht beliebige Werte annehmen. Diejenigen Energiewerte, für die die *Schrödinger*-Gleichung mit den eben erwähnten Bedingungen gelöst werden kann, nennt man die Eigenwerte der *Schrödinger*-Gleichung. Diese seien z. B.

$$E_1, E_2, \ldots, E_i, \ldots.$$

Die den einzelnen Eigenwerten entsprechenden Ψ-Funktionen, die wir folgendermaßen bezeichnen

$$\Psi_1, \Psi_2, \ldots, \Psi_i, \ldots,$$

nennt man die Eigenfunktionen der *Schrödinger*-Gleichung. Uns interessieren hier in erster Linie die Eigenwerte, deren Bestimmung daher unser Hauptziel sein wird; die Bestimmung der Eigenfunktionen ist im folgenden von zweitrangigem Interesse. Die Methoden der Wellenmechanik, in erster Linie die Lösung der *Schrödinger*-Gleichung, lassen sich am besten an einzelnen speziellen Fällen erläutern, mit denen wir uns im II. Teil des Buches befassen. Vorher müssen wir jedoch noch einige Probleme allgemeiner Natur behandeln.

Zunächst befassen wir uns mit der physikalischen Bedeutung der Ψ-Funktion etwas näher. E. SCHRÖDINGER hat ursprünglich die Ψ-Funktion folgendermaßen interpretiert. Seinen Annahmen nach ist ein Elektron, das z. B. an ein Atom gebunden ist, kein elektrisch geladener Massenpunkt (Korpuskel), sondern sowohl die Masse als auch die elektrische Ladung des Elektrons sind im Atom kontinuierlich verteilt, und zwar mit einer zu $\Psi\Psi^*$ proportionalen Dichte. Diese ursprüngliche Interpretation der Ψ-Funktion von SCHRÖDINGER mußte man jedoch abändern. Wenn man nämlich ein Mehrelektronenproblem in Betracht zieht, in welchem Ψ eine Funktion von $3N$ Koordinaten ist, wo N die Anzahl der Elektronen bezeichnet, so läßt sich Ψ nicht mehr im gewöhnlichen 3-dimensionalen Raum interpretieren, d. h. man kann Ψ nicht länger im 3-dimensionalen Raum als eine Funktion des Ortes angeben, sondern es ist dann Ψ eine Funktion des Ortes im $3N$-dimensionalen Koordinatenraum, im sogenannten Konfigurationsraum. Die ursprüngliche Interpretation der Ψ-Funktion von SCHRÖDINGER kann also nicht aufrechterhalten werden. Heute interpretiert man Ψ nach M. BORN im statistischen Sinne, und zwar folgendermaßen: $\Psi\Psi^* dv$ ist die Wahrscheinlichkeit, das Elektron im Volumenelement dv vorzufinden. Im Falle mehrerer Elektronen hat man unter dv das Volumenelement des Konfigurationsraumes zu verstehen und der eben angegebene Ausdruck gibt dann die Wahrscheinlichkeit, die Elektronen im Volumenelement dv des Konfigurationsraumes vorzufinden. Der wesentliche Unterschied gegenüber der ursprünglichen Auffassung von SCHRÖDINGER besteht darin, daß man in der Interpretation von BORN das Elektron auch weiterhin als einen elektrisch geladenen Massenpunkt (Korpuskel) betrachtet. Da aber die für Atome gewonnenen empirischen Resultate immer Mittelwerte von Beobachtungen sind. die sich auf viele Atome beziehen, oder aber Resultate von Beobachtungen, die sich auf eine längere Zeitdauer beziehen, kann man in vielen Fällen, besonders wenn es sich um Elektronen handelt, die an ein Atom gebunden sind, trotz der statistischen Interpretation von Ψ von der Ladungsverteilung eines Elektrons oder mehrerer Elektronen sprechen. Darunter versteht man dann den räumlichen Mittelwert oder den auf eine längere Zeitdauer bezogenen Mittelwert, wobei zu bemerken ist, daß man hier unter einer langen Zeitdauer eine Zeit versteht, die im Verhältnis zum Maßstab inneratomarer Geschehnisse lang, jedoch im makroskopischen Sinne sehr kurz ist.

Wir wollen uns nun mit der Eigenfunktion des k-ten Quantenzustandes eines Systems, z. B. eines Elektrons in einem Atom befassen. Die Energie des Systems, im vorliegenden Falle des Elektrons in diesem Zustand sei E_k und die Eigenfunktion

$$\Psi_k = e^{-\frac{2\pi i}{h} E_k t} \cdot \psi_k(x, y, z). \tag{26.5}$$

Wie man unmittelbar sieht, ist

$$\Psi_k \Psi_k^* = \psi_k \psi_k^*. \tag{26.6}$$

Die Funktionen ψ_k können einen beliebigen Faktor enthalten, denn sie sind die Lösungen der homogenen linearen *Schrödinger*-Gleichung und als solche nur bis auf einen Faktor von beliebiger Größe bekannt. Diesen Faktor kann man immer so wählen, daß die Gleichung

$$\int \psi_k \psi_k^* dv = 1 \tag{26.7}$$

bestehe, wo die Integration auf den ganzen Raum auszudehnen ist. Wenn die Funktionen ψ_k bzw. Ψ_k dieser Forderung genügen, dann nennt man die Funktionen ψ_k bzw. Ψ_k auf 1 normiert. Dies hat folgenden physikalischen Sinn. $\psi_k \psi_k{}^* dv$ ist die Wahrscheinlichkeit dafür, daß man das im k-ten Quantenzustand befindliche Elektron im Volumenelement dv vorfindet; da sich das Elektron irgendwo im Raum bestimmt aufhält und diese Wahrscheinlichkeit 1 beträgt, ist es notwendig, daß die Beziehung (26.7) besteht.

Wir gehen nun dazu über, den folgenden wichtigen Zusammenhang zu beweisen: Wenn die Eigenwerte des k-ten und l-ten Zustandes voneinander verschieden sind, dann besteht für die Eigenfunktionen dieser Zustände der Zusammenhang

$$\int \psi_k \psi_l^* dv = 0, \tag{26.8}$$

wo die Integration auf den ganzen Raum auszudehnen ist. Dieser Zusammenhang besagt, daß die zu verschiedenen Eigenwerten gehörenden Eigenfunktionen aufeinander orthogonal sind.

Dies läßt sich folgendermaßen beweisen. Da ψ_k und ψ_l Lösungen der *Schrödinger*-Gleichung sind, bestehen die Gleichungen

$$\Delta\psi_k + \frac{8\pi^2 m_0}{h^2}(E_k - V)\psi_k = 0 \tag{26.9}$$

und

$$\Delta\psi_l^* + \frac{8\pi^2 m_0}{h^2}(E_l - V)\psi_l^* = 0. \tag{26.10}$$

Wenn man die erste Gleichung mit ψ_l^* und die zweite mit ψ_k multipliziert und von der so erhaltenen zweiten Gleichung die erste subtrahiert, so erhält man

$$\psi_k\Delta\psi_l^* - \psi_l^*\Delta\psi_k = \frac{8\pi^2 m_0}{h^2}(E_k - E_l)\psi_k\psi_l^*. \tag{26.11}$$

Wir multiplizieren nun diese Gleichung mit dv und integrieren auf den ganzen Raum. Dann kann man auf die linke Seite den *Green*schen Satz anwenden, wonach

$$\int(\psi_k\Delta\psi_l^* - \psi_l^*\Delta\psi_k)dv = \int\left(\psi_k\frac{\partial\psi_l^*}{\partial n} - \psi_l^*\frac{\partial\psi_k}{\partial n}\right)df \tag{26.12}$$

ist. Das auf der rechten Seite stehende Integral ist ein Flächenintegral, das auf die Fläche auszudehnen ist, die das Volumen begrenzt, auf das sich das Integral auf der linken Seite bezieht. Auf der rechten Seiten bedeutet die Differentiation nach n die Differentiation entlang der nach außen hin weisenden Flächennormale. Da, wie wir bei der Behandlung spezieller Probleme sehen werden, ψ im Unendlichen exponentiell verschwindet, folgt, daß das auf der rechten Seite stehende Integral verschwindet, wenn wir die Integration auf der linken Seite auf den ganzen Raum und dementsprechend das Integral auf der rechten Seite auf die unendlich entfernte Begrenzungsfläche ausdehnen. Wenn man die Integration auf den ganzen Raum erstreckt, ist also

$$\int(\psi_k\Delta\psi_l^* - \psi_l^*\Delta\psi_k)dv = 0. \tag{26.13}$$

Hiermit folgt aus der Gl. (26.11) im Falle $E_k \neq E_l$

$$\int\psi_k\psi_l^* dv = 0, \tag{26.14}$$

wo die Integration auf den ganzen Raum auszudehnen ist. Somit haben wir die Orthogonalitätsrelation (26.8) bewiesen.

Bezüglich der Lösung der *Schrödinger*-Gleichung besteht ein weiterer wichtiger Satz. Die *Schrödinger*-Gleichung ist eine homogene lineare Gleichung. Wenn also $\Psi_1, \Psi_2, \ldots, \Psi_n$ Lösungen der *Schrödinger*-Gleichung sind, dann ist auch die Linearkombination dieser Funktionen

$$\Psi = c_1\Psi_1 + c_2\Psi_2 + \ldots + c_n\Psi_n \tag{26.15}$$

eine Lösung der *Schrödinger*-Gleichung, wo die Koeffizienten c_i Konstante bezeichnen. Die physikalische Bedeutung dieser Koeffizienten ist offenbar die, daß $|c_i|^2$ die Wahrscheinlichkeit darstellt, daß sich das System, z. B. ein Atomelektron, im i-ten Quantenzustand befindet. Für die Koeffizienten c_i schreiben wir die folgende Bedingung vor

$$\sum_i |c_i|^2 = 1, \tag{26.16}$$

die man natürlich immer erfüllen kann.

Wenn sich das Elektron im k-ten Zustand befindet, so sind alle Koeffizienten c_i, mit Ausnahme von c_k, gleich Null und c_k ist gleich 1. Man hat also dann

$$\Psi_k = e^{-\frac{2\pi i}{h} E_k t}\, \psi_k,$$

was bedeutet, daß sich das System in einem Zustand mit konstanter Energie, d. h. in einem stationären Zustand befindet.

§ 27. Die Interpretation klassischer Größen in der Quantenmechanik. Operatoren

Im folgenden müssen wir uns in erster Linie damit befassen, was in der Quantenmechanik den einzelnen Größen der klassischen Mechanik, wie z. B. den Koordinaten, dem Impuls usw. entspricht. Es ist zweckmäßig, wieder von einem konkreten Beispiel, z. B. von einem an ein Atom gebundenen Elektron mit der Eigenfunktion Ψ auszugehen, von der wir voraussetzen, daß sie auf 1 normiert sei. Es gibt also dann $\Psi\Psi^* dv$ die Wahrscheinlichkeit dafür, daß sich das Elektron im Volumenelement dv befindet. Befassen wir uns zunächst mit einer Koordinate, der in der klassischen Mechanik q entspricht. In der Quantenmechanik ließe sich die Koordinate q eines Elektrons auf experimentellem Wege, d. h. durch Messen, in der Weise bestimmen, daß man sie in sehr vielen Fällen mißt (wobei man dafür sorgen muß, daß man das System, in unserem Falle das Elektron, nach jeder Messung in seinen ursprünglichen Quantenzustand zurückführt) und dann aus den so erhaltenen Meßergebnissen, die sich voneinander unterscheiden werden, einen Mittelwert bildet. Dementsprechend erhält man in der Quantenmechanik den bei der Messung der q-Koordinate zu erwartenden Wert in der Weise, daß man mit der Wahrscheinlichkeitsverteilung $\Psi\Psi^*$ den Mittelwert von q bildet, der sich folgendermaßen gestaltet

$$\bar{q} = \int q\Psi\Psi^* dv = \int \Psi^* q \Psi dv. \tag{27.1}$$

Der Wert $\bar{q}$, d. h. der quantenmechanische Mittelwert von q, ist derjenige q-Wert, den man als Mittelwert der Meßergebnisse für q erwarten kann. Man nennt ihn den quantenmechanischen Erwartungswert von q.

Zur Bestimmung der quantenmechanischen Mittelwerte des Impulses bzw. der Impulskomponenten leiten wir den quantenmechanischen Ausdruck der Intensität des elektrischen Stromes her. Wir gehen von der *Schrödinger*-Gleichung eines Teilchens mit der Masse m_0 und der Ladung e aus, dessen potentielle Energie V sei. Für diesen Fall lautet die zeitabhängige *Schrödinger*-Gleichung

$$\Delta\Psi - \frac{8\pi^2 m_0}{h^2} V\Psi + \frac{4\pi i m_0}{h}\frac{\partial\Psi}{\partial t} = 0. \qquad (27.2)$$

Es gilt natürlich auch die konjugiert Komplexe dieser Gleichung

$$\Delta\Psi^* - \frac{8\pi^2 m_0}{h^2} V\Psi^* - \frac{4\pi i m_0}{h}\frac{\partial\Psi^*}{\partial t} = 0. \qquad (27.3)$$

Wenn man die zweite Gleichung mit Ψ und die erste mit Ψ^* multipliziert und von der so erhaltenen zweiten Gleichung die erste subtrahiert, so ergibt sich

$$-\frac{4\pi i m_0}{h}\left(\Psi^*\frac{\partial\Psi}{\partial t} + \Psi\frac{\partial\Psi^*}{\partial t}\right) = -\frac{4\pi i m_0}{h}\frac{\partial(\Psi\Psi^*)}{\partial t} = \Psi^*\Delta\Psi - \Psi\Delta\Psi^*. \qquad (27.4)$$

Da weiterhin die Identität

$$\frac{\partial}{\partial x}\left(\Psi^*\frac{\partial\Psi}{\partial x} - \Psi\frac{\partial\Psi^*}{\partial x}\right) = \Psi^*\frac{\partial^2\Psi}{\partial x^2} - \Psi\frac{\partial^2\Psi^*}{\partial x^2}$$

besteht und für die y- und z-Komponenten ähnliche Gleichungen gelten, folgt

$$\Psi^*\Delta\Psi - \Psi\Delta\Psi^* = \operatorname{div}(\Psi^* \operatorname{grad}\Psi - \Psi \operatorname{grad}\Psi^*). \qquad (27.5)$$

Nach Einsetzen dieses Ausdruckes in (27.4) ergibt sich also

$$-\frac{\partial(\Psi\Psi^*)}{\partial t} = \frac{h}{4\pi i m_0}\operatorname{div}(\Psi^* \operatorname{grad}\Psi - \Psi \operatorname{grad}\Psi^*). \qquad (27.6)$$

Wenn wir diese Gleichung mit der Ladung e der Korpuskel multiplizieren, so folgt

$$-\frac{\partial(\Psi\Psi^* e)}{\partial t} = \frac{he}{4\pi i m_0}\operatorname{div}(\Psi^* \operatorname{grad}\Psi - \Psi \operatorname{grad}\Psi^*). \qquad (27.7)$$

Wir vergleichen diese Gleichung mit der Kontinuitätsgleichung der Elektrodynamik

$$-\frac{\partial\varrho}{\partial t} = \operatorname{div}\mathbf{i}, \qquad (27.8)$$

wo ϱ die Ladungsdichte und **i** die Stromdichte bezeichnen. Diese Gleichung ist das Analogon der entsprechenden hydrodynamischen Gleichung und hat den physikalischen Sinn, daß die elektrische Ladung, bezogen auf die Volumeneinheit, nur so abnehmen kann, wenn sie aus dem Volumen ausströmt. Die Gleichung drückt also den Erhaltungssatz der Elektrizität aus. Ein Vergleich der Gl. (27.8) und (27.7) führt zu dem Resultat, daß die Stromdichte in der Quantenmechanik durch folgenden Ausdruck zu definieren ist

$$\mathbf{i} = \frac{he}{4\pi i m_0} (\Psi^* \operatorname{grad} \Psi - \Psi \operatorname{grad} \Psi^*). \tag{27.9}$$

Es ist also

$$\mathbf{s} = \frac{h}{4\pi i m_0} (\Psi^* \operatorname{grad} \Psi - \Psi \operatorname{grad} \Psi^*)$$

die Wahrscheinlichkeit dafür, daß das Teilchen eine auf **s** senkrecht stehende Fläche von der Größe einer Flächeneinheit in der Zeiteinheit durchdringt.

Hieraus folgt in der Quantenmechanik für den Erwartungswert **I** der Stromintensität der Ausdruck

$$\mathbf{I} = e\mathbf{v} = \frac{he}{4\pi i m_0} \int (\Psi^* \operatorname{grad} \Psi - \Psi \operatorname{grad} \Psi^*) dv. \tag{27.10}$$

Aus diesem erhält man für den Erwartungswert des Impulses des Teilchens

$$\mathbf{p} = \frac{h}{4\pi i} \int (\Psi^* \operatorname{grad} \Psi - \Psi \operatorname{grad} \Psi^*) dv. \tag{27.11}$$

Durch partielle Integration folgt der Zusammenhang

$$\int \Psi \operatorname{grad} \Psi^* \, dv = -\int \Psi^* \operatorname{grad} \Psi \, dv, \tag{27.12}$$

was sich am einfachsten in der Weise zeigen läßt, daß man diesen für die einzelnen Komponenten der betreffenden Vektoren beweist. Der Beweis ergibt sich unmittelbar, denn es ist

$$\int \Psi \frac{\partial \Psi^*}{\partial x} dv = -\int \Psi^* \frac{\partial \Psi}{\partial x} dv$$

und ähnliche Gleichungen gelten für die y- und z-Komponente.

Es ergibt sich also

$$\mathbf{p} = \frac{h}{2\pi i} \int \Psi^* \operatorname{grad} \Psi dv, \tag{27.13}$$

oder in Komponenten

$$\left.\begin{aligned}\bar{p}_x &= \frac{h}{2\pi i}\int \Psi^* \frac{\partial \Psi}{\partial x}\, dv,\\ \bar{p}_y &= \frac{h}{2\pi i}\int \Psi^* \frac{\partial \Psi}{\partial y}\, dv,\\ \bar{p}_z &= \frac{h}{2\pi i}\int \Psi^* \frac{\partial \Psi}{\partial z}\, dv.\end{aligned}\right\} \tag{27.14}$$

Den Erwartungswert einer Impulskomponente, z. B. der z-Komponente, erhält man also in der Weise, daß man den Operator $\frac{h}{2\pi i}\frac{\partial}{\partial z}$ auf Ψ anwendet und die so erhaltene Funktion $\frac{h}{2\pi i}\frac{\partial \Psi}{\partial z}$ mit Ψ^* multipliziert und auf den ganzen Raum integriert. Da man den Ausdruck für $\bar{p}_z$ formal als den mit den Funktionen Ψ und Ψ^* gebildeten Mittelwert des Operators $\frac{h}{2\pi i}\frac{\partial}{\partial z}$ betrachten kann, den man so bildet, daß man den Operator von rechts formal mit Ψ und von links mit Ψ^* multipliziert und nachher integriert, so kann man sagen, daß p_z in der Quantenmechanik durch den Operator $\frac{h}{2\pi i}\frac{\partial}{\partial z}$ dargestellt wird. Im allgemeinen gilt, daß den zu einer Koordinate q_i kanonisch konjugierten Impuls in der Quantenmechanik der Operator $\frac{h}{2\pi i}\frac{\partial}{\partial q_i}$ repräsentiert oder darstellt. Auf diese Weise erhält der bei der formalen Herleitung der *Schrödinger*-Gleichung verwendete Operator eine tiefere Begründung. Es sei noch erwähnt, daß z. B. der durch (27.14) gegebene Ausdruck für $\bar{p}_z$, d. h. der quantenmechanische Erwartungswert von p_z, denjenigen Wert von p_z darstellt, den man in dem der Eigenfunktion Ψ entsprechenden Quantenzustand bei der Messung von p_z als Mittelwert der Meßwerte erhält.

Den im Vorhergehenden für q erhaltenen Erwartungswert kann man ganz analog zu dem der Impulskomponente in der Weise bilden, daß man auf Ψ den Operator q anwendet, der in einer Multiplikation mit q besteht, und die so erhaltene Funktion $q\Psi$ mit Ψ^* multipliziert und auf den ganzen Raum integriert. So läßt sich der den Koordinaten zugeordnete Operator, der in einer formalen Multiplikation mit der Koordinate besteht, ebenfalls tiefer begründen.

Auf diese Weise läßt sich jeder physikalischen Größe ein Operator zuordnen und man kann für jede dieser Größen ihren quantenmechanischen Mittelwert, d. h. ihren Erwartungswert angeben.

Der potentiellen Energie V, die eine Funktion der Koordinaten ist, wird als Operator die Multiplikation mit V zugeordnet. Der Erwartungswert der potentiellen Energie ist also

$$\overline{V} = \int \Psi^* V \Psi dv. \tag{27.15}$$

Zur kinetischen Energie einer Korpuskel von der Masse m_0 gehört gemäß dem weiter oben Gesagten der Operator

$$\frac{1}{2m_0}\left(\frac{h}{2\pi i}\operatorname{grad}\right)^2 = -\frac{h^2}{8\pi^2 m_0}\left(\frac{\partial^2}{\partial x^2}+\frac{\partial^2}{\partial y^2}+\frac{\partial^2}{\partial z^2}\right) = -\frac{h^2}{8\pi^2 m_0}\Delta. \tag{27.16}$$

Somit ist der quantenmechanische Erwartungswert der kinetischen Energie

$$\overline{T} = -\frac{h^2}{8\pi^2 m_0}\int \Psi^* \Delta \Psi dv. \tag{27.17}$$

Wie wir gesehen haben, entspricht der Energie der sogenannte *Hamilton*-Operator, der sich im Falle allgemeiner Koordinaten (vorausgesetzt, daß die *Hamilton*sche Funktion entsprechend symmetrisiert ist) folgendermaßen gestaltet

$$H\left(q_i, \frac{h}{2\pi i}\frac{\partial}{\partial q_i}\right).$$

Im Falle allgemeiner Koordinaten ergibt sich also für den Erwartungswert der Energie

$$\overline{E} = \int \Psi^* H\left(q_i, \frac{h}{2\pi i}\frac{\partial}{\partial q_i}\right)\Psi dv. \tag{27.18}$$

Für kartesische Koordinaten erhält man hieraus den Ausdruck

$$\overline{E} = \int \Psi^* \left(-\frac{h^2}{8\pi^2 m_0}\Delta + V\right)\Psi dv =$$
$$-\frac{h^2}{8\pi^2 m_0}\int \Psi^* \Delta \Psi dv + \int \Psi^* V \Psi dv. \tag{27.19}$$

Da weiterhin, wie wir gesehen haben,

$$\Psi = \psi e^{-\frac{2\pi i}{h}Et}$$

und somit

$$-\frac{h}{2\pi i}\frac{\partial \Psi}{\partial t} = E\Psi \tag{27.20}$$

ist, folgt, daß man der Energie auch den Operator $-\frac{h}{2\pi i}\frac{\partial}{\partial t}$ zuordnen kann. Dieser enthält die Differentiation nach der Zeit, im Gegensatz zum *Hamilton*-Operator, der nur die Koordinaten des Systems und die Differentialquotienten nach den Koordinaten enthält. Nach (27.20) erhält man für den Erwartungswert der Energie

$$\bar{E} = -\frac{h}{2\pi i}\int \Psi^* \frac{\partial \Psi}{\partial t}\, dv. \tag{27.21}$$

Den Komponenten des Drehimpulses, z. B. der z-Komponente des Drehimpulses, entspricht gemäß dem oben Gesagten der folgende Operator

$$N_z \to \frac{h}{2\pi i}\left(x\frac{\partial}{\partial y} - y\frac{\partial}{\partial x}\right). \tag{27.22}$$

Zum Quadrat des Drehimpulses gehört dementsprechend der Operator

$$N^2 \to -\frac{h^2}{4\pi^2}\sum_{x,y,z}\left(y\frac{\partial}{\partial z} - z\frac{\partial}{\partial y}\right)\left(y\frac{\partial}{\partial z} - z\frac{\partial}{\partial y}\right) =$$

$$= -\frac{h^2}{4\pi^2}\left[\left(y\frac{\partial}{\partial z} - z\frac{\partial}{\partial y}\right)\left(y\frac{\partial}{\partial z} - z\frac{\partial}{\partial y}\right) + \left(z\frac{\partial}{\partial x} - x\frac{\partial}{\partial z}\right)\left(z\frac{\partial}{\partial x} - x\frac{\partial}{\partial z}\right) +\right.$$

$$\left. + \left(x\frac{\partial}{\partial y} - y\frac{\partial}{\partial x}\right)\left(x\frac{\partial}{\partial y} - y\frac{\partial}{\partial x}\right)\right] = -\frac{h^2}{4\pi^2}\left[(y^2+z^2)\frac{\partial^2}{\partial x^2} + (z^2+x^2)\frac{\partial^2}{\partial y^2} +\right.$$

$$+ (x^2+y^2)\frac{\partial^2}{\partial z^2} - 2yz\frac{\partial^2}{\partial y \partial z} - 2zx\frac{\partial^2}{\partial z \partial x} - 2xy\frac{\partial^2}{\partial x \partial y} -$$

$$\left. - 2x\frac{\partial}{\partial x} - 2y\frac{\partial}{\partial y} - 2z\frac{\partial}{\partial z}\right]. \tag{27.23}$$

Die diesen Operatoren entsprechenden Erwartungswerte ergeben sich ganz ähnlich wie die in den weiter oben behandelten Fällen.

Im allgemeinen entsprechen einer Funktion $L(q_i, p_i)$, nachdem diese entsprechend symmetrisiert ist, der Operator

$$L\left(q_i, \frac{h}{2\pi i}\frac{\partial}{\partial q_i}\right)$$

und der quantenmechanische Erwartungswert

$$\bar{L} = \int \Psi^* L\left(q_i, \frac{h}{2\pi i}\frac{\partial}{\partial q_i}\right)\Psi dv. \tag{27.24}$$

Für die quantenmechanischen Erwartungswerte bestehen im allgemeinen dieselben Zusammenhänge wie für die entsprechenden klassischen Größen, so ist z. B. $\bar{p}_z = m\bar{\dot{z}}$.

Auf Grund des weiter oben Gesagten kann man jeder physikalischen Größe einen Operator zuordnen. Wir haben gesehen, daß man zur Gewinnung der *Schrödinger*-Gleichung den *Hamilton*-Operator auf eine Funktion Ψ anwendet und den so gewonnenen Ausdruck mit $E\Psi$, d. h. mit einer Vielfachen von Ψ, gleichsetzt. Die so erhaltene Gleichung liefert die möglichen Energiewerte des Systems. Wenn man den H-Operator auf eine beliebige

Funktion anwendet, so ergibt sich im allgemeinen eine andere Funktion, die keine Vielfache der ursprünglichen sein wird. Die Lösungen der *Schrödinger*-Gleichung sind gerade diejenigen Funktionen, für die man nach Anwendung des *Hamilton*-Operators ein Vielfaches, und zwar das E-fache der ursprünglichen Funktionen erhält. Die Werte der Vielfachen, d. h. der Faktoren, in diesem Falle die Werte von E, sind die Eigenwerte und die Funktionen die Eigenfunktionen des Operators oder der Gleichung. Die Eigenwerte des Operators sind die möglichen Werte der entsprechenden physikalischen Größe, im vorliegenden Falle die der Energie. Dies läßt sich verallgemeinern, da man jeder physikalischen Größe einen Operator zuordnen kann. Im allgemeinen sind die Eigenfunktionen eines Operators diejenigen Funktionen, die durch die Anwendung des Operators in das λ-fache übergehen; die Werte von λ sind die Eigenwerte des Operators, die die möglichen Werte der durch den Operator dargestellten physikalischen Größe repräsentieren.

So haben wir z. B. der Koordinate q die Operation der Multiplikation mit q zugeordnet, es ist daher

$$q\varphi = q\varphi.$$

Der Eigenwert des Operators q ist also mit q identisch und kann jeden beliebigen Wert annehmen.

Die Eigenfunktionen χ und die Eigenwerte α der x-Komponente des Impulses kann man aus der folgenden Gleichung bestimmen

$$\frac{h}{2\pi i}\frac{\partial\chi}{\partial x} = \alpha\chi.$$

Die Lösung dieser Gleichung ist

$$\chi = \chi_0 e^{\frac{2\pi i}{h} p_x x},$$

wo χ_0 eine beliebige Funktion von y und z bedeutet. Die Eigenfunktionen sind also die Funktionen χ und für die entsprechenden Eigenwerte erhält man p_x.

Dies alles ist in bezug auf die Grundprinzipien und für die tiefere Begründung der Quantenmechanik wesentlich, womit wir uns hier nicht näher befassen können, da es uns hier in erster Linie darauf ankommt, die Methoden der Quantenmechanik an möglichst vielen Beispielen zu erläutern.

§ 28. Die Quantentheorie des Elektronenspins

Im Vorhergehenden haben wir die Regeln kennengelernt, mit deren Hilfe man den klassischen Größen entsprechende quantenmechanische Operatoren zuordnen kann. In der Mikrophysik begegnet man jedoch auch solchen Größen, die in der klassischen Mechanik kein Analogon besitzen. Eine solche Größe ist z. B. der Elektronenspin. Die diesen Größen entsprechenden Operatoren lassen sich nicht mit Hilfe eines allgemeinen Prinzips angeben, sondern man muß diese meistens durch Probieren auffinden, d. h. man muß im Falle einer solchen Größe durch Probieren einen Operator konstruieren, der zu Resultaten führt, die mit der Erfahrung übereinstimmen.

Die mit dem Elektronenspin zusammenhängenden empirischen Tatsachen haben wir im Vorhergehenden ausführlich besprochen (vgl. insbesondere § 4). Danach kann die Projektion des Elektronenspins **S** auf eine beliebige Richtung im Raum nur $+h/4\pi$ oder $-h/4\pi$ sein. Weiterhin ist das mit dem Spin gekoppelte magnetische Moment $-\frac{e}{m_0 c}\mathbf{S}$, dessen Projektion auf eine beliebige Richtung im Raum nur die Werte $-eh/4\pi m_0 c$ und $+eh/4\pi m_0 c$ annehmen kann.

Es ist üblich, den Spinzustand des Elektrons auf die z-Achse des Koordinatensystems zu beziehen und zur Beschreibung des Spinzustandes eine Spinkoordinate s einzuführen. Die Koordinate s kann nur die Werte $s = \pm 1$ annehmen, die der in Richtung der z-Achse fallenden Projektion $\pm h/4\pi$ des Spins entsprechen. Wenn wir die Wellenfunktion Ψ des Elektrons auch zur Beschreibung von Erscheinungen heranziehen wollen, die mit dem Spin im Zusammenhang stehen, so muß Ψ außer von den kartesischen Koordinaten x, y, z und der Zeit t auch noch von der Spinkoordinate s abhängen, es ist also dann

$$\Psi = \Psi(x, y, z, s, t). \tag{28.1}$$

Die Abhängigkeit der Wellenfunktion Ψ von dem Spin läßt sich mit Hilfe folgender tabellarischer Zusammenstellung angeben

$$\begin{array}{lll} s = & +1 & -1 \\ \Psi(x, y, z, s, t) = & \Psi_+(x, y, z, t) & \Psi_-(x, y, z, t) \end{array}$$

Hier sind Ψ_+ und Ψ_- nur noch Funktionen der Ortskoordinaten und der Zeit. Die Wellenfunktion (28.1) läßt sich also mit Hilfe der Funktionen Ψ_+ und Ψ_- eindeutig darstellen. Dieses Funktionenpaar pflegt man mit der folgenden 1×2-dimensionalen Matrix darzustellen

$$\Psi = \begin{pmatrix} \Psi_+(x, y, z, t) \\ \Psi_-(x, y, z, t) \end{pmatrix}. \tag{28.2}$$

Die durch eine solche Matrix dargestellte Wellenfunktion nennt man einen (*Pauli*schen) Spinor. Ψ_+ und Ψ_- sind die Komponenten des Spinors.

Des folgenden halber ist es wichtig, festzustellen, daß jeder Spinor als die Linearkombination von zwei speziellen Spinoren, und zwar der beiden Spinoren

$$\chi_{+\frac{1}{2}} = \begin{pmatrix} 1 \\ 0 \end{pmatrix} \text{ und } \chi_{-\frac{1}{2}} = \begin{pmatrix} 0 \\ 1 \end{pmatrix} \tag{28.3}$$

dargestellt werden kann. So läßt sich z. B. (28.2) in folgender Form schreiben

$$\Psi = \Psi_+(x, y, z, t)\,\chi_{+\frac{1}{2}} + \Psi_-(x, y, z, t)\chi_{-\frac{1}{2}}. \tag{28.4}$$

Zur Beschreibung der Spinabhängigkeit der Wellenfunktion Ψ haben wir somit dreierlei Formen kennengelernt, und zwar die Ausdrücke (28.1), (28.2) und (28.4). Diese drei Formen sind vollkommen äquivalent und man kann bei der Untersuchung eines konkreten Problems immer die zweckmäßigste Form wählen.

Wir wollen uns nun mit den quantenmechanischen Operatoren befassen, die auf die Wellenfunktion Ψ wirken, und gehen von der Form (28.2) des Spinors aus. Der allgemeinste lineare Operator, mit dem man aus einem Spinor, bestehend aus 2 Komponenten, einen anderen bilden kann, ist eine Matrix mit zwei Reihen und zwei Kolonnen. Die Operatoren der Quantenmechanik kann man auch in Form solcher Matrizen darstellen. Die Wirkung eines Operators von der Form

$$A = \begin{pmatrix} A_{11} & A_{12} \\ A_{21} & A_{22} \end{pmatrix} \tag{28.5}$$

auf die Wellenfunktion (28.2) gestaltet sich mit Hilfe der Regel der Multiplikation von Matrizen folgendermaßen

$$A\Psi = \begin{pmatrix} A_{11} & A_{12} \\ A_{21} & A_{22} \end{pmatrix} \begin{pmatrix} \Psi_+ \\ \Psi_- \end{pmatrix} = \begin{pmatrix} A_{11}\Psi_+ + A_{12}\Psi_- \\ A_{21}\Psi_+ + A_{22}\Psi_- \end{pmatrix}. \tag{28.6}$$

Hier bedeuten A_{11}, A_{12}, A_{21} und A_{22} Operatoren, die nur noch auf die räumlichen Koordinaten bzw. auf deren Funktionen wirken.

Wir führen nun nach PAULI die folgenden Matrizen ein:

$$\sigma_x = \begin{pmatrix} 0 & 1 \\ 1 & 0 \end{pmatrix}, \quad \sigma_y = \begin{pmatrix} 0 & -i \\ i & 1 \end{pmatrix}, \quad \sigma_z = \begin{pmatrix} 1 & 0 \\ 0 & -1 \end{pmatrix}. \tag{28.7}$$

Jede Matrix mit 2 Reihen und 2 Spalten läßt sich als Linearkombination der Einheitsmatrix

$$1 = \begin{pmatrix} 1 & 0 \\ 0 & 1 \end{pmatrix}$$

und der *Pauli*schen Matrizen darstellen. So gilt z. B.

$$A = \begin{pmatrix} A_{11} & A_{12} \\ A_{21} & A_{22} \end{pmatrix} = A_0\,1 + A_x\sigma_x + A_y\sigma_y + A_z\sigma_z, \tag{28.8}$$

wo

$$\left.\begin{aligned} A_0 &= \tfrac{1}{2}(A_{11} + A_{22}), \\ A_x &= \tfrac{1}{2}(A_{12} + A_{21}), \\ A_y &= \tfrac{i}{2}(A_{12} - A_{21}), \\ A_z &= \tfrac{1}{2}(A_{11} - A_{22}) \end{aligned}\right\} \tag{28.9}$$

ist. Wenn man die drei *Pauli*schen Matrizen als die rechtwinkeligen Komponenten eines Vektoroperators

$$\boldsymbol{\sigma} = (\sigma_x, \sigma_y, \sigma_z), \tag{28.10}$$

betrachtet und aus den Komponenten A_x, A_y und A_z in (28.9) einen **A**-Vektor bildet, so läßt sich (28.8) in folgender gekürzter Form schreiben

$$A = A_0 + \mathbf{A}\boldsymbol{\sigma}. \tag{28.11}$$

Diese oder die mit dieser äquivalente Darstellung des Operators A nach (28.8) ist besonders dann zweckmäßig, wenn man die Form (28.4) für Ψ zugrunde legt. Man hat nämlich dann bei der Berechnung von $A\Psi$ nur die Produkte der *Pauli*schen Matrizen und der Grundspinoren χ_{m_s} $(m_s = \pm\frac{1}{2})$ zu berechnen. Diese lassen sich auf Grund der Definitionen (28.7) und (28.3) leicht bestimmen; die Resultate sind in Tab. 1 zusammengestellt.

Tabelle 1. Wirkung der *Pauli*schen Matrizen auf die Grundspinoren

	$\chi_{+\frac{1}{2}}$	$\chi_{-\frac{1}{2}}$
σ_x	$\chi_{-\frac{1}{2}}$	$\chi_{+\frac{1}{2}}$
σ_y	$i\chi_{-\frac{1}{2}}$	$-i\chi_{+\frac{1}{2}}$
σ_z	$\chi_{+\frac{1}{2}}$	$-\chi_{-\frac{1}{2}}$

Bisher haben wir uns mit dem mathematischen Formalismus der Quantentheorie des Spins befaßt. Um diesen mit einem physikalischen Inhalt auszufüllen, müssen wir die konkrete Form der Operatoren angeben, die den mit der Spinvariable zusammenhängenden Größen entsprechen.

In erster Linie interessiert uns der dem Spin **S** des Elektrons entsprechende Operator. Wir werden im folgenden zeigen, daß der Operator

$$\mathbf{S} = \frac{h}{4\pi}\boldsymbol{\sigma} \tag{28.12}$$

alle mit dem Spin zusammenhängenden Forderungen befriedigt.

Aus der letzten Zeile der Tab. 1 folgen die Gleichungen

$$S_z\chi_{+\frac{1}{2}} = +\frac{h}{4\pi}\chi_{+\frac{1}{2}} \quad \text{und} \quad S_z\chi_{-\frac{1}{2}} = -\frac{h}{4\pi}\chi_{-\frac{1}{2}}. \tag{28.13}$$

Danach sind also die Grundspinoren Eigenfunktionen der z-Komponente des Spins, denn nach Anwendung von S_z auf χ_{m_s} ergibt sich ein Vielfaches von χ_{m_s}. Die entsprechenden Eigenwerte sind $\pm h/4\pi$. Dies besagt, daß der Spinor $\chi_{+\frac{1}{2}}$ den in Richtung der $+z$-Achse zeigenden und der Spinor $\chi_{-\frac{1}{2}}$ den in Richtung der $-z$-Achse zeigenden Spin beschreibt.

Weiterhin läßt sich zeigen, daß – gemäß dem empirischen Befund – die Projektion des Spins auf eine beliebige Richtung des Raumes nur $\pm h/4\pi$ sein kann. Hierzu berechnen wir die Projektion des Spins auf eine beliebige Richtung des Raumes. Eine Richtung im Raum wird durch die räumlichen Polarwinkel ϑ und φ bestimmt. Die rechtwinkeligen Komponenten des in dieser Richtung (ϑ, φ) zeigenden Einheitsvektors $\mathbf{n}$ sind

$$n_x = \sin\vartheta\cos\varphi,$$
$$n_y = \sin\vartheta\sin\varphi,$$
$$n_z = \cos\vartheta.$$

Die in die Richtung $\mathbf{n}$ fallende Projektion des Spins ist also

$$S_n = \mathbf{nS} = \frac{h}{4\pi}(n_x\sigma_x + n_y\sigma_y + n_z\sigma_z). \tag{28.14}$$

Wir wollen nun die Eigenwerte und Eigenfunktionen des Operators S_n bestimmen. Hierzu stellen wir zunächst die Wirkung des Operators S_n auf die Grundspinoren χ_{m_s} fest. Mit den in Tab. 1 zusammengestellten Resultaten ergibt sich

$$\begin{aligned} S_n\chi_{+\frac{1}{2}} &= \frac{h}{4\pi}(\cos\vartheta\chi_{+\frac{1}{2}} + \sin\vartheta e^{i\varphi}\chi_{-\frac{1}{2}}),\\ S_n\chi_{-\frac{1}{2}} &= \frac{h}{4\pi}(\sin\vartheta e^{-i\varphi}\chi_{+\frac{1}{2}} - \cos\vartheta\chi_{-\frac{1}{2}}). \end{aligned} \tag{28.15}$$

Die Eigenwertsgleichung der Spinprojektion S_n lautet

$$S_n\chi = \lambda\chi, \tag{28.16}$$

wo λ den Eigenwert und χ die Eigenfunktion bezeichnen. Für χ kann man eine Entwicklung nach den Grundspinoren in folgender Form ansetzen

$$\chi = a\chi_{+\frac{1}{2}} + b\chi_{-\frac{1}{2}}.$$

Wenn man diesen Ausdruck für χ in die Eigenwertsgleichung (28.16) einsetzt, so erhält man mit Rücksicht auf (28.15) die folgende Gleichung

$$\frac{h}{4\pi}\left[(a\cos\vartheta + b\sin\vartheta e^{-i\varphi})\chi_{+\frac{1}{2}} + (a\sin\vartheta e^{i\varphi} - b\cos\vartheta)\chi_{-\frac{1}{2}}\right] = \lambda[a\chi_{+\frac{1}{2}} + b\chi_{-\frac{1}{2}}].$$

Diese Gleichung kann nur dann bestehen, wenn einerseits die Koeffizienten von $\chi_{+\frac{1}{2}}$ und andererseits die von $\chi_{-\frac{1}{2}}$ auf der rechten und linken Seite der Gleichung übereinstimmen. Aus einem Vergleich der Koeffizienten von $\chi_{+\frac{1}{2}}$ ergibt sich die Gleichung

$$\left(\frac{h}{4\pi}\cos\vartheta - \lambda\right)a + \frac{h}{4\pi}\sin\vartheta e^{-i\varphi}b = 0, \tag{28.17}$$

und aus dem Vergleich der Koeffizienten von $\chi_{-\frac{1}{2}}$ die Gleichung

$$\frac{h}{4\pi}\sin\vartheta e^{i\varphi}a - \left(\frac{h}{4\pi}\cos\vartheta + \lambda\right)b = 0. \tag{28.18}$$

Diese beiden Gleichungen bilden für die Unbekannten a und b ein lineares homogenes Gleichungssystem. Eine von der trivialen verschiedene Lösung existiert nur dann, wenn die Determinante D dieser Gleichung verschwindet, wenn also

$$D \equiv -\left(\frac{h^2}{16\pi^2}\cos^2\vartheta - \lambda^2\right) - \frac{h^2}{16\pi^2}\sin^2\vartheta = 0$$

ist. Hieraus folgt $\lambda^2 = \frac{h^2}{16\pi^2}$; man erhält also für λ die beiden Eigenwerte $\lambda = \pm\frac{h}{4\pi}$. Der Spinoperator (28.12) entspricht somit dem experimentellen Befund, daß die Projektion des Spins auf eine beliebige Richtung des Raumes nur $+h/4\pi$ oder $-h/4\pi$ sein kann.

Wenn man aus dem Gleichungssystem (28.17), (28.18) die Konstanten a und b bestimmt, so erhält man auch die Eigenfunktionen des Operators S_n. Im Falle $\lambda = h/4\pi$ ergibt sich

$$\chi_\uparrow = \cos\frac{\vartheta}{2}\chi_{+\frac{1}{2}} + \sin\frac{\vartheta}{2}e^{i\varphi}\chi_{-\frac{1}{2}} \tag{28.19}$$

und für $\lambda = -h/4\pi$ folgt

$$\chi_\downarrow = -\sin\frac{\vartheta}{2}e^{-i\varphi}\chi_{+\frac{1}{2}} + \cos\frac{\vartheta}{2}\chi_{-\frac{1}{2}}. \tag{28.20}$$

Tabelle 2. Die Eigenfunktionen der Spinkomponenten

Richtung	ϑ	φ	$\chi_\uparrow$	$\chi_\downarrow$
x	$\frac{\pi}{2}$	0	$\frac{1}{\sqrt{2}}(\chi_{+\frac{1}{2}} + \chi_{-\frac{1}{2}})$	$\frac{-1}{\sqrt{2}}(\chi_{+\frac{1}{2}} - \chi_{-\frac{1}{2}})$
y	$\frac{\pi}{2}$	$\frac{\pi}{2}$	$\frac{1}{\sqrt{2}}(\chi_{+\frac{1}{2}} + i\chi_{-\frac{1}{2}})$	$\frac{1}{\sqrt{2}}(i\chi_{+\frac{1}{2}} + \chi_{-\frac{1}{2}})$
z	0	—	$\chi_{+\frac{1}{2}}$	$\chi_{-\frac{1}{2}}$

In Tab. 2 sind die Eigenfunktionen der Spinkomponenten S_x, S_y und S_z zusammengestellt. Danach sind die Eigenfunktionen der den verschiedenen Richtungen entsprechenden Spinprojektionen voneinander verschieden. Dies entspricht der Tatsache, daß man zwei in verschiedene Richtungen fallende Spinkomponenten nicht gleichzeitig messen kann.

Wir befassen uns noch mit dem Quadrat des Spinmomentes **S**, also mit dem Operator S^2. Sowohl aus der Matrizendarstellung (28.7) als auch aus Tab. 1 läßt sich leicht feststellen, daß das Quadrat aller *Pauli*schen Matrizen gleich 1, also

$$\sigma_x^2 = \sigma_y^2 = \sigma_z^2 = 1 \tag{28.21}$$

ist. Damit folgt für das Quadrat des Spinoperators

$$\mathbf{S}^2 = \frac{h^2}{16\pi^2}(\sigma_x^2 + \sigma_y^2 + \sigma_z^2) = \frac{3h^2}{16\pi^2}. \tag{28.22}$$

Der Spinoperator (28.12) entspricht also einem Drehimpuls vom Betrag

$$\mathrm{S} = \frac{\sqrt{3}h}{4\pi}.$$

Dies ist eine universelle Konstante, was bedeutet, daß der Betrag des Elektronenspins unter allen Bedingungen unverändert bleibt.

Schließlich geben wir noch den Operator des mit dem Spin gekoppelten magnetischen Momentes $\boldsymbol{\mu}_s$ des Elektrons an. Wir haben schon erwähnt, daß dieses magnetische Moment mit $-e\,\mathbf{S}/m_0c$ gleich ist. Man hat also

$$\boldsymbol{\mu}_s = -\frac{e}{m_0c}\mathbf{S} = -\frac{eh}{4\pi m_0c}\boldsymbol{\sigma}. \tag{28.23}$$

Die Projektion dieses magnetischen Momentes in eine Richtung **n** des Raumes ist $-eS_n/m_0c$ und die entsprechenden Eigenwerte sind $\pm eh/4\pi m_0c$ in vollkommener Übereinstimmung mit der Erfahrung.

§ 29. Das Korrespondenzprinzip. Übergangswahrscheinlichkeiten

Wie wir gesehen haben, lassen sich schon auf Grund der *Bohr*schen Theorie die Energieniveaus des Wasserstoffatoms und aus diesen mit Hilfe der *Bohr*schen Frequenzbedingung

$$E_i - E_k = h\nu_{ik} \tag{29.1}$$

die Frequenzen der Spektrallinien bestimmen. Über die Intensität der Spektrallinien, d. h. über die Wahrscheinlichkeit der Übergänge $E_i \to E_k$, konnte jedoch die *Bohr*sche Theorie unmittelbar keinen Aufschluß geben. Dieser große Mangel wurde durch das *Bohr*sche Korrespondenzprinzip ersetzt. Dieses Prinzip konnte man theoretisch nicht exakt begründen, jedoch stimmen die Resultate, die aus diesem Prinzip folgen, mit der Erfahrung gut überein. Nach diesem Prinzip hat man die Intensitäten der Spektrallinien, die vom Übergang aus dem i-ten Quantenzustand resultieren, aus der Intensität derjenigen Strahlung zu bestimmen, die das Elektron auf der i-ten Quantenbahn nach der klassischen *Maxwell*schen Theorie emittieren würde und deren Frequenz (Umlaufszahl in der Zeiteinheit) und Intensität genau definiert sind.

Dies geschieht in der *Bohr*schen Theorie folgendermaßen. Die klassische Umlaufsfrequenz auf der i-ten *Bohr*schen Bahn sei ν. Die Elektronkoordinaten x, y und z sind periodische Funktionen der Zeit, weshalb man sie nach FOURIER als eine Superposition reiner harmonischer Schwingungen darstellen kann, deren Frequenz ganzzahlige Vielfache von ν sind. So ist z. B.

$$x = \sum_{n=0}^{\infty} x_n \cos(2\pi n\nu t + \alpha_n), \tag{29.2}$$

wo man die Amplituden x_n und die Phasenkonstanten α_n auf Grund der *Fourier*schen Theorie bestimmen kann.

Jede harmonische Schwingung entspricht der Schwingung eines harmonischen linearen Oszillators, d. h. eines Dipols mit einem elektrischen Moment vom Betrag

$$e x_n \cos(2\pi n\nu t + \alpha_n). \tag{29.3}$$

Ein solcher Oszillator emittiert nach der *Maxwell*schen Theorie eine elektromagnetische Welle von der Frequenz $n\nu$ und die pro Sekunde emittierte Energie beträgt

$$\frac{16\pi^4 e^2}{3c^3} \nu_n^4 x_n^2,$$

wo $\nu_n = n\nu$ ist und c die Lichtgeschwindigkeit bezeichnet.

Wenn man berücksichtigt, daß y und z ganz ähnlich wie x ebenfalls als Superposition harmonischer Schwingungen dargestellt werden können und für diese dasselbe zutrifft wie das in bezug auf x Gesagte, so erhält man für die gesamte Energie der pro Sekunde mit der Frequenz ν_n emittierten Strahlung

$$\frac{16\pi^4 e^2}{3c^3} \nu_n^4 (x_n^2 + y_n^2 + z_n^2). \tag{29.4}$$

Die Bedeutung von y_n und z_n ist ganz ähnlich der zu x_n.

Das Korrespondenzprinzip lautet nun folgendermaßen. Wenn man im Ausdruck (29.4) die Frequenz ν_n durch $\nu_{i,i-n} = \frac{E_i - E_{i-n}}{h}$ ersetzt, dann gibt der so erhaltene Ausdruck näherungsweise ein Maß für die Intensität der Strahlung, die bei einem spontanen Übergang des Elektrons vom Quantenzustand i in den Quantenzustand $i - n$ entsteht.

Obwohl sich aus diesem Prinzip für die relative Intensität der einzelnen Spektrallinien nur grobe Werte ergeben, konnte man aus dem Prinzip genaue Auswahlregeln ableiten, die einen genauen Aufschluß über einzelne, im Spektrum fehlende Spektrallinien, also über sogenannte verbotene Übergänge zwischen Quantenzuständen geben. Das Korrespondenzprinzip erwies sich also im wesentlichen als richtig, obwohl man die Begründung des Prinzips bei weitem nicht als befriedigend betrachten kann.

Wir wollen nun zeigen, wie sich das Korrespondenzprinzip auf die Wellenmechanik übertragen läßt bzw. wie man in der Wellenmechanik das Korrespondenzprinzip auf eine theoretisch konsequente Weise formulieren kann. Hierzu gehen wir von einem Zustand mit der Eigenfunktion Ψ eines Atoms, z. B. eines H-Atoms aus. Die Eigenfunktion Ψ läßt sich im allgemeinen folgendermaßen darstellen

$$\Psi = \sum_k c_k \psi_k e^{-\frac{2\pi i}{h} E_k t}. \tag{29.5}$$

Der klassischen x-Koordinate des Elektrons, d. h. der Koordinate x in (29.2) entspricht jetzt offenbar der quantenmechanische Mittelwert von x, d. h. der Erwartungswert $\bar{x}$, der sich folgendermaßen gestaltet:

$$\bar{x} = \int \Psi x \Psi^* dv = \int x \sum_k c_k \psi_k e^{-\frac{2\pi i}{h} E_k t} \cdot \sum_l c_l^* \psi_l^* e^{+\frac{2\pi i}{h} E_l t}\, dv =$$

$$= \sum_{k,l} c_k c_l^* e^{-\frac{2\pi i}{h}(E_k - E_l)t} \cdot \int \psi_l^* x \psi_k dv. \tag{29.6}$$

Wenn man die Bezeichnung

$$\int \psi_l^* x \psi_k dv = x_{lk}$$

einführt, so läßt sich (29.6) in der Form

$$\bar{x} = \sum_{k,l} c_k c_l^* x_{lk} \cdot e^{-\frac{2\pi i}{h}(E_k - E_l)t} \tag{29.7}$$

schreiben. Aus der Definition von x_{lk} folgt, daß

$$x_{lk} = x_{kl}^*$$

ist. Da weiterhin $c_k^* c_l$ die konjugiert komplexe Größe von $c_k c^*$ ist, lassen sich die Glieder mit kl und lk zusammenfassen und man erhält folgendes Resultat

$$\bar{x} = \sum_{k,l} |c_k c_l^*| 2 |x_{lk}| \cos(2\pi\nu_{kl} t + \alpha_{kl}), \tag{29.8}$$

wo α_{kl} die Summe der Argumente der komplexen Größen $c_k c_l^*$ und x_{lk} bedeutet und die Frequenz ν_{kl} durch die Gleichung

$$\nu_{kl} = \frac{E_k - E_l}{h}$$

definiert ist. Für $\bar{y}$ und $\bar{z}$ gelten naturgemäß ganz ähnliche Ausdrücke.

In der Wellenmechanik kann man also statt den Koordinaten x, y und z die quantemechanischen Erwartungswerte dieser Größen $\bar{x}$, $\bar{y}$ und $\bar{z}$ als die Superposition harmonischer Schwingungen darstellen; die Frequenzen sind jedoch nicht die ganzzahligen Vielfachen einer bestimmten Frequenz, sondern die Frequenzen stimmen mit denen derjenigen Strahlung überein, die das Atom emittiert und die man in der älteren *Bohr*schen Quantentheorie aus der *Bohr*schen Frequenzbedingung erhielt. An die Stelle der Korrespondenz tritt also hier eine vollständige Übereinstimmung.

Im Ausdruck (29.4) hat man in der Wellenmechanik statt x_n, y_n und z_n offenbar die Amplituden derjenigen Schwingungen zu setzen, aus denen sich $\bar{x}$, $\bar{y}$ und $\bar{z}$ zusammensetzen. Die Faktoren $|c_k c_l^*|$ darf man jedoch nicht zu den Amplituden hinzuzählen. Wenn man nämlich die Amplituden, mit diesen Faktoren ergänzt, in den Ausdruck (29.4) einsetzen würde, so ergäbe sich das Resultat, daß das Atom, falls es sich in einem Zustand befindet, in dem alle Koeffizienten c_l mit Ausnahme von c_k gleich Null sind, spontan nicht in einen anderen Quantenzustand übergehen kann, was in krassem Wiederspruch zur Erfahrung steht. In dem Ausdruck (29.4) sind daher an Stelle der Amplituden $2|x_{lk}|$ usw. einzusetzen.

In der Wellenmechanik kann man also das Korrespondenzprinzip folgendermaßen formulieren: Wenn sich ein Atom in k-ten stationären Zustand befindet, so gibt die Wahrscheinlichkeit, daß es von diesem in einer Sekunde spontan in einen Quantenzustand $l < k$ übergeht, der Ausdruck

$$w = \frac{64\pi^4 e^2}{3c^3 h} \nu_{kl}^3 (|x_{lk}|^2 + |y_{lk}|^2 + z_{lk}|^2). \tag{29.9}$$

Dieser entspricht nicht vollkommen dem Ausdruck (29.4), der die pro Sekunde emittierte Energie der Strahlung darstellt, denn w erhält man aus dem entsprechenden Ausdruck in der Weise, daß man diesen durch die bei einem Übergang emittierte Energie $h\nu_{kl}$ dividiert.

Dementsprechend ergibt sich, da bei einem Übergang $k \to l$ die Energie $h\nu_{kl} = E_k - E_l$ emittiert wird, für die Intensität der Strahlung (d. h. für die Energie pro Sekunde), die N Atome im Quantenzustand k beim Übergang vom Quantenzustand k in den Quantenzustand l emittieren, der Ausdruck

$$J = N \frac{64\pi^4 e^2}{3c^3} \nu_{kl}^4 (|x_{lk}|^2 + |y_{lk}|^2 + |z_{lk}|^2). \tag{29.10}$$

Die Größen x_{lk}, y_{lk}, z_{lk} hat man natürlich mit den normierten Eigenfunktionen zu berechnen, da sie nur dann eindeutig definiert sind.

Die so gewonnenen wichtigen Ausdrücke, die wir aus (29.4) hergeleitet haben, lassen sich auch allein auf Grund der Quantenmechanik herleiten und es läßt sich dann auch zeigen, daß nicht nur die Wahrscheinlichkeit der Emission, sondern auch die der Absorption, also die Wahrscheinlichkeit eines Überganges $k \to l$, im Falle $l > k$, ebenfalls zu $(|x_{lk}|^2 + |y_{lk}|^2 + |z_{lk}|^2)$ proportional ist.

Es sei noch erwähnt, daß man die Ausdrücke für w und J vielleicht etwas anschaulicher auch in der Weise herleiten kann, daß man direkt vom quantenmechanischen Erwartungswert des elektrischen Dipolmomentes des Atoms ausgeht, der sich folgendermaßen ergibt:

$$\overline{\mathbf{M}} = -\int \Psi^* \mathbf{r} e \Psi dv = -\sum_{k,l} c_k c_l^* e^{-\frac{2\pi i}{h}(E_k - E_l)} \int \psi_l^* \mathbf{r} e \psi_k dv, \tag{29.11}$$

wo $\mathbf{r}$ den Ortsvektor des Elektrons bezeichnet. Da, wie zu sehen ist, das Dipolmoment von der Zeit abhängt, wird vom Atom eine Strahlung emittiert. Die in einer Sekunde emittierte Energie, d. h. die Intensität der Strahlung, erhält man, wenn man im entsprechenden klassischen Ausdruck der Intensität der Strahlung an die Stelle des Momentes den entsprechenden quantenmechanischen Erwartungswert setzt, was dem weiter oben dargestellten Verfahren entspricht.

Im folgenden ziehen wir noch einige Schlüsse aus den oben für w und J erhaltenen Formeln. Besonders die Fälle sind interessant, in denen für die Kombination k, l von den Größen x_{lk}, y_{lk}, z_{lk} eine oder mehrere verschwinden. Wenn für eine bestimmte Kombination k, l

$$x_{lk} = 0, \quad y_{lk} = 0, \quad z_{lk} = 0$$

ist, dann können wir hieraus offenbar den Schluß ziehen, daß der Übergang $k \to l$ nicht zustande kommt, d. h. daß im Spektrum die Linie mit der Frequenz ν_{kl} fehlt. Auf diese Weise kann man also gewisse Auswahlregeln herleiten. Wenn von den Größen x_{lk}, y_{lk}, z_{lk} für eine bestimmte Kombination k, l zwei verschwinden, die dritte jedoch von Null verschieden ist, also z. B.

$$x_{lk} \neq 0, \quad y_{lk} = 0, \quad z_{lk} = 0$$

ist, so entspricht die beim Übergang $k \to l$ emittierte Strahlung der Strahlung eines Dipols; die Strahlung ist also in Richtung der x-Achse linear polarisiert. Wenn schließlich von den Größen x_{lk}, y_{lk}, z_{lk} nur eine verschwindet, also z. B.

$$x_{lk} \neq 0, \quad y_{lk} \neq 0, \quad z_{lk} = 0$$

ist, dann emittiert das Atom beim Übergang $k \to l$ eine elliptisch oder zirkular polarisierte Strahlung.

Auf Grund dessen kann man für bestimmte Systeme gewisse Auswahlregeln feststellen. So ergibt sich z. B., daß beim linearen harmonischen Oszillator nur solche Übergänge möglich sind, bei denen sich die Oszillationsquantenzahl um ± 1 ändert, der lineare harmonische Oszillator kann also nur ein Energiequantum von der Größe $h\nu$ emittieren oder absorbieren. Für das Wasserstoffatom ergeben sich dieselben Auswahlregeln, die wir schon in der *Bohr*schen Theorie erwähnt haben, danach können sich bei einem Übergang die Hauptquantenzahl n und die radiale Quantenzahl n_r beliebig, die Nebenquantenzahl l nur um ± 1 und die magnetische Quantenzahl m nur um ± 1 oder 0 ändern.

Zweiter Teil

IV. Einfache Fälle zur Lösung der Schrödinger-Gleichung

§ 30. Der freie Massenpunkt

Wir befassen uns im folgenden mit einem Massenpunkt (Korpuskel) von der Masse m_0 im kräftefreien Raum, d. h. wir setzen für die potentielle Energie des Teilchens

$$V = 0. \tag{30.1}$$

Dann ist

$$H = T \text{ und } T = \frac{1}{2} m_0 v^2, \tag{30.2}$$

wo v den Betrag der Geschwindigkeit des Massenpunkts bezeichnet.

Die *Schrödinger*-Gleichung ist in diesem Fall die folgende

$$\Delta\psi + \frac{8\pi^2 m_0}{h^2} E\psi = 0. \tag{30.3}$$

In kartesischen Koordinaten hat sie die Form

$$\frac{\partial^2\psi}{\partial x^2} + \frac{\partial^2\psi}{\partial y^2} + \frac{\partial^2\psi}{\partial z^2} + \frac{8\pi^2 m_0}{h^2} E\psi = 0. \tag{30.4}$$

Die Lösung dieser Gleichung ist

$$\psi = A e^{ik(\alpha x + \beta y + \gamma z)}, \tag{30.5}$$

wo α, β, γ die Richtungskosinusse und A eine beliebige Konstante bezeichnen. Nach Einsetzen dieses Ausdruckes in die Gl. (30.4) ergibt sich

$$\left[k^2(\alpha^2 + \beta^2 + \gamma^2) - \frac{8\pi^2 m_0}{h^2} E\right]\psi = 0. \tag{30.6}$$

Da diese Beziehung für alle x, y, z-Werte besteht, muß der Koeffizient von ψ verschwinden. Mit Rücksicht auf den für die Richtungskosinusse bestehenden Zusammenhang ergibt sich hieraus

$$k^2 = \frac{8\pi^2 m_0}{h^2} E, \tag{30.7}$$

also

$$k = 2\pi \frac{\sqrt{2 m_0 E}}{h} = 2\pi \frac{m_0 v}{h} = 2\pi \frac{p}{h}. \tag{30.8}$$

Für ψ erhält man somit entlang der Richtung α, β, γ eine periodische Funktion mit der Periode, d. h. mit der Wellenlänge

$$\lambda = \frac{2\pi}{k}. \tag{30.9}$$

Mit (30.8) folgt hieraus

$$\lambda = \frac{h}{p}, \tag{30.10}$$

im Einklang mit dem experimentellen Befund.

Mit Rücksicht auf diese Ergebnisse und darauf, daß

$$p\alpha = p_x, \quad p\beta = p_y, \quad p\gamma = p_z \tag{30.11}$$

ist, kann man ψ in folgender Form schreiben:

$$\psi = A e^{\frac{2\pi i}{\lambda}(\alpha x + \beta y + \gamma z)} = A e^{\frac{2\pi i}{h}(p_x x + p_y y + p_z z)}. \tag{30.12}$$

Ψ erhält man hieraus durch Multiplikation mit $e^{-2\pi i\nu t}$, es wird also

$$\Psi = A e^{-2\pi i\left[\nu t - \frac{1}{\lambda}(\alpha x + \beta y + \gamma z)\right]} = A e^{-\frac{2\pi i}{h}[Et - (p_x x + p_y y + p_z z)]}. \tag{30.13}$$

Dies ist eine in Richtung α, β, γ laufende ebene Welle mit der Frequenz $\nu = \frac{E}{h}$ und der Wellenlänge $\lambda = \frac{h}{p}$.

Wir wollen nun die Aufenthaltswahrscheinlichkeit des Teilchens $\Psi\Psi^*$ berechnen. Für diese ergibt sich aus (30.13) sofort das Resultat

$$\Psi\Psi^* = |A|^2. \tag{30.14}$$

Da $|A|^2$ eine vom Ort und der Zeit unabhängige Konstante ist, besagt das Resultat (30.14), daß im Falle $V = 0$ die Aufenthaltswahrscheinlichkeit des Teilchens für jeden Ort und jede Zeit die gleiche ist. Das bedeutet, daß wir darüber, wo sich das Teilchen zu einem gewissen Zeitpunkt aufhält, nichts wissen. Dies entspricht vollkommen der *Heisenberg*schen Unbestimmtheitsrelation: In unser Resultat (30.13) für die Eigenfunktion gehen nämlich die Impulskomponenten und die Energie des Teilchens ein, wir haben also vorausgesetzt, daß wir diese exakt kennen, woraus folgt, daß sich von der Zeit, die das Teilchen in dem vorgegebenen Energiezustand verbringt, und vom Ort des Teilchens prinzipiell nichts feststellen läßt.

§ 31. Der Rotator in der Ebene

Unter einem Rotator in der Ebene (zweidimensionalen Rotator) versteht man einen Massenpunkt, der sich in einer Ebene um einen fixen Punkt auf einer Kreisbahn bewegt. Einen solchen Rotator repräsentiert z. B. ein Massenpunkt, der sich um eine starre Achse auf einer Kreisbahn bewegt,

Unsere erste Aufgabe besteht darin, die *Schrödinger*-Gleichung des ebenen Rotators festzustellen; hierzu benötigen wir den Energieausdruck des Rotators. Die Masse des Massenpunktes sei m_0. Wenn wir den Radius der Kreisbahn als gegeben betrachten, können wir den Ort des Massenpunktes durch eine einzige Koordinate, und zwar durch das Azimut φ der Polarkoordinaten in der Ebene festlegen.

Da voraussetzungsgemäß die potentielle Energie des Teilchens $V = 0$ ist, hat man

$$H = T = \frac{1}{2}\Theta\dot{\varphi}^2, \tag{31.1}$$

wo Θ das Trägheitsmoment bezeichnet, das sich auf die oben erwähnte Achse bezieht, die im Ursprung des Koordinatensystems auf die Ebene der Bahnbewegung senkrecht steht. Die zu φ kanonisch konjugierte Impulskoordinate ist

$$p_\varphi = \frac{\partial T}{\partial \dot{\varphi}} = \Theta\dot{\varphi}. \tag{31.2}$$

Es wird also

$$H = \frac{1}{2\Theta} p_\varphi^2 = E. \tag{31.3}$$

Hieraus folgt für die *Schrödinger*-Gleichung

$$-\frac{1}{2\Theta}\frac{h^2}{4\pi^2}\frac{d^2\psi}{d\varphi^2} = E\psi, \tag{31.4}$$

also

$$\frac{d^2\psi}{d\varphi^2} = -\frac{8\pi^2\Theta E}{h^2}\psi. \tag{31.5}$$

Die Lösung dieser Gleichung ist

$$\psi = A e^{\pm i\sqrt{\frac{8\pi^2\Theta E}{h^2}}\varphi}, \tag{31.6}$$

wo A eine beliebige Konstante bezeichnet, die sich aus der Normierungsbedingung feststellen läßt.

Die Eigenwerte des Problems werden aus der Forderung bestimmt, daß ψ eine eindeutige Funktion des Ortes sei. Dies bedeutet im vorliegenden Fall, daß ψ bei $\varphi = 0$ und $\varphi = 2\pi$ denselben Wert besitze, woraus folgt, daß die im Exponenten von ψ stehende Größe $\sqrt{\frac{8\pi^2\Theta E}{h^2}}$ eine ganze Zahl sei, d. h. es muß

$$\sqrt{\frac{8\pi^2\Theta E}{h^2}} = n \tag{31.7}$$

$$(n = 0, \pm 1, \pm 2, \pm 3, \ldots)$$

sein. Hieraus ergibt sich für E

$$E = E_n = \frac{h^2}{8\pi^2\Theta} n^2, \quad (n = 0, \pm 1, \pm 2, \pm 3, \ldots). \tag{31.8}$$

Diese Energiewerte E_n sind die Energieeigenwerte des Rotators in der Ebene; der ebene Rotator kann also in stationären Zuständen nur diese Energien besitzen. In diesem Falle führt also die Quantenmechanik zu demselben Resultat wie die *Bohr*sche Theorie. Es sei schon hier erwähnt, daß im Falle des Rotators im Raum, mit dem man die Rotation zweiatomiger Moleküle schematisieren kann, die Quantenmechanik zu einem von der *Bohr*schen Theorie verschiedenen Ergebnis führt (vgl. § 46).

Gemäß unseren Resultaten sind die Eigenfunktionen des ebenen Rotators

$$\psi = \psi_n = A e^{\pm i n \varphi}, \tag{31.9}$$

also

$$\psi_n = A \cos n\varphi \quad \text{und} \quad \psi_n = A \sin n\varphi. \tag{31.10}$$

Es gehören somit zu jedem Energieeigenwert E_n zwei voneinander linear unabhängige Eigenfunktionen. Es gilt ganz allgemein: Wenn zu einem Eigenwert mehrere, z. B. z voneinander linear unabhängige Eigenfunktionen gehören, so nennt man diesen Eigenwert $(z - 1)$-fach entartet. Im vorliegenden Fall ist also jeder Eigenwert einfach entartet. Daß hier jedem Zustand zwei Eigenfunktionen entsprechen, folgt daraus, daß der Rotator bei einer vorgegebenen Quantenzahl n um die vorgegebene Achse sowohl in positiver als in negativer Richtung rotieren kann.

§ 32. Der harmonische lineare Oszillator

Unter einem linearen Oszillator versteht man einen Massenpunkt, der entlang einer Geraden unter der Wirkung einer elastischen Kraft, z. B. entlang der x-Achse unter der Wirkung der elastischen Kraft $-kx$, Schwingungen ausführt.

In diesem Falle ist die potentielle Energie des Oszillators $V = \frac{1}{2} k x^2$ und die Frequenz der Schwingung bekanntlich

$$\nu = \frac{1}{2\pi} \sqrt{\frac{k}{m_0}}, \tag{32.1}$$

wo m_0 die Masse des schwingenden Massenpunktes bezeichnet. Die *Schrödinger*-Gleichung lautet also

$$\frac{d^2\psi}{dx^2} + \frac{8\pi^2 m_0}{h^2}(E - V)\psi = 0. \tag{32.2}$$

Wenn wir im Ausdruck von V die Kraftkonstante mit Hilfe von (32.1) eliminieren, so kann man V in folgender Form schreiben

$$V = 2\pi^2 m_0 \nu^2 x^2. \tag{32.3}$$

Nach Einsetzen dieses Ausdruckes in (32.2) ergibt sich für die *Schrödinger*-Gleichung

$$\frac{d^2\psi}{dx^2} + \left[\frac{8\pi^2 m_0}{h^2} E - \frac{16\pi^4 m_0^2 \nu^2}{h^2} x^2\right]\psi = 0. \tag{32.4}$$

Wenn wir zur Abkürzung die Bezeichnungen

$$\lambda = \frac{8\pi^2 m_0}{h^2} E \text{ und } \alpha = \frac{4\pi^2 m_0 \nu}{h} \tag{32.5}$$

einführen, dann erhält die *Schrödinger*-Gleichung die Form

$$\frac{d^2\psi}{dx^2} + (\lambda - \alpha^2 x^2)\psi = 0. \tag{32.6}$$

Wir führen nun statt der Variablen x

$$\xi = \sqrt{\alpha} x \tag{32.7}$$

ein und erhalten so aus (32.6) nach Division durch α und mit Rücksicht darauf, daß $d\xi = \sqrt{\alpha}\, dx$ ist, für die *Schrödinger*-Gleichung

$$\frac{d^2\psi}{d\xi^2} + \left(\frac{\lambda}{\alpha} - \xi^2\right)\psi = 0. \tag{32.8}$$

Zunächst wollen wir die asymptotische Lösung dieser Gleichung für große ξ-Werte feststellen. Man kann dann in (32.8) das Glied λ/α neben ξ^2 vernachlässigen und erhält aus (32.8) die für große ξ gültige asymptotische Gleichung

$$\frac{d^2\psi}{d\xi^2} = \xi^2\psi. \tag{32.9}$$

Die Lösung dieser Gleichung ist für große ξ Werte

$$\psi = e^{\pm\frac{\xi^2}{2}}. \tag{32.10}$$

Wenn wir nämlich die erste und zweite Ableitung von ψ nach ξ mit ψ' bzw. mit ψ'' bezeichnen, so ergibt sich

$$\psi' = \pm\,\xi\psi \text{ und } \psi'' = \pm\,\psi + \xi^2\psi.$$

Für große ξ ist also

$$\psi'' \approx \xi^2\psi,$$

woraus zu sehen ist, daß (32.10) tatsächlich die asymptotische Lösung der Gl. (32.9) und somit auch der Gl. (32.8) ist. Da ψ im Unendlichen verschwinden muß, kommt im Exponenten von (32.10) nur das negative Vorzeichen in Frage. Die in unserem Falle brauchbare asymptotische Lösung der Gl. (32.8) lautet also

$$\psi = e^{-\frac{\xi^2}{2}}. \tag{32.11}$$

Nachdem wir die asymptotische Lösung der Gleichung (38.8) bestimmt haben, setzen wir die für alle ξ-Werte gültige Lösung dieser Gleichung in der Form

$$\psi = e^{-\frac{\xi^2}{2}} u(\xi) \tag{32.12}$$

an. Man erhält dann

$$\psi' = e^{-\frac{\xi^2}{2}} (u' - \xi u) \tag{32.13}$$

und

$$\psi'' = e^{-\frac{\xi^2}{2}} (u'' - 2\xi u' - u + \xi^2 u). \tag{32.14}$$

Wenn man (32.12) und (32.14) in die Gl. (32.8) einsetzt und durch $e^{-\frac{\xi^2}{2}}$ dividiert, so folgt für u die Gleichung

$$u'' - 2\xi u' + \left(\frac{\lambda}{\alpha} - 1\right) u = 0. \tag{32.15}$$

Zur Lösung dieser Gleichung setzen wir

$$u = \sum_i a_i \xi^i, \tag{32.16}$$

d. h. wir nehmen an, daß sich u als eine Potenzreihe darstellen läßt. Nach Einsetzen des Ausdruckes für u in die Gl. (32.15) erhält man die Gleichung

$$\sum_i \left[i(i-1) a_i \xi^{i-2} - 2 i a_i \xi^i + \left(\frac{\lambda}{\alpha} - 1\right) a_i \xi^i \right] = 0. \tag{32.17}$$

Wenn man den auf der linken Seite stehenden Ausdruck nach Potenzen von ξ ordnet, so kann man diese Gleichung in der Form

$$\sum_i \left[(i+2)(i+1) a_{i+2} + \left(\frac{\lambda}{\alpha} - 1 - 2i\right) a_i \right] \xi^i \equiv 0 \tag{32.18}$$

schreiben. Da diese für jeden Wert von ξ besteht, folgt, daß der Koeffizient von ξ^i für alle Werte von i verschwinden muß, daß also

$$(i+2)(i+1) a_{i+2} + \left(\frac{\lambda}{\alpha} - 1 - 2i\right) a_i = 0 \tag{32.19}$$

bestehen muß. Hieraus ergibt sich eine zweigliedrige Rekursionsformel zur Berechnung der Koeffizienten von (32.16), wodurch der Aisdruck von u vollkommen definiert ist, da man natürlich den ersten Koeffizienten im Ausdruck (32.16) von u gleich 1 setzen kann.

Die Eigenfunktion muß für $\xi \to \infty$ verschwinden, deshalb muß u in einer Ordnung Unendlich werden, die niedriger ist als die Ordnung, mit der (32.11) im Unendlichen verschwindet. Dies ist nur dann der Fall, wenn im Ausdruck (32.16) i nicht bis Unendlich läuft, d. h. wenn (32.16) aus einer endlichen Anzahl von Gliedern besteht. Wenn wir die Forderung stellen, daß in (32.16) alle Glieder nach $i = n$ verschwinden sollen, dann müssen wir in der Formel (32.19) nur $i = n$ setzen und fordern, daß der Koeffizient von a_n verschwinde, wodurch alle weiteren Koeffizienten $a_{n+2}, a_{n+4}, \ldots$ verschwinden. Es sei also

$$\frac{\lambda}{\alpha} - 1 - 2n = 0, \tag{32.20}$$

woraus

$$\frac{\lambda}{\alpha} = 2n + 1 \tag{32.21}$$

folgt. Nach Einsetzen der Werte von λ und α ergibt sich hieraus

$$\frac{2E}{h\nu} = 2n + 1,$$

also für die Energieeigenwerte des Oszillators der Ausdruck

$$E = E_n = (2n + 1)\frac{h\nu}{2} = \left(n + \frac{1}{2}\right) h\nu. \tag{32.22}$$

Die Energieeigenwerte wurden, wie aus dem oben Gesagten zu sehen ist, aus der Randbedingung bestimmt, daß die Eigenfunktion ψ im Unendlichen verschwinden muß. Die hier erhaltenen Energieeigenwerte sind von den *Bohr*schen, für die sich $E_n = nh\nu$ ergibt, verschieden. Der Unterschied besteht darin, daß in der Quantenmechanik die Energieeigenwerte halbzahlige, in der *Bohr*schen Theorie jedoch ganzzahlige Vielfache von $h\nu$ sind. Dies bedeutet nur für den niedrigsten Quantenzustand, d. h. für $n = 0$, einen wesentlichen Unterschied, denn für diesen Fall ergibt sich aus der *Bohr*schen Theorie für die Energie der Wert 0, während man in der Quantenmechanik für die Energie $\frac{1}{2} h\nu$ erhält. Im übrigen bedeutet die Verschiebung der Energieeigenwerte um $\frac{1}{2} h\nu$ im Vergleich zur ursprünglichen *Planck*schen Hypothese, wonach der Oszillator Energie nur in Quanten von $h\nu$ emittieren und absorbieren kann, keinen wesentlichen Unterschied, da dies, wie ausführlichere Berechnungen zeigen, auch aus der Quantenmechanik folgt.

Die weiter oben für u gewonnenen Polynome nennt man *Hermite*sche Polynome, und zwar das zum Index n gehörende Polynom das n-te *Hermite*sche Polynom, das man mit $H_n(\xi)$ bezeichnet. Obwohl $H_n(\xi)$ durch die oben gegebene Herleitung vollkommen definiert ist, erweist es sich als zweckmäßig, für $H_n(\xi)$ auch eine Differentialgleichung anzugeben, die man aus

(32.15) sofort erhält, wenn man in dieser Gleichung gemäß (32.20) die Größe $\frac{\lambda}{\alpha} - 1$ durch $2n$ ersetzt, wo n eine ganze Zahl bedeutet. Man erhält so

$$H_n''(\xi) - 2\xi H_n'(\xi) + 2n H_n(\xi) = 0. \tag{32.23}$$

Diese Gleichung gilt im allgemeinen zur Definition von $H_n(\xi)$. Die auf diese Weise bestimmten Polynome $H_n(\xi)$ enthalten noch einen unbestimmten Faktor, da die Bestimmungsgleichung (32.23) linear und homogen ist. Es läßt sich zeigen, daß sich für $H_n(\xi)$, abgesehen von einem konstanten Faktor von beliebigem Wert, der Ausdruck

$$H_n(\xi) = (-1)^n e^{\xi^2} \frac{d^n e^{-\xi^2}}{d\xi^n} \tag{32.24}$$

ergibt. Aus diesem erhält man

$$\begin{aligned} H_0 &= 1, & H_3 &= 8\xi^3 - 12\xi, \\ H_1 &= 2\xi, & H_4 &= 16\xi^4 - 48\xi^2 + 12, \\ H_2 &= 4\xi^2 - 2, & & - - - - - - - \end{aligned}$$

Die dem Energieeigenwert E_n entsprechende Eigenfunktion hat also folgende Gestalt

$$\psi_n = A_n e^{-\xi^2/2} H_n(\xi) = A_n (-1)^n e^{+\frac{\xi^2}{2}} \frac{d^n e^{-\xi^2}}{d\xi^n}. \tag{32.25}$$

Die Konstante A_n ist aus der Normierungsbedingung der Eigenfunktion zu bestimmen, woraus man den Ausdruck

$$A_n^2 = \sqrt{\frac{\alpha}{\pi}} \frac{1}{2^n n!} \tag{32.26}$$

erhält.

§ 33. Rechteckige Potentialmulde

Wir wollen die eindimensionale (z. B. die entlang der Koordinatenachse x stattfindende) Bewegung eines Massenpunktes von der Masse m_0 in einer rechteckigen Potentialmulde untersuchen. Die potentielle Energie des Teilchens ist in Abb. 12 graphisch dargestellt. Den Ursprung unseres eindimensionalen Koordinatensystems wählen wir in der Mitte der Potentialmulde. Wir nehmen an, daß die Potentialmulde die Breite $2a$ besitzt, sich also auf das Intervall $-a < x < a$ erstreckt und die potentielle Energie des Teilchens in diesem Intervall den konstanten Wert $-V_0$ besitzt. Außerhalb dieses Intervalls sei die potentielle Energie des Teilchens gleich 0. Die *Schrödinger*-

sche Gleichung dieses Problems hat dann folgende Form:

$$\left.\begin{aligned} -\frac{h^2}{8\pi^2 m_0}\frac{d^2\psi}{dx^2} &= E\psi && \text{für } x < -a, \\ -\frac{h^2}{8\pi^2 m_0}\frac{d^2\psi}{dx^2} - V_0\psi &= E\psi && \text{für } -a < x < a, \\ -\frac{h^2}{8\pi^2 m_0}\frac{d^2\psi}{dx^2} &= E\psi && \text{für } x > a. \end{aligned}\right\} \quad (33.1)$$

Im Falle einer positiven Energie E, d. h. wenn die kinetische Energie größer ist als der Betrag V_0 der potentiellen Energie des Teilchens in der Potentialmulde, kann das Teilchen die Mulde verlassen und sich bis ins Unendliche entfernen. In diesem Falle spricht man von einer Streuung des Teilchens an der Potentialmulde. Wenn jedoch $-V_0 < E < 0$ ist, dann ist das Teilchen in der Potentialmulde gebunden. In diesem Abschnitt befassen wir uns mit den gebundenen Zuständen; die der Streuung entsprechenden Zustände behandeln wir im folgenden Paragraph.

Wenn wir die folgenden Bezeichnungen einführen

$$\left.\begin{aligned} \varkappa &= \sqrt{-\frac{8\pi^2 m_0}{h^2}E} \\ \text{und} \qquad \alpha &= \sqrt{\frac{8\pi^2 m_0}{h^2}(E+V_0)}, \end{aligned}\right\} \quad (33.2)$$

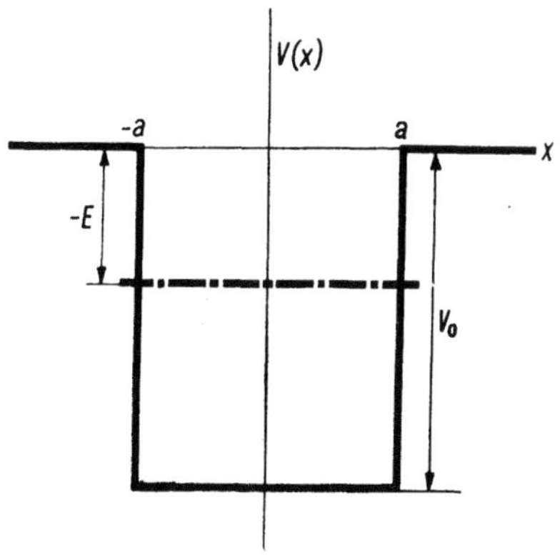

Abb. 12. Verlauf der potentiellen Energie des Teilchens in einer rechteckigen Potentialmulde

so lassen sich die allgemeinen Lösungen der Differentialgleichungen folgendermaßen darstellen:

$$\left.\begin{aligned} \psi(x) &= b_1 e^{\varkappa x} + c_1 e^{-\varkappa x} && \text{für } x < -a, \\ \psi(x) &= b_2 \sin(\alpha x) + c_2 \cos(\alpha x) && \text{für } -a < x < a, \\ \psi(x) &= b_3 e^{\varkappa x} + c_3 e^{-\varkappa x} && \text{für } x > a. \end{aligned}\right\} \quad (33.3)$$

Da für gebundene Zustände ψ für $x \to \pm\infty$ verschwinden muß, hat man die Konstanten c_1 und b_3 gleich 0 zu setzen. Die Konstanten b_1, b_2, c_2 und c_3 sind aus der Forderung zu bestimmen, daß sowohl $\psi(x)$ als auch deren Ableitung $d\psi/dx$ an den beiden Rändern der Potentialmulde stetig verlaufen müssen. Aus dieser Stetigkeitsforderung bei $x = -a$ und $x = a$ ergeben sich die

Gleichungen

$$\left.\begin{aligned} b_1 e^{-\varkappa a} &= -b_2 \sin(\alpha a) + c_2 \cos(\alpha a), \\ b_1 \varkappa e^{-\varkappa a} &= b_2 \alpha \cos(\alpha a) + c_2 \alpha \sin(\alpha a), \\ c_3 e^{-\varkappa a} &= b_2 \sin(\alpha a) + c_2 \cos(\alpha a), \\ -c_3 \varkappa e^{-\varkappa a} &= b_2 \alpha \cos(\alpha a) - c_2 \alpha \sin(\alpha a). \end{aligned}\right\} \tag{33.4}$$

Diese bilden ein homogenes, lineares Gleichungssystem, aus dem man die Konstanten b_1, b_2, c_2 und c_3 bestimmen kann. Eine von der trivialen verschiedene Lösung existiert nur dann, wenn die Determinante des Gleichungssystems verschwindet. Für die Determinante erhält man den Wert

$$2e^{-2\varkappa a}[\alpha \sin(\alpha a) - \varkappa \cos(\alpha a)][\alpha \cos(\alpha a) + \varkappa \sin(\alpha a)], \tag{33.5}$$

der nur dann verschwindet, wenn einer der beiden in den eckigen Klammern stehenden Ausdrücke verschwindet. Es muß also eine der beiden folgenden Gleichungen

$$\left.\begin{aligned} \varkappa &= \alpha \operatorname{tg}(\alpha a), \\ \varkappa &= -\alpha \operatorname{cotg}(\alpha a) \end{aligned}\right\} \tag{33.6}$$

bestehen.

Aus diesen transzendenten Gleichungen lassen sich die Energieeigenwerte E mit numerischen oder graphischen Methoden ermitteln. Durch Lösen der ersten der beiden Gln. (33.6) folgt

$$b_2 = 0 \quad \text{und} \quad b_1 = c_3 = c_2 e^{\varkappa a} \cos(\alpha a), \tag{33.7}$$

während man durch Lösen der zweiten der beiden Gleichungen

$$c_2 = 0 \quad \text{und} \quad -b_1 = c_3 = b_2 e^{\varkappa a} \sin(\alpha a) \tag{33.8}$$

erhält.

Im ersten Fall hat man für die Eigenfunk tion:

$$\left.\begin{aligned} \psi(x) &= b_1 e^{\varkappa x} && \text{für} \quad x < -a, \\ \psi(x) &= b_1 e^{-\varkappa a} \frac{\cos(\alpha x)}{\cos(\alpha a)} && \text{für} -a < x < a, \\ \psi(x) &= b_1 e^{-\varkappa x} && \text{für} \quad x > a. \end{aligned}\right\} \tag{33.9}$$

Diese Ei genfunktion ist eine gerade Funktion von x, d. h. es ist $\psi(-x) = \psi(x)$. Im zweiten Fall erhält man für die Eigenfuktion

$$\left.\begin{aligned} \psi(x) &= b_1 e^{\varkappa x} && \text{für} \quad x < -a, \\ \psi(x) &= -b_1 e^{-\varkappa a} \frac{\sin(\alpha x)}{\sin(\alpha a)} && \text{für} -a < x < a, \\ \psi(x) &= -b_1 e^{-\varkappa x} && \text{für} \quad x > a. \end{aligned}\right\} \tag{33.10}$$

Diese Eigenfunktion ist in bezug auf x ungerade, denn es ist $\psi(-x) = -\psi(x)$.

Die Amplitude b_1 der Eigenfunktionen ergibt sich aus der Normierungsbedingung

$$\int_{-\infty}^{+\infty} |\psi(x)|^2 dx = 1, \tag{33.11}$$

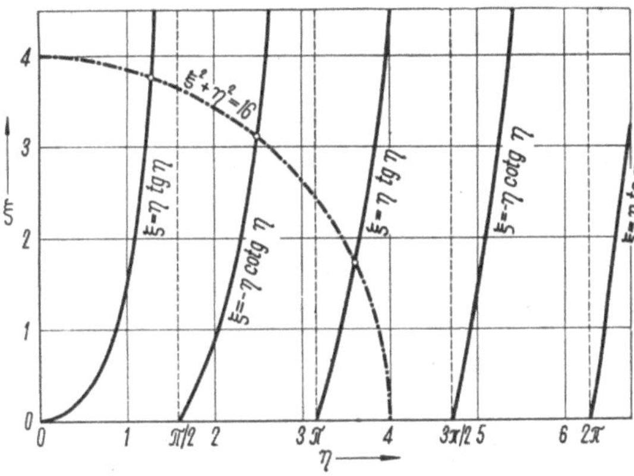

Abb. 13. Zur graphischen Lösung der Gln. (33.6)

und zwar erhält man sowohl für die Eigenfunktion (33.9) als auch für die Eigenfunktion (33.10)

$$\frac{1}{b_1^2} = a e^{-2\varkappa a} \left(1 + \frac{1}{\varkappa a}\right)\left(1 + \frac{\varkappa^2}{\alpha^2}\right). \tag{33.12}$$

Abschließend zeigen wir noch, wie man mit Hilfe einer sehr einfachen graphischen Methode die transzendenten Gln. (33.6) lösen kann. Aus den Definitionsgleichungen für $\varkappa$ und α folgt der Zusammenhang

$$\varkappa^2 + \alpha^2 = \frac{8\pi^2 m_0}{h^2} V_0. \tag{33.13}$$

In Abb. 13 haben wir im Koordinatensystem $\xi = \varkappa a$, $\eta = \alpha a$ die den Gln. (33.6) entsprechenden Kurven eingezeichnet (ausgezogene Kurven); außerdem ist in der Abbildung auch der dem Zusammenhang (33.13) entsprechende Kreis (strich-punktiert) dargestellt. Die Lösungen des Eigenwertproblems ergeben sich aus den Schnittpunkten der Kurven mit dem Kreis, wobei wir uns nur auf positive Werte von ξ und η beschränken müssen, da sowohl $\varkappa > 0$ als auch $\alpha > 0$ sein muß. Mit den Koordinaten ξ der erwähnten Schnittpunkte erhält man die Energieeigenwerte aus dem Zusammenhang $E = -\frac{h^2 \xi^2}{8\pi^2 m_0 a^2}$. Aus Abb. 13 sieht man, daß die Anzahl der Schnittpunkte und somit der

Energieeigenwerte immer endlich und um so größer ist, je größer die für die Potentialmulde maßgebende Konstante $8\pi^2 m_0 a^2 V_0/h^2$ ist. Für den Fall, daß die Beziehung

$$\frac{n\pi}{2} < \sqrt{\frac{8\pi^2 m_0 a^2 V_0}{h^2}} < \frac{(n+1)\pi}{2} \tag{33.14}$$

besteht, ergibt sich für die Anzahl der Schnittpunkte $n+1$. Zumindest eine gerade Eigenfunktion existiert immer, eine ungerade nur dann, wenn

$$\sqrt{\frac{8\pi^2 m_0 a^2 V_0}{h^2}} > \frac{\pi}{2}$$

ist. Die zum Grundzustand gehörende Eigenfunktion ist immer gerade, in den angeregten Zuständen folgen Zustände mit ungerader und gerader Eigenfunktion abwechselnd nacheinander.

§ 34. Das Durchdringen einer rechteckigen Potentialmulde durch einfallende Teilchen

Im vorhergehenden Paragraph haben wir die in einer rechteckigen Potentialmulde entstehenden negativen Energiezustände untersucht, in denen die Teilchen gebunden sind. Im vorliegenden Paragraph wollen wir uns mit dem Durchdringen der Potentialmulde durch die Teilchen, d. h. mit der Streuung der Teilchen an der Potentialmulde befassen. Wir nehmen an, daß die Teilchen von $x = -\infty$ kommend in Richtung der positiven x-Achse, also in Abb. 12 von links nach rechts kommend auf die Potentialmulde auftreffen. Die Energie E eines Teilchens ist durch die Anfangsgeschwindigkeit des Teilchens gegeben. Wir setzen uns zum Ziel, festzustellen, inwiefern die Potentialmulde die Bewegung der Teilchen beeinflußt, d. h. wir wollen feststellen, welcher Prozentsatz der Teilchen durch die Potentialmulde hindurchgeht und welcher Prozentsatz reflektiert wird. Den Ausgangspunkt bildet auch jetzt die *Schrödinger*sche Gleichung (33.1). Für positive Energiewerte E ist die allgemeine Lösung dieser Gleichung

$$\left.\begin{aligned} \psi(x) &= b_1 e^{ikx} + c_1 e^{-ikx} && \text{für } x < -a, \\ \psi(x) &= b_2 e^{i\alpha x} + c_2 e^{-i\alpha x} && \text{für } -a < x < a, \\ \psi(x) &= b_3 e^{ikx} + c_3 e^{-ikx} && \text{für } x > a, \end{aligned}\right\} \tag{34.1}$$

wo α dieselbe Bedeutung hat wie in (33.2) und

$$k = \sqrt{\frac{8\pi^2 m_0}{h^2} E} \tag{34.2}$$

ist; m_0 bezeichnet wieder die Masse eines Teilchens.

Die Wellen mit den Amplituden b_1, b_2 und b_3 laufen in Richtung der positiven x-Achse, d. h. in Abb. 12 von links nach rechts, die Wellen mit den Amplituden c_1, c_2 und c_3 laufen in Richtung der negativen x-Achse, also von rechts nach links. Da die Teilchen von links auf die Potentialmulde einfallen, können sich im Bereich $x > a$ nur nach rechts laufende Teilchen befinden, woraus $c_3 = 0$ folgt. Die übrigen Amplituden werden wieder aus den beiden

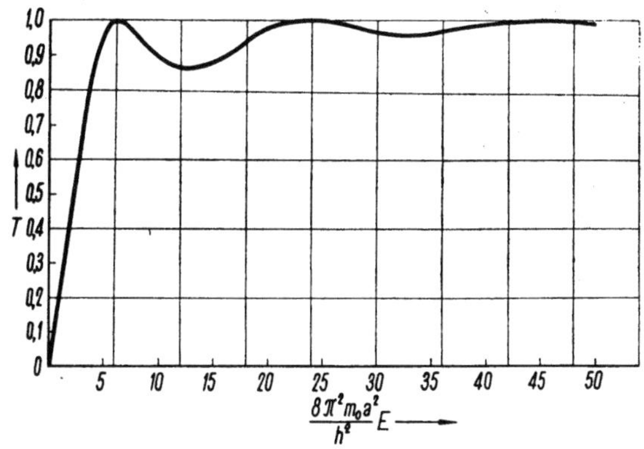

Abb. 14. Durchlässigkeitskoeffizient einer rechteckigen Potentialmulde als Funktion von E für den Fall $8\pi^2 m_0 a^2 V_0/h^2 = 16$

Forderungen bestimmt, daß $\psi(x)$ und $d\psi/dx$ an den Stellen $x = -a$ und $x = a$ stetig seien. Aus diesen Stetigkeitsforderungen ergibt sich das folgende Gleichungssystem

$$\left.\begin{aligned} b_1 e^{-ika} + c_1 e^{ika} &= b_2 e^{-i\alpha a} + c_2 e^{i\alpha a}, \\ k(b_1 e^{-ika} - c_1 e^{ika}) &= \alpha(b_2 e^{-i\alpha a} - c_2 e^{i\alpha a}), \\ b_3 e^{ika} &= b_2 e^{i\alpha a} + c_2 e^{-i\alpha a}, \\ k b_3 e^{ika} &= \alpha(b_2 e^{i\alpha a} - c_2 e^{-i\alpha a}). \end{aligned}\right\} \qquad (34.3)$$

Aus diesem lassen sich nach Elimination von b_2 und c_2 die Zusammenhänge herleiten, die zwischen der Amplitude b_1 der einfallenden Welle, weiterhin der Amplitude c_1 der von der Potentialmulde reflektierten Welle und schließlich der Amplitude b_3 der durch der Potentialmulde hindurchgehenden Welle bestehen. Diese sind:

$$\left.\begin{aligned} b_1 e^{-ika} + c_1 e^{ika} &= \frac{1}{2} e^{ika} \left[\left(1 + \frac{k}{\alpha}\right) e^{-2i\alpha a} + \left(1 - \frac{k}{\alpha}\right) e^{2i\alpha a}\right] b_3, \\ b_1 e^{-ika} - c_1 e^{ika} &= \frac{1}{2} e^{ika} \left[\left(1 + \frac{\alpha}{k}\right) e^{-2i\alpha a} + \left(1 - \frac{\alpha}{k}\right) e^{2i\alpha a}\right] b_3. \end{aligned}\right\} \qquad (34.4)$$

Die Wahrscheinlichkeit, daß ein Teilchen die Potentialmulde durchdringt, bezeichnet man als Durchlässigkeitskoeffizient. Diese Wahrscheinlichkeit ist durch das Verhältnis des Betrages der Amplitudenquadrate der durchgehenden und einfallenden Welle gegeben. Für den Durchlässigkeitskoeffizienten T ergibt sich also

$$T = \left| \frac{b_3}{b_1} \right|^2 .$$

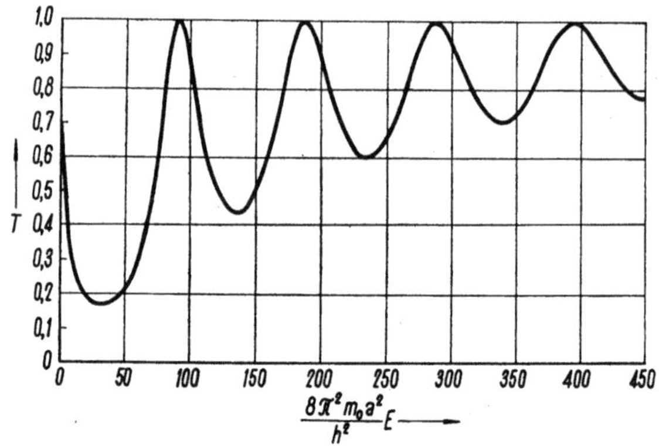

Abb. 15. Durchlässigkeitskoeffizient einer rechteckigen Potentialmulde als Funktion von E für den Fall $8\pi^2 m_0 a^2 V_0/h^2 = 800$

Mit den Gln. (34.4) folgt hieraus der Ausdruck

$$T = \frac{1}{\cos^2(2\alpha a) + \frac{1}{4}\left(\frac{k}{\alpha} + \frac{\alpha}{k}\right)^2 \sin^2(2\alpha a)} . \tag{34.5}$$

Ganz ähnlich erhält man für die Wahrscheinlichkeit dessen, daß ein Teilchen an der Potentialmulde reflektiert wird, den Ausdruck

$$R = \left| \frac{c_1}{b_1} \right|^2 = \frac{\left[\frac{1}{4}\left(\frac{k}{\alpha} + \frac{\alpha}{k}\right)^2 - 1\right] \sin^2(2\alpha a)}{\cos^2(2\alpha a) + \frac{1}{4}\left(\frac{k}{a} + \frac{\alpha}{k}\right)^2 \sin^2(2\alpha a)} . \tag{34.6}$$

Die beiden Größen T und R sind voneinander nicht unabhängig, denn es besteht der Zusammenhang $T + R = 1$.

Der Durchlässigkeitskoeffizient T als Funktion der Energie E der einfallenden Teilchen ist für zwei verschiedene Potentialmulden in den Abb. 14 und 15 graphisch dargestellt. Daraus ist zu sehen, daß die maximale, 100-prozentige Durchlässigkeit nur für bestimmte diskrete Energiewerte besteht, und zwar für die Energiewerte, für die $\sin(2\alpha a) = 0$, d. h. $\alpha = \frac{n\pi}{2a}$ ist. Aus Abb. 15 ist weiterhin ersichtlich, daß für sehr tiefe bzw. breite Potentialmulden, also für

$$\frac{8\pi^2 m_0 a^2 V_0}{h^2} \gg 1,$$

die Maxima des Durchlässigkeitskoeffizienten sehr ausgeprägt werden. In diesem Falle bezeichnet man die Maxima als Resonanzen.

§ 35. Das Durchdringen eines rechteckigen Potentialwalls durch einfallende Teilchen. Tunneleffekt

Im folgenden befassen wir uns mit dem Durchdringen eines rechteckigen Potentialwalls durch Teilchen von der Masse m_0, die an den Potentialwall anlaufen. Der Verlauf der potentiellen Energie eines Teilchens ist in Abb. 16 dargestellt. Die Bewegung der Teilchen erfolge auch jetzt in einer Dimension, und zwar entlang der x-Achse. Der potentielle Energiewall verlaufe von $x = -a$ bis $x = a$ und habe die Höhe V_0. Die *Schrödinger*-Gleichung des Problems lautet

$$\left.\begin{aligned} -\frac{h^2}{8\pi^2 m_0}\frac{d^2\psi}{dx^2} &= E\psi \qquad &&\text{für } x < -a,\\ -\frac{h^2}{8\pi^2 m_0}\frac{d^2\psi}{dx^2} + V_0\psi &= E\psi \qquad &&\text{für } -a < x < a,\\ -\frac{h^2}{8\pi^2 m_0}\frac{d^2\psi}{dx^2} &= E\psi \qquad &&\text{für } x > a. \end{aligned}\right\} \tag{35.1}$$

Wir befassen uns zunächst mit dem Fall $E < V_0$. (In der klassischen Mechanik würde in diesem Fall das Teilchen von der Potentialwand reflektiert.) Die allgemeine Lösung der *Schrödinger*-Gleichung hat in diesem Fall folgende Gestalt:

$$\left.\begin{aligned} \psi(x) &= b_1 e^{ikx} + c_1 e^{-ikx} \qquad &&\text{für } x < -a,\\ \psi(x) &= b_2 e^{\beta x} + c_2 e^{-\beta x} \qquad &&\text{für } -a < x < a,\\ \psi(x) &= b_3 e^{ikx} + c_3 e^{-ikx} \qquad &&\text{für } x > a, \end{aligned}\right\} \tag{35.2}$$

wo

$$k = \sqrt{\frac{8\pi^2 m_0}{h^2} E}$$

und

$$\beta = \sqrt{\frac{8\pi^2 m_0}{h^2}(V_0 - E)}$$

ist. Fallen Teilchen in Richtung der positiven x-Achse, d. h. in Abb. 16 von links ein, so kann im Bereich $x > a$ nur eine nach rechts laufende Materiewelle vorhanden sein, woraus $c_3 = 0$ folgt. Aus der Stetigkeitsforderung von ψ und $d\psi/dx$ bei $x = -a$ und $x = a$ erhält man zur Bestimmung der Amplituden der übrigen Wellen das Gleichungssystem

$$\left.\begin{aligned} b_1 e^{-ika} + c_1 e^{ika} &= b_2 e^{-\beta a} + c_2 e^{\beta a}, \\ ik(b_1 e^{-ika} - c_1 e^{ika}) &= \beta(b_2 e^{-\beta a} - c_2 e^{\beta a}), \\ b_3 e^{ika} &= b_2 e^{\beta a} + c_2 e^{-\beta a}, \\ ikb_3 e^{ika} &= \beta(b_2 e^{\beta a} - c_2 e^{-\beta a}). \end{aligned}\right\} \tag{35.3}$$

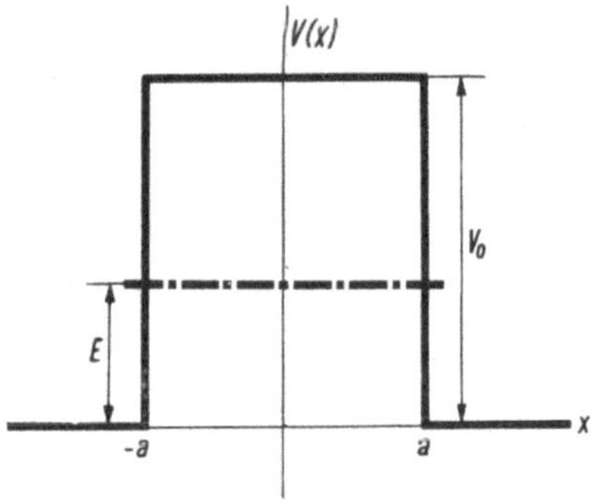

Abb. 16. Verlauf der potentiellen Energie eines Teilchens im Falle eines eindimensionalen rechteckigen Potentialwalls

Den Durchlässigkeitskoeffizienten des Potentialwalls definieren wir auch hier, ebenso wie im vorhergehenden Abschnitt, als den Betrag des Verhältnisses der Amplitudenquadrate der durchgehenden und der einfallenden Welle. Aus dem Gleichungssystem (35.3) ergibt sich nach einfacher Rechnung

$$T = \left|\frac{b_3}{b_1}\right|^2 = \frac{1}{\operatorname{ch}^2(2\beta a) + \frac{1}{4}\left(\frac{\beta}{k} - \frac{k}{\beta}\right)^2 \operatorname{sh}^2(2\beta a)}. \tag{35.4}$$

Dieses Resultat ist sehr bemerkenswert. Die Teilchen durchdringen nämlich den Potentialwall auch dann mit einer endlichen Wahrscheinlichkeit, wenn sie nach der klassischen Mechanik von diesem unbedingt reflektiert würden. Diese Erscheinung nennt man Tunneleffekt. Mit wachsender Höhe und Breite des Potentialwalls verringert sich die Wahrscheinlichkeit des Tunneleffektes rapide. Für den Fall $\beta a \gg 1$ läßt sich der Durchlässigkeitskoeffizient durch folgende Näherungsformel darstellen

$$T = \frac{16E(V_0 - E)}{V_0^2}\, e^{-4\beta a}. \tag{35.5}$$

Wir wollen uns noch kurz mit dem Fall $E > V_0$ befassen, in dem das Teilchen nach der klassischen Mechanik den Potentialwall unbedingt durchdringt. Für den Durchlässigkeitskoeffizienten erhält man jetzt ganz ähnlich wie zuvor den Ausdruck

$$T = \frac{1}{\cos^2(2\alpha a) + \frac{1}{4}\left(\frac{k}{\alpha} + \frac{\alpha}{k}\right)^2 \sin^2(2\alpha a)}, \tag{35.6}$$

in dem

$$k = \sqrt{\frac{8\pi^2 m_0}{h^2} E} \quad \text{und} \quad \alpha = \sqrt{\frac{8\pi^2 m_0}{h^2}(E - V_0)} \tag{35.7}$$

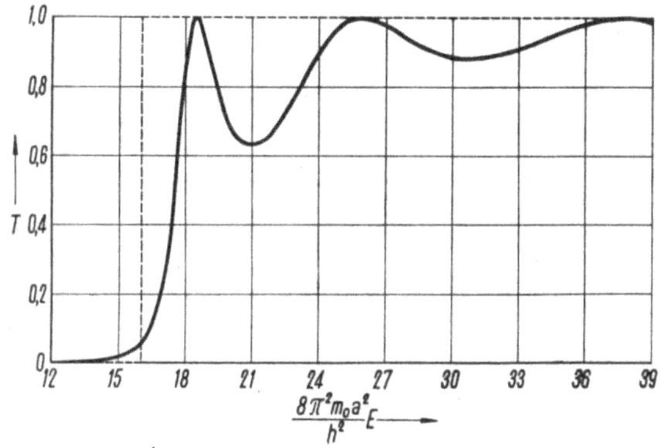

Abb. 17. Der Durchlässigkeitskoeffizient des Potentialwalls als Funktion von E für den Fall $8\pi^2 m_0 a^2 V_0/h^2 = 16$

ist. Der Durchlässigkeitskoeffizient T erreicht also nur für die Werte einiger Resonanzenergien den der klassischen Mechanik entsprechenden Wert 1. Die Resonanzenergien werden aus der Gleichung $\sin(2\alpha a) = 0$, also aus der Bedingung $\alpha = \frac{n\pi}{2a}$ bestimmt. In Abb. 17 ist der aus den Formeln (35.4) und (35.6) für den Fall $\frac{8\pi^2 m_0 a^2 V_0}{h^2} = 16$ berechnete Durchlässigkeitskoeffizient als Funktion der Energie E des einfallenden Teilchens dargestellt.

§ 36. Das periodische Potential

Im folgenden befassen wir uns mit der Bewegung eines Teilchens in einem periodischen Potentialfeld. Dies ist z. B. in einem Metallkristall für die Metallelektronen (Leitungselektronen) der Fall, die sich im periodischen Potentialfeld der Metallionen bewegen. In Abb. 18 haben wir einen sehr vereinfachten eindimensionalen Fall der potentiellen Energie eines Teilchens in einem periodischen Potential dargestellt, in dem entlang der x-Achse rechteckige Mulden der potentiellen Energie von der Tiefe V_0 und der

Breite $2a_1$ in einem Abstand von $2a_2$ aufeinander folgen. Die Periode des Potentials beträgt also $l = 2a_1 + 2a_2$. Dies ist ein sehr vereinfachtes bzw. idealisiertes Modell des tatsächlichen Verlaufes der potentiellen Energie eines Elektrons in einem Metall, aus dem sich jedoch die wesentlichsten Eigenschaften der sich in einem periodischen Potentialfeld bewegenden Elektronen schon herleiten lassen.

Die *Schrödinger*sche Gleichung des Problems gestaltet sich folgendermaßen

$$-\frac{h^2}{8\pi^2 m_0}\frac{d^2\psi(x)}{dx^2} + V(x)\psi(x) = E\psi(x). \tag{36.1}$$

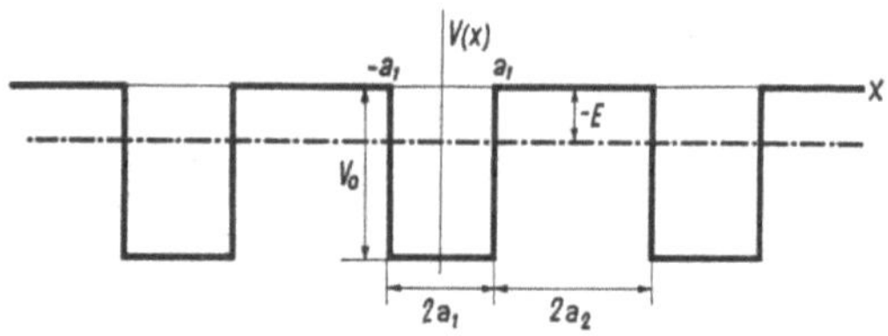

Abb. 18. Verlauf der potentiellen Energie eines Teilchens in einem eindimensionalen periodischen Potential mit rechteckigen Potentialmulden

Gemäß unseren Voraussetzungen ist $V(x)$ periodisch mit einer Periode von $x = l$, d. h. es ist $V(x + l) = V(x)$. Setzen wir in (36.1) $x + l$ statt x, dann folgt

$$-\frac{h^2}{8\pi^2 m_0}\frac{d^2\psi(x+l)}{dx^2} + V(x)\psi(x+l) = E\psi(x+l), \tag{36.2}$$

woraus zu sehen ist, daß, wenn $\psi(x)$ eine Lösung der *Schrödinger*-Gleichung ist, auch $\psi(x + l)$ eine Lösung sein muß. Zu einem Energieeigenwert E kann jedoch im Falle einer eindimensionalen Bewegung des Teilchens nur eine Eigenfunktion gehören. Hieraus folgt, daß sich $\psi(x)$ und $\psi(x + l)$ nur durch einen konstanten Faktor C unterscheiden können, daß also

$$\psi(x + l) = C\psi(x) \tag{36.3}$$

sein muß. Wenn wir diese Beziehung n-mal hintereinander anwenden, dann folgt

$$\psi(x + n\,l) = C^n\,\psi(x)\,.$$

Da die Eigenfunktion ψ entlang der ganzen x-Achse endlich bleiben muß, kann C^n für den Grenzfall $n \to \pm\infty$ nicht unendlich werden. Dies ist nur dann möglich, wenn C ein Phasenfaktor vom Betrag 1, d. h.

$$C = e^{i\Theta} \tag{36.4}$$

ist, wo Θ eine reelle Zahl bezeichnet, von der wir – ohne Einschränkung der Allgemeinheit – voraussetzen können, daß sie in das Intervall

$$-\pi < \Theta < \pi \tag{36.5}$$

fällt.

Nach diesen Vorbereitungen wollen wir uns nun mit der Lösung der *Schrödinger*-Gleichung für den Fall der in Abb. 18 dargestellten, sehr vereinfachten periodischen potentiellen Energie eines Teilchens befassen. Gemäß der Beziehung (36.3) können wir uns hierbei auf den Bereich einer Periode von der Länge l beschränken; es sei dies der Bereich $-a_1 < x < a_1 + 2\,a_2$. Die *Schrödinger*-Gleichung lautet dann

$$\left.\begin{aligned} -\frac{h^2}{8\pi^2 m_0}\frac{d^2\psi}{dx^2} - V_0\psi &= E\psi \quad \text{für } -a_1 < x < a_1, \\ -\frac{h^2}{8\pi^2 m_0}\frac{d^2\psi}{dx^2} &= E\psi \quad \text{für } a_1 < x < a_1 + 2a_2. \end{aligned}\right\} \tag{36.6}$$

Wir setzen zunächst voraus, daß $-V_0 < E < 0$ ist. Mit den Bezeichnungen

$$\alpha = \sqrt{\frac{8\pi^2 m_0}{h^2}(E + V_0)} \quad \text{und} \quad \varkappa = \sqrt{-\frac{8\pi^2 m_0}{h^2}E} \tag{36.7}$$

ergibt sich für die allgemeine Lösung der Grundgleichung:

$$\left.\begin{aligned} \psi(x) &= b_1 e^{i\alpha x} + c_1 e^{-i\alpha x} \quad \text{für } -a_1 < x < a_1, \\ \psi(x) &= b_2 e^{\varkappa x} + c_2 e^{-\varkappa x} \quad \text{für } a_1 < x < a_1 + 2a_2. \end{aligned}\right\} \tag{36.8}$$

Sowohl ψ als auch $d\psi/dx$ müssen im ganzen Raum, also auch an den Stellen, wo das Potential unstetig ist, stetig verlaufen. In dem von uns gewählten Bereich liegt einer der Unstetigkeitspunkte des Potentials bei $x = a_1$. In diesem erhält man aus der Stetigkeitsforderung von ψ und $d\psi/dx$ die beiden folgenden Gleichungen

$$\left.\begin{aligned} b_1 e^{i\alpha a_1} + c_1 e^{-i\alpha a_1} &= b_2 e^{\varkappa a_1} + c_2 e^{-\varkappa a_1}, \\ i\alpha(b_1 e^{i\alpha a_1} - c_1 e^{-i\alpha a_1}) &= \varkappa(b_2 e^{\varkappa a_1} - c_2 e^{-\varkappa a_1}). \end{aligned}\right\} \tag{36.9}$$

Der andere Punkt, in dem das Potential in dem von uns gewählten Bereich unstetig wird, ist der Punkt $x = a_1 + 2\,a_2$. Rechts von diesem Punkt ergibt sich für die Eigenfunktion nach (36.3) und (36.4)

$$\psi(x) = e^{i\Theta}\left(b_1 e^{i\alpha(x-l)} + c_1 e^{-i\alpha(x-l)}\right) \tag{36.10}$$

für

$$a_1 + 2a_2 < x < 3a_1 + 2a_2.$$

Diese Eigenfunktion und ihre Ableitung nach x müssen sich an den zweiten Ausdruck für ψ in (36.8) und dessen Ableitung nach x stetig anschließen, woraus man die Gleichungen

$$\left.\begin{aligned} b_2 e^{\varkappa(a_1+2a_2)} + c_2 e^{-\varkappa(a_1+2a_2)} &= e^{i\Theta}(b_1 e^{-i\alpha a_1} + c_1 e^{i\alpha a_1}), \\ \varkappa(b_2 e^{\varkappa(a_1+2a_2)} - c_2 e^{-\varkappa(a_1+2a_2)}) &= i\alpha e^{i\Theta}(b_1 e^{-i\alpha a_1} - c_1 e^{i\alpha a_1}) \end{aligned}\right\} \tag{36.11}$$

erhält.

Die Gln. (36.9) und (36.11) bilden ein lineares und homogenes Gleichungssystem, aus dem man die Konstanten b_1, c_1, b_2 und c_2 bestimmen kann. Dieses Gleichungssystem besitzt bekanntlich eine von der trivialen verschiedene Lösung nur dann, wenn die Determinante des Gleichungssystems verschwindet, wenn also

$$\begin{vmatrix} e^{i\alpha a_1} & e^{-i\alpha a_1} & -e^{\varkappa a_1} & -e^{-\varkappa a_1} \\ i\alpha e^{i\alpha a_1} & -i\alpha e^{-i\alpha a_1} & -\varkappa e^{\varkappa a_1} & \varkappa e^{-\varkappa a_1} \\ e^{i(\Theta-\alpha a_1)} & e^{i(\Theta+\alpha a_1)} & -e^{\varkappa(a_1+2a_2)} & -e^{-\varkappa(a_1+2a_2)} \\ i\alpha e^{i(\Theta-\alpha a_1)} & -i\alpha e^{i(\Theta+\alpha a_1)} & -\varkappa e^{\varkappa(a_1+2a_2)} & \varkappa e^{-\varkappa(a_1+2a_2)} \end{vmatrix} = 0$$

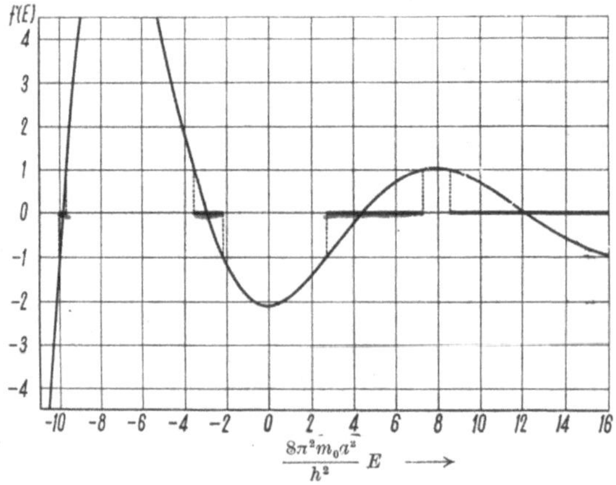

Abb. 19. Zur Bestimmung der Energiebänder im periodischen Potential

ist. Aus dieser Gleichung ergibt sich nach einfacher Rechnung die Beziehung

$$\operatorname{ch}(2\varkappa a_2)\cos(2\alpha a_1) + \frac{\varkappa^2-\alpha^2}{2\varkappa\alpha}\operatorname{sh}(2\varkappa a_2)\sin(2\alpha a_1) = \cos\Theta. \quad (36.12)$$

In dieser steht auf der rechten Seite der Kosinus einer reellen Zahl Θ, die linke Seite ist mit Rücksicht auf die Definition von α und $\varkappa$ nach (36.7) eine transzendente Funktion von E, die wir der Kürze halber mit $f(E)$ bezeichnen, womit sich (36.12) folgendermaßen schreiben läßt

$$f(E) = \cos\Theta. \quad (36.13)$$

Diese Gleichung kann nur dann bestehen, wenn

$$-1 \leqq f(E) \leqq 1 \quad (36.14)$$

ist. Die Energieeigenwerte der *Schrödinger*-Gleichung (36.6) sind diejenigen Energiewerte, die die Bedingung (36.14) erfüllen.

Die Funktion $f(E)$ ist für den Fall $a_1 = 2a_2$ und $\frac{8\pi^2 m_0 a_1^2 V_0}{h^2} = 16$ in Abb. 19 dargestellt. Aus dieser ist zu sehen, daß die Energieeigenwerte, welche die Bedingung (36.14) erfüllen, endliche Energieintervalle kontinuierlich ausfüllen; diese Energieintervalle nennt man Energiebänder. Diese für die Teilchen (Elektronen) erlaubten Energiebänder werden voneinander durch Energiezonen getrennt, die für die Teilchen (Elektronen) verboten sind. (Man kann sich leicht davon überzeugen, daß z. B. diejenigen Energiewerte, für die $2\alpha a_1/\pi$ eine ganze Zahl ist, alle verboten sind. In diesem Fall ist nämlich $|f(E)| = \operatorname{ch}(2\varkappa a_2)$, d. h. die Bedingung (36.14) ist nicht erfüllt. Aus der Stetigkeit der Funktion $f(E)$ folgt, daß die verbotenen Zonen die Umgebung dieser Energiewerte bilden.)

Ganz ähnlich kann man den Fall $E > 0$ behandeln. Zur Bestimmung der Energiebänder dient dann statt (36.12) die Gleichung

$$f(E) \equiv \cos(2ka_2)\cos(2\alpha a_1) - \frac{k^2+\alpha^2}{2k\alpha}\sin(2ka_2)\sin(2\alpha a_1) = \cos\Theta, \quad (36.15)$$

in welcher

$$k = \sqrt{\frac{8\pi^2 m_0}{h^2} E} \quad (36.16)$$

ist. Die in Abb. 19 in den Bereich positiver E-Werte fallenden Energiebänder wurden aus (36.15) berechnet.

Die Bandstruktur der Energieeigenwerte im Falle eines periodischen Potentials ist eine der grundlegendsten Eigenschaften der aus Atomen oder Ionen periodisch aufgebauten Kristalle. Auf Grund dieser Bandstruktur lassen sich viele wichtige Eigenschaften der festen Körper erklären; sie bildet den Ausgangspunkt einer umfangreichen Quantentheorie der elektrischen Leitfähigkeit der Festkörper.

§ 37. Bewegung eines Teilchens in einem zentralen Kraftfeld

Zentral nennt man ein Kraftfeld, wenn das Potential V des Kraftfeldes nur von der Entfernung r vom Zentrum des Kraftfeldes abhängt, von der Richtung der Entfernung jedoch unabhängig ist. Die Bewegung eines Massenpunktes in einem zentralen Kraftfeld spielt sowohl in der Atom- als auch in der Kernphysik eine wichtige Rolle.

In einem zentralen Kraftfeld erweist es sich als zweckmäßig, räumliche Polarkoordinaten r, ϑ, φ einzuführen und die *Schrödinger*-Gleichung, die wieder den Ausgangspunkt bildet, statt in den kartesischen Koordinaten in diesen anzugeben.

Zwischen den kartesischen Koordinaten und den räumlichen Polarkoordinaten bestehen folgende Zusammenhänge:

$$x = r\sin\vartheta\cos\varphi, \quad y = r\sin\vartheta\sin\varphi, \quad z = r\cos\vartheta. \quad (37.1)$$

Mit diesen ergibt sich für den *Laplace*schen Operator Δ der Ausdruck

$$\Delta = \frac{\partial^2}{\partial x^2} + \frac{\partial^2}{\partial y^2} + \frac{\partial^2}{\partial z^2} = \frac{\partial^2}{\partial r^2} + \frac{2}{r}\frac{\partial}{\partial r} + \\ + \frac{1}{r^2}\left(\frac{\partial^2}{\partial \vartheta^2} + \operatorname{ctg}\vartheta\frac{\partial}{\partial \vartheta} + \frac{1}{\sin^2\vartheta}\frac{\partial^2}{\partial \varphi^2}\right). \tag{37.2}$$

Als Ursprung des Polarkoordinatensystems wählen wir naturgemäß das Zentrum des Kraftfeldes. Die potentielle Energie V des Teilchens ist dann eine Funktion von r allein, d. h. es ist $V = V(r)$. Die *Schrödinger*-Gleichung in Polarkoordinaten gestaltet sich folgendermaßen

$$\frac{\partial^2\psi}{\partial r^2} + \frac{2}{r}\frac{\partial\psi}{\partial r} + \frac{1}{r^2}\left(\frac{\partial^2\psi}{\partial \vartheta^2} + \operatorname{ctg}\vartheta\frac{\partial\psi}{\partial \vartheta} + \frac{1}{\sin^2\vartheta}\frac{\partial^2\psi}{\partial \varphi^2}\right) + \\ + \frac{8\pi^2 m_0}{h^2}\big(E - V(r)\big)\psi = 0. \tag{37.3}$$

Zur Lösung dieser Gleichung setzen wir ψ folgendermaßen an

$$\psi = R(r).\ Y(\vartheta, \varphi), \tag{37.4}$$

wo R eine nur von r und Y eine nur von den Polarwinkeln ϑ und φ abhängige Funktion darstellen. Wenn man diesen Ausdruck von ψ in die *Schrödinger*-Gleichung einsetzt und mit r^2/ψ multipliziert, so ergibt sich

$$\frac{r^2}{R}\left(\frac{d^2R}{dr^2} + \frac{2}{r}\frac{dR}{dr}\right) + \frac{8\pi^2 m_0}{h^2} r^2\big(E - V(r)\big) = \\ = -\frac{1}{Y}\left(\frac{\partial^2 Y}{\partial \vartheta^2} + \operatorname{ctg}\vartheta\frac{\partial Y}{\partial \vartheta} + \frac{1}{\sin^2\vartheta}\frac{\partial^2 Y}{\partial \varphi^2}\right). \tag{37.5}$$

Der auf der rechten Seite dieser Gleichung stehende Ausdruck hängt nur von r ab, während der Ausdruck auf der linken Seite nur von ϑ und φ abhängig ist. Daher kann für beliebige Werte der Polarkoordinaten r, ϑ, φ diese Gleichung nur dann bestehen, wenn jeder der beiden Ausdrücke mit einer Konstanten gleich ist. Wenn wir diese Konstante mit λ bezeichnen, so erhält man aus (37.5) die beiden folgenden Gleichungen

$$\frac{d^2R}{dr^2} + \frac{2}{r}\frac{dR}{dr} - \frac{\lambda}{r^2}R + \frac{8\pi^2 m_0}{h^2}\big(E - V(r)\big)R = 0, \tag{37.6}$$

$$\frac{\partial^2 Y}{\partial \vartheta^2} + \operatorname{ctg}\vartheta\frac{\partial Y}{\partial \vartheta} + \frac{1}{\sin^2\vartheta}\frac{\partial^2 Y}{\partial \varphi^2} + \lambda Y = 0. \tag{37.7}$$

Bei der ersten dieser beiden Gleichungen handelt es sich um eine gewöhnliche Differentialgleichung zur Bestimmung von R. Man nennt sie die radiale *Schrödinger*-Gleichung. Zur Lösung dieser Gleichung muß man natürlich den expliziten Ausdruck der potentiellen Energie $V(r)$ des Teilchens kennen.

Die zweite Gleichung, die zur Bestimmung von $Y(\vartheta, \varphi)$ dient, ist eine partielle Differentialgleichung, die $V(r)$ nicht enthält. Der winkelabhängige Teil der Eigenfunktion eines Teilchens in einem zentralen Potentialfeld ist also von $V(r)$ unabhängig, d. h. für alle zentralen Kraftfelder dieselbe Funktion von ϑ und φ.

Wir wollen uns nun mit der Bestimmung von $Y(\vartheta, \varphi)$ befassen und setzen diese in der Form

$$Y(\vartheta, \varphi) = T(\vartheta) F(\varphi) \tag{37.8}$$

an. Nach Einsetzen dieses Ausdruckes in die Gl. (37.7) und Multiplikation mit $\sin^2 \vartheta / Y$ läßt sich die Gleichung in folgender Form schreiben

$$\frac{\sin^2\vartheta}{T}\left(\frac{d^2T}{d\vartheta^2} + \operatorname{ctg}\vartheta \frac{dT}{d\vartheta}\right) + \lambda \sin^2\vartheta = -\frac{1}{F}\frac{d^2F}{d\varphi^2}. \tag{37.9}$$

Hier ist der auf der linken Seite stehende Ausdruck nur von ϑ und der auf der rechten Seite stehende nur von φ abhängig. Es gilt daher dasselbe wie im Falle der Gl. (37.5), es muß also sowohl die linke als auch die rechte Seite mit einer Konstanten, die wir mit μ bezeichnen, gleich sein. Hieraus ergeben sich zur Bestimmung von T und F die beiden folgenden gewöhnlichen Differentialgleichungen

$$\frac{d^2T}{d\vartheta^2} + \operatorname{ctg}\vartheta \frac{dT}{d\vartheta} + \left(\lambda - \frac{\mu}{\sin^2\vartheta}\right) T = 0, \tag{37.10}$$

$$\frac{d^2F}{d\varphi^2} + \mu F = 0. \tag{37.11}$$

Aus der zweiten Gleichung erhält man für $F(\varphi)$ die Lösung

$$F(\varphi) = e^{i\sqrt{\mu}\varphi}.$$

Aus der Eindeutigkeitsforderung der Eigenfunktion ψ folgt, daß F eine eindeutige Funktion von φ, d. h. eine periodische Funktion von φ mit der Periode 2π sei. Es muß daher $m = \sqrt{\mu}$ eine ganze Zahl sein. Man hat also

$$Y(\vartheta, \varphi) = T(\vartheta) e^{im\varphi}, \quad m = 0, \pm 1, \pm 2, \ldots \tag{37.12}$$

In der zur Bestimmung von $T(\vartheta)$ dienenden Gl. (37.10) setzen wir $\mu = m^2$ und $x = \cos\vartheta$. Es ergibt sich dann nach einfacher Rechnung die Gleichung

$$(1 - x^2)\frac{d^2P}{dx^2} - 2x\frac{dP}{dx} + \left(\lambda - \frac{m^2}{1 - x^2}\right) P = 0, \tag{37.13}$$

in der wir $P(\cos\vartheta)$ statt $T(\vartheta)$ setzten. Diese Gleichung ist die Differentialgleichung der Kugelfunktionen. Aus der Theorie der Kugelfunktionen folgt, daß die Gleichung in den Punkten $x = \pm 1$ (also für $\vartheta = 0$, und $\vartheta = \pi$) nur dann eine reguläre Lösung besitzt, wenn λ sich folgendermaßen gestaltet

$$\lambda = (k + |m|)(k + |m| + 1),$$

wo k eine nicht negative ganze Zahl, also $k = 0, 1, 2, \ldots$ ist. Wenn wir die ganze Zahl $k + |m|$ mit l bezeichnen, dann folgt $\lambda = l(l+1)$. Die zum Wert $\lambda = l(l+1)$ gehörenden Lösungen der Gl. (37.13) nennt man Kugelfunktionen der Ordnung l. Ihre Anzahl beträgt $2l + 1$, da bei einem vorgegebenen Wert von l die ganze Zahl m noch die Werte $0, \pm 1, \pm 2, \ldots, \pm l$ annehmen kann. Dem Wert $m = 0$ entsprechen die sogenannten gewöhnlichen Kugelfunktionen l-ter Ordnung. Diese sind Polynome l-ter Ordnung, die wir mit $P_l(x)$ bezeichnen. Es läßt sich zeigen, daß die Polynome P_l die Koeffizienten der Potenzreihe von r des Ausdruckes

$$G(r, x) = (1 - 2rx + r^2)^{-1/2}$$

sind, daß also

$$(1 - 2rx + r^2)^{-\frac{1}{2}} = \sum_{l=0}^{\infty} P_l(x) r^l$$

ist. Hieraus erhält man durch elementare Rechnung z. B. für $l = 0, 1, 2, 3, 4, 5$,

$$P_0(x) = 1, \qquad P_3(x) = \frac{1}{2}(5x^3 - 3x),$$

$$P_1(x) = x, \qquad P_4(x) = \frac{1}{8}(35x^4 - 30x^2 + 3),$$

$$P_2(x) = \frac{1}{2}(3x^2 - 1), \qquad P_5(x) = \frac{1}{8}(63x^5 - 70x^3 + 15x).$$

Dies alles bezog sich auf den Fall $m = 0$. Für $m \neq 0$ lassen sich die Lösungen der Gl. (37.13) ebenfalls mit Hilfe der Polynome P_l darstellen. Durch Einsetzen des Ausdruckes

$$P_l^m(x) = (1 - x^2)^{\frac{|m|}{2}} \frac{d^{|m|} P_l(x)}{dx^{|m|}} \tag{37.14}$$

in die Differentialgleichung (37.13) kann man sich unmittelbar davon überzeugen, daß dieser für $m \neq 0$ eine Lösung dieser Gleichung ist. Die Funktionen $P_l^m(x)$ nennt man zugeordnete Kugelfunktionen.

Es ergibt sich also, daß sich die Lösungen der Differentialgleichung (37.7), d. h. die Kugelfunktionen, folgendermaßen gestalten

$$Y_l^m(\vartheta, \varphi) = A_{lm} P_l^m(\cos\vartheta) e^{im\varphi}, \tag{37.15}$$

wo l eine nicht negative ganze Zahl ist und für die ganze Zahl m die Bedingung besteht, daß $|m| \leq l$ sei. A_{lm} bedeutet eine Normierungskonstante, die aus der Normierungsbedingung

$$\int_0^{\pi} \int_0^{2\pi} |Y_l^m(\vartheta, \varphi)|^2 \sin\vartheta \, d\vartheta \, d\varphi = 1 \tag{37.16}$$

bestimmt wird. Die so normierten Kugelfunktionen für $l = 1$, 2 und 3 seien hier angegeben

$$Y_0^0 = \left(\frac{1}{4\pi}\right)^{\frac{1}{2}}, \qquad Y_2^0 = \left(\frac{5}{16\pi}\right)^{\frac{1}{2}} (3\cos^2\vartheta - 1),$$

$$Y_1^0 = \left(\frac{3}{4\pi}\right)^{\frac{1}{2}} \cos\vartheta, \qquad Y_2^{\pm 1} = \left(\frac{15}{8\pi}\right)^{\frac{1}{2}} \cos\vartheta \sin\vartheta e^{\pm i\varphi},$$

$$Y_1^{\pm 1} = \left(\frac{3}{8\pi}\right)^{\frac{1}{2}} \sin\vartheta e^{\pm i\varphi}, \qquad Y_2^{\pm 2} = \left(\frac{15}{32\pi}\right)^{\frac{1}{2}} \sin^2\vartheta e^{\pm 2i\varphi},$$

$$Y_3^0 = \left(\frac{7}{16\pi}\right)^{\frac{1}{2}} (5\cos^3\vartheta - 3\cos\vartheta), \qquad Y_3^{\pm 2} = \left(\frac{105}{32\pi}\right)^{\frac{1}{2}} \cos\vartheta \sin^2\vartheta e^{\pm 2i\varphi},$$

$$Y_3^{\pm 1} = \left(\frac{21}{64\pi}\right)^{\frac{1}{2}} (5\cos^2\vartheta - 1)\sin\vartheta e^{\pm i\varphi}, \qquad Y_3^{\pm 3} = \left(\frac{35}{64\pi}\right)^{\frac{1}{2}} \sin^3\vartheta e^{\pm 3i\varphi}.$$

Abschließend sei erwähnt, daß sich die radiale *Schrödinger*-Gleichung für den Fall eines Zustandes mit der Nebenquantenzahl l infolge $\lambda = l(l+1)$ folgendermaßen gestaltet

$$\frac{d^2R}{dr^2} + \frac{2}{r}\frac{dR}{dr} - \frac{l(l+1)}{r^2} R + \frac{8\pi^2 m_0}{h^2}\big(E - V(r)\big)R = 0. \qquad (37.17)$$

§ 38. Der Drehimpuls

Bei der Untersuchung der Bewegung eines Teilchens spielt sowohl in der klassischen Mechanik als auch in der Quantenmechanik der Drehimpuls der Bahnbewegung des Teilchens eine wichtige Rolle. Mit dem Drehimpuls der Bahnbewegung des Teilchens haben wir uns im § 27 schon befaßt und gezeigt, daß die Operatoren, die den rechtwinkligen Komponenten des Drehimpulses entsprechen, die folgenden sind:

$$N_x = \frac{h}{2\pi i}\left(y\frac{\partial}{\partial z} - z\frac{\partial}{\partial y}\right),$$

$$N_y = \frac{h}{2\pi i}\left(z\frac{\partial}{\partial x} - x\frac{\partial}{\partial z}\right),$$

$$N_z = \frac{h}{2\pi i}\left(x\frac{\partial}{\partial y} - y\frac{\partial}{\partial x}\right).$$

Wir führen nun mit Hilfe der Transformation (37.1) räumliche Polarkoordinaten ein, mit denen sich die Operatoren $\frac{\partial}{\partial x}$, $\frac{\partial}{\partial y}$ und $\frac{\partial}{\partial z}$ folgendermaßen darstellen lassen

$$\frac{\partial}{\partial x} = \sin\vartheta\cos\varphi\frac{\partial}{\partial r} + \frac{\cos\vartheta\cos\varphi}{r}\frac{\partial}{\partial\vartheta} - \frac{\sin\varphi}{r\sin\vartheta}\frac{\partial}{\partial\varphi},$$

$$\frac{\partial}{\partial y} = \sin\vartheta\sin\varphi\frac{\partial}{\partial r} + \frac{\cos\vartheta\sin\varphi}{r}\frac{\partial}{\partial\vartheta} + \frac{\cos\varphi}{r\sin\vartheta}\frac{\partial}{\partial\varphi},$$

$$\frac{\partial}{\partial z} = \cos\vartheta\,\frac{\partial}{\partial r} - \frac{\sin\vartheta}{r}\frac{\partial}{\partial\vartheta}.$$

Mit diesen erhält man für die rechtwinkligen Komponenten des Drehimpulses die Operatoren

$$\left.\begin{aligned} N_x &= \frac{h}{2\pi i}\left(-\sin\varphi\frac{\partial}{\partial\vartheta} - \operatorname{ctg}\vartheta\cos\varphi\frac{\partial}{\partial\varphi}\right),\\ N_y &= \frac{h}{2\pi i}\left(\cos\varphi\,\frac{\partial}{\partial\vartheta} - \operatorname{ctg}\vartheta\,\sin\varphi\,\frac{\partial}{\partial\varphi}\right),\\ N_z &= \frac{h}{2\pi i}\,\frac{\partial}{\partial\varphi} \end{aligned}\right\} \tag{38.1}$$

und für das Quadrat des Drehimpulses den Operator

$$N^2 = -\frac{h^2}{4\pi^2}\left(\frac{\partial^2}{\partial\vartheta^2} + \operatorname{ctg}\vartheta\,\frac{\partial}{\partial\vartheta} + \frac{1}{\sin^2\vartheta}\,\frac{\partial^2}{\partial\varphi^2}\right). \tag{38.2}$$

Wir können uns leicht davon überzeugen, daß die Kugelfunktionen Y_l^m auch Eigenfunktionen der Operatoren N_z und N^2 sind.

Da Y_l^m das Azimut φ nur im Faktor $e^{im\varphi}$ im Exponenten enthält, folgt, daß

$$N_z Y_l^m(\vartheta, \varphi) = \frac{h}{2\pi i}\,\frac{\partial Y_l^m}{\partial\varphi} = \frac{mh}{2\pi}\,Y_l^m(\vartheta, \varphi) \tag{38.3}$$

ist. Die Anwendung des Operators N_z auf Y_l^m ergibt also als Resultat das $mh/2\pi$-fache von Y_l^m; d. h. die Eigenwerte dieses Operators sind

$$\frac{mh}{2\pi}, \tag{38.4}$$

wo

$$m = 0, \pm 1, \pm 2, \ldots, \pm l$$

ist. Die Quantenzahl m bestimmt also den Wert der in Richtung der z-Achse gemessenen Komponente des Drehimpulses der Bahnbewegung des Teilchens. Wie man aus (38.4) sieht, ist dieser Wert eine positive oder negative ganzzahlige Vielfache des Wertes von $h/(2\pi)$; m ist also mit der Bohrschen magnetischen Quantenzahl identisch.

Die Eigenwerte des Operators N^2 lassen sich unter Berücksichtigung von (38.2) und (37.7) ebenfalls einfach bestimmen. Mit Rücksicht darauf, daß $\lambda = l(l+1)$ ist, ergibt sich

$$N^2 Y_l^m(\vartheta, \varphi) = \frac{l(l+1)h^2}{4\pi^2} Y_l^m(\vartheta, \varphi). \tag{38.5}$$

Die Kugelfunktionen Y_l^m sind also auch Eigenfunktionen des Operators N^2. Für die Eigenwerte ergibt sich

$$\frac{l(l+1)h^2}{4\pi^2}, \tag{38.6}$$

wo

$$l = 0, 1, 2, \ldots$$

ist. Hieraus folgt, daß die Eigenwerte des Betrages des Drehimpulses der Bahnbewegung des Teilchens in der Einheit $h/(2\pi)$ $\sqrt{l(l+1)}$ sind. Die Quantenzahl l bestimmt daher den Betrag des Impulsmomentes der Bahnbewegung des Teilchens und ist mit der *Bohr*schen Nebenquantenzahl identisch.

Es sei noch erwähnt, daß die Eigenwerte (38.4) nicht nur im Falle der in Richtung der z-Achse, sondern auch der in Richtung der x- und y-Achse gemessenen Komponenten des Drehimpulses der Bahnbewegung des Teilchens gelten, wie dies ja auch sein muß, da die z-Achse im Verhältnis zu anderen Richtungen nicht ausgezeichnet ist. Die Wirkung der Operatoren N_x und N_y auf die Kugelfunktionen Y_l^m läßt sich an Hand von (38.1), (37.15) und (37.14) leicht feststellen. Es ergibt sich

$$\begin{aligned} N_x Y_l^m &= \frac{h}{4\pi}\sqrt{(l-m)(l+m+1)}\, Y_l^{m+1} + \frac{h}{4\pi}\sqrt{(l+m)(l-m+1)}\, Y_l^{m-1}, \\ N_y Y_l^m &= -\frac{ih}{4\pi}\sqrt{(l-m)(l+m+1)}\, Y_l^{m+1} + \frac{ih}{4\pi}\sqrt{(l+m)(l-m+1)}\, Y_l^{m-1}. \end{aligned} \tag{38.7}$$

Hieraus ist zu sehen, daß die Kugelfunktionen Y_l^m keine Eigenfunktionen der Operatoren N_x und N_y sind. Die Eigenfunktionen dieser Operatoren sind Linearkombinationen der zu verschiedenen Werten von m gehörenden Kugelfunktionen Y_l^m. Daß sich die Eigenfunktionen des Operators N_z viel einfacher gestalten als die der Operatoren N_x und N_y, ist eine Folge dessen, daß wir als Achse unseres Polarkoordinatensystems gerade die z-Achse gewählt haben.

Wir wollen nun den gesamten Drehimpuls **J** eines Elektrons untersuchen, der sich aus dem Drehimpuls der Bahnbewegung **N** und des Elektronenspins **S** zusammensetzt. Es ist also

$$\mathbf{J} = \mathbf{N} + \mathbf{S}. \tag{38.8}$$

Wir werden zeigen, daß zur Quantelung von **J** ganz ähnliche Regeln bestehen wie im Falle des Drehimpulses der Bahnbewegung. Die Eigenwerte von J^2 sind daher gemäß (38.6)

$$j(j+1)\frac{h^2}{4\pi^2}, \tag{38.9}$$

wo aber die innere Quantenzahl j im Gegensatz zu l keine ganze, sondern eine halbe Zahl mit den Werten

$$j=\frac{1}{2},\ \frac{3}{2},\ \frac{5}{2},\ldots$$

ist. Die Eigenwerte der Komponente J_z sind ganz ähnlich zu (38.4)

$$m_j\frac{h}{2\pi} \tag{38.10}$$

mit

$$m_j=\pm\frac{1}{2},\ \pm\frac{3}{2},\ldots,\pm j.$$

Wir wollen zunächst den Beweis erbringen, daß die Eigenwerte des Operators J^2 die Werte (38.9) sind. Hierzu bilden wir das Quadrat des Operators $\mathbf{J}=\mathbf{N}+\mathbf{S}$:

$$J^2=(\mathbf{N}+\mathbf{S})^2=N^2+S^2+2\mathbf{NS}.$$

Mit Rücksicht darauf, daß für den Spinoperator **S** die Resultate (28.12) und (28.22) bestehen, läßt sich das für J^2 erhaltene Resultat auch folgendermaßen schreiben

$$J^2=N^2+\frac{3h^2}{16\pi^2}+\frac{h}{2\pi}(N_x\sigma_x+N_y\sigma_y+N_z\sigma_z). \tag{38.11}$$

Wenn wir die Eigenfunktionen des gesamten Drehimpulses mit F bezeichnen, so besteht die Gleichung

$$J^2F=\frac{\beta h^2}{4\pi^2}F, \tag{38.12}$$

in dieser haben wir für die Eigenwerte $\beta h^2/4\pi^2$ gesetzt, wo β ein im folgenden zu bestimmender Parameter ist. Die Eigenfunktion F ist natürlich außer von den Ortskoordinaten auch von der Spinvariable abhängig. Allgemein gestaltet sich F gemäß (28.4) folgendermaßen

$$F=F_+(x,y,z)\chi_{+\frac{1}{2}}+F_-(x,y,z)\chi_{-\frac{1}{2}}. \tag{38.13}$$

Wenn wir diesen Ausdruck für F in die Gl. (38.12) einsetzen und für J^2 den Ausdruck (38.11) berücksichtigen, so erhält man die folgende Gleichung

$$\left[\left(N^2+\frac{3h^2}{16\pi^2}+\frac{h}{2\pi}N_z\right)F_+ +\frac{h}{2\pi}(N_x-iN_y)F_-\right]\chi_{+\frac{1}{2}}+$$
$$+\left[\left(N^2+\frac{3h^2}{16\pi^2}-\frac{h}{2\pi}N_z\right)F_- +\frac{h}{2\pi}(N_x+iN_y)F_+\right]\chi_{-\frac{1}{2}}=$$
$$=\frac{\beta h^2}{4\pi^2}(F_+\chi_{+\frac{1}{2}}+F_-\chi_{-\frac{1}{2}}). \tag{38.14}$$

Hierbei haben wir Tab. 1 (S. 95) benützt, aus der die Wirkung der *Pauli*schen Matrizen auf die Grundspinoren χ_{m_s} zu entnehmen ist. Die Gl. (38.14) kann für alle beiden Werte der Spinvariablen s nur dann bestehen, wenn auf der rechten und linken Seite der Gleichung die Koeffizienten sowohl des Spinors $\chi_{+\frac{1}{2}}$ einerseits als auch des Spinors $\chi_{-\frac{1}{2}}$ andererseits übereinstimmen. Daraus ergeben sich die beiden folgenden Gleichungen

$$\begin{aligned}\left(N^2+\frac{3h^2}{16\pi^2}+\frac{h}{2\pi}N_z\right)F_+ +\frac{h}{2\pi}(N_x-iN_y)F_- &= \frac{\beta h^2}{4\pi^2}F_+,\\ \left(N^2+\frac{3h^2}{16\pi^2}-\frac{h}{2\pi}N_z\right)F_- +\frac{h}{2\pi}(N_x+iN_y)F_+ &= \frac{\beta h^2}{4\pi^2}F_-.\end{aligned} \tag{38.15}$$

Dies ist ein partielles Differentialgleichungssystem zur Bestimmung der Funktionen F_+ und F_-. Es sei betont, daß dieses Gleichungssystem nur die Ortskoordinaten enthält, von der Spinvariablen jedoch unabhängig ist.

Die Funktionen F_+ und F_- setzen wir in folgender Form an

$$F_+=C_+Y_l^m(\vartheta,\varphi),\qquad F_-=C_-Y_l^{m+1}(\vartheta,\varphi), \tag{38.16}$$

wo C_+ und C_- zunächst unbestimmte Konstanten sind. Mit der Wirkung der den Komponenten N_x, N_y und N_z entsprechenden Operatoren sowie der Wirkung des Operators N^2 auf die Kugelfunktionen Y_l^m haben wir uns schon befaßt; die Resultate sind in (38.3), (38.7) und (38.5) enthalten. Mit Rücksicht auf diese Resultate erhält man nach Einsetzen der Funktionen (38.16) in die Gln. (38.15)

$$\begin{aligned}\left[l(l+1)+\frac{3}{4}+m\right]C_+ +\sqrt{(l+m+1)(l-m)}\,C_- &= \beta C_+,\\ \left[l(l+1)+\frac{3}{4}-m-1\right]C_- +\sqrt{(l+m+1)(l-m)}\,C_+ &= \beta C_-.\end{aligned} \tag{38.17}$$

Dies ist ein lineares homogenes Gleichungssystem zur Bestimmung der Koeffizienten C_+ und C_-. Damit dieses Gleichungssystem eine von der trivialen verschiedene Lösung besitze, muß bekanntlich die Determinante des Gleichungssystems verschwinden, woraus man für den Parameter β die folgende Gleichung zweiten Grades erhält

$$\beta^2 - 2\left(l + \frac{1}{2}\right)^2 \beta + \left(l^2 + l + \frac{1}{4}\right)\left(l^2 + l - \frac{3}{4}\right) = 0. \qquad (38.18)$$

Dabei ist bemerkenswert, daß diese Gleichung die magnetische Quantenzahl m nicht enthält. Die beiden Lösungen der Gleichung sind:

$$\beta = l^2 + 2l + \frac{3}{4} = \left(l + \frac{1}{2}\right)\left(l + \frac{3}{2}\right),$$

und

$$\beta = l^2 - \frac{1}{4} = \left(l - \frac{1}{2}\right)\left(l + \frac{1}{2}\right).$$

Jede dieser beiden Lösungen läßt sich in der Form

$$\beta = j(j + 1) \qquad (38.19)$$

schreiben; und zwar ist im ersten Falle $j = l + 1/2$ und im zweiten $j = l - 1/2$. Hierdurch ist der Beweis dafür erbracht, daß die Werte (38.9) tatsächlich Eigenwerte des Operators J^2 sind.

Die Werte $j = l + 1/2$ und $j = l - 1/2$ entsprechen der vektoriellen Summe des Drehimpulses der Bahnbewegung mit der Quantenzahl l und des Elektronenspins mit der Quantenzahl $\pm 1/2$. Wenn wir die Werte von β in das Gleichungssystem (38.17) einsetzen, so erhält man sofort das Verhältnis der beiden Koeffizienten C_+ und C_-. Wenn wir weiterhin die Eigenfunktion so normieren, daß $C_+^2 + C_-^2 = 1$ sei, dann ergeben sich auf elementarem Wege die folgenden Resultate

$$C_+ = \sqrt{\frac{l+m+1}{2l+1}}, \qquad C_- = \sqrt{\frac{l-m}{2l+1}} \qquad \text{für } j = l + \frac{1}{2},$$

$$(38.20)$$

$$C_+ = \sqrt{\frac{l-m}{2l+1}}, \qquad C_- = -\sqrt{\frac{l+m+1}{2l+1}} \qquad \text{für } j = l - \frac{1}{2}.$$

Für die Eigenfunktionen F erhält man unter Berücksichtigung von (38.13) und (38.16):

$$F = \sqrt{\frac{l+m+1}{2l+1}}\, Y_l^m \chi_{+\frac{1}{2}} + \sqrt{\frac{l-m}{2l+1}}\, Y_l^{m+1} \chi_{-\frac{1}{2}} \qquad \text{für } j = l + \frac{1}{2},$$

$$(38.21)$$

$$F = \sqrt{\frac{l-m}{2l+1}}\, Y_l^m \chi_{+\frac{1}{2}} - \sqrt{\frac{l+m+1}{2l+1}}\, Y_l^{m+1} \chi_{-\frac{1}{2}} \qquad \text{für } j = l - \frac{1}{2}.$$

Wir wollen nun noch die Eigenwerte der Komponente J_z des Drehimpulses bestimmen. Die Wirkung des Operators $J_z = N_z + S_z$ auf die Eigenfunktionen (38.21) läßt sich mit Hilfe der weiter oben und im § 28 hergeleiteten folgenden beiden Beziehungen

$$N_z Y_l^m = \frac{h}{2\pi} m\, Y_l^m \text{ und } S_z \chi_{m_s} = m_s \frac{h}{2\pi} \chi_{m_s}$$

sofort angeben; für beide Werte von j ergibt sich:

$$J_z F = \left(m + \frac{1}{2}\right) \frac{h}{2\pi} F. \tag{38.22}$$

Wenn wir die Bezeichnung $m_j = m + 1/2$ einführen, so sind die Eigenwerte des Operators J_z die in (38.10) angeführten Werte, womit auch unsere auf S. 130 gemachte Behauptung bewiesen ist. Wenn wir noch in Betracht ziehen, daß m in der Eigenfunktion F für $j = l + 1/2$ die Werte $m = -(l+1), -l, -(l-1), \ldots, -1, 0, 1, \ldots, l$ und in der Eigenfunktion F für $j = l - 1/2$ die Werte $m = -l, -(l-1), \ldots, -1, 0, 1, \ldots, (l-1)$ durchlaufen kann, so ist zu sehen, daß m_j in beiden Lösungen die in (38.10) angegebenen Werte $-j, \ldots, -1/2, +1/2, \ldots, j$ annehmen kann.

Zusammenfassend können wir also feststellen, daß die Funktionen F in (38.21) die simultanen Eigenfunktionen der Operatoren N^2, J^2 und J_z sind. Die entsprechenden Eigenwerte sind $l(l+1)\, h^2/4\pi^2$, $j(j+1)\, h^2/4\pi^2$ und $m_j h/2\pi$ mit den folgenden Werten der Quantenzahlen

$$\begin{gathered} l = 0, 1, 2, \ldots, \\ j = l + \frac{1}{2},\ l - \frac{1}{2}, \\ m_j = \pm\frac{1}{2},\ \pm\frac{3}{2}, \ldots, \pm j. \end{gathered} \tag{38.23}$$

Diese Quantenzahlen schreiben wir als unteren Index neben das Symbol F der Eigenfunktionen: Wir bezeichnen also die Eigenfunktionen des Drehimpulses mit F_{ljm_j}.

§ 39. Das magnetische Moment von Atomen

Nach einem wohlbekannten Satz der klassischen Elektrodynamik besitzt ein Teilchen von der Masse m_0 und der elektrischen Ladung $-e$, das sich auf einer geschlossenen Bahn bewegt, woraus der Drehimpuls $\mathbf{N}$ resultiert, einen magnetischen Dipol, dessen Dipolmoment $\boldsymbol{\mu}_N$ mit $\mathbf{N}$ folgendermaßen zusammenhängt

$$\mu_N = -\frac{e}{2m_0c}\mathbf{N}. \tag{39.1}$$

Im Falle eines Elektrons muß man zu diesem magnetischen Moment noch das mit dem Elektronenspin $\mathbf{S}$ verbundene magnetische Moment μ_s addieren, für das gemäß §28 die Beziehung

$$\mu_s = -\frac{e}{m_0c}\mathbf{S}$$

besteht. Im Falle eines Elektrons erhält man also für das gesamte magnetische Dipolmoment

$$\mu = \mu_N + \mu_S = -\frac{e}{2m_0c}(\mathbf{N} + 2\mathbf{S}). \tag{39.2}$$

Die Eigenwerte und Eigenfunktionen der z-Komponente des magnetischen Dipolmomentes lassen sich einfach feststellen. Wenn man nämlich den Operator μ_z auf die Funktion $Y_l^m\chi_{m_s}$ anwendet, so ergibt sich

$$\mu_z(Y_l^m\chi_{m_s}) = -\frac{e}{2m_0c}(N_z + 2S_z)(Y_l^m\chi_{m_s}) = -\frac{eh}{4\pi m_0c}(m + 2m_s)(Y_l^m\chi_{m_s}).$$

Hieraus ist zu sehen, daß die Funktionen $Y_l^m\chi_{m_s}$ Eigenfunktionen des Operators μ_z mit den Eigenwerten

$$-\frac{eh}{4\pi m_0c}(m + 2m_s) \tag{39.3}$$

sind. Da die magnetische Quantenzahl m nur ganzzahlige Werte und die Spinquantenzahl nur die beiden Werte $\pm 1/2$ annehmen kann, folgt aus (39.3), daß die Eigenwerte (39.3) ganze Vielfache von $\mu_B = \frac{eh}{4\pi m_0c}$, d. h. eines *Bohr*schen Magnetons, sind.

Die Eigenfunktionen des gesamten Drehimpulses, das sind die Funktionen F_{ljm_j} in (38.1), setzen sich aus einer linearen Kombination der beiden Eigenfunktionen $Y_l^m\chi_{+\frac{1}{2}}$ und $Y_l^{m+1}\chi_{-\frac{1}{2}}$ des magnetischen Momentes zusammen; sie entsprechen den beiden Werten $-\mu_B(m + 1)$ und $-\mu_B m$ der z-Komponente des magnetischen Momentes. Folglich ist der Wert des magnetischen Momentes im Zustand F_{ljm_j} unbestimmt. Für Elektronen, die sich in einem Atom bewegen, ist dies immer der Fall, da wegen der Zentralsymmetrie des Kraftfeldes im Atom der Drehimpuls eine Konstante der Bewegung ist; demzufolge wird der Zustand eines Elektrons durch eine einzige Eigenfunktion F_{ljm_j} des Drehimpulses beschrieben.

Man kann jedoch auch den quantenmechanischen Erwartungswert des magnetischen Momentes μ_z berechnen. Gemäß (38.13) und (38.16) sind in der Eigenfunktion F_{ljm_j} die Koeffizienten der beiden Eigenfunktionen

$Y_l^m\chi_{+\frac{1}{2}}$ und $Y_l^{m+1}\chi_{-\frac{1}{2}}$ des magnetischen Dipolmomentes C_+ bzw. C_-. Dementsprechend ist der Erwartungswert der z-Komponente des magnetischen Dipolmomentes

$$\bar{\mu}_z = -\mu_B[|C_+|^2(m+1) + |C_-|^2 m].$$

Wenn man die Werte (38.20) der Koeffizienten hier einsetzt, so erhält man:

$$\begin{aligned} \bar{\mu}_z &= -\mu_B \frac{(l+1)(2m+1)}{2l+1} \qquad \text{für } j = l + \frac{1}{2}, \\ \bar{\mu}_z &= -\mu_B \frac{l(2m+1)}{2l+1} \qquad \text{für } j = l - \frac{1}{2}. \end{aligned} \tag{39.4}$$

Diese beiden Formeln für $\bar{\mu}_z$ lassen sich in eine zusammenfassen, wenn wir zur Abkürzung die Größe

$$g_L = 1 + \frac{j(j+1) - l(l+1) + \frac{3}{4}}{2j(j+1)} \tag{39.5}$$

einführen, die man als *Landé*schen g_L Faktor bezeichnet. Dieser Faktor hat den Wert

$$g_L = \frac{2(l+1)}{2l+1} \qquad \text{für } j = l + \frac{1}{2}$$

und

$$g_L = \frac{2l}{2l+1} \qquad \text{für } j = l - \frac{1}{2}. \tag{39.6}$$

Den Erwartungswert der z-Komponente des magnetischen Momentes kann man nun durch folgende einfache Formel darstellen

$$\bar{\mu}_z = -\mu_B g_L m_j, \tag{39.7}$$

wo wieder $m_j = m + \frac{1}{2}$ ist.

Durch einen ganz ähnlichen Gedankengang läßt sich auch das in einem Atomkern aus den Neutronen und Protonen resultierende magnetische Moment feststellen. Der einzige wesentliche Unterschied besteht im Ausdruck des Operators des magnetischen Momentes. Ganz ähnlich wie in (39.1) erhält man im Fall eines Protons für das aus der Bahnbewegung resultierende magnetische Moment $\mathfrak{u}_N = +\frac{e}{2M_0c}\mathbf{N}$, wo M_0 die Masse des Protons bezeichnet. Im Falle des Neutrons entsteht aus der Bahnbewegung kein magnetisches Moment, da das Neutron elektrisch neutral und daher $\mathfrak{u}_N = 0$ ist. Beide Fälle lassen sich durch die folgende Formel zusammengefaßt ausdrücken

$$\mathfrak{u}_N = \frac{\tau e}{2M_0c}\mathbf{N}, \tag{39.8}$$

wo wir für die elektrische Ladung die Quantenzahl τ einführten, die für Protonen den Wert 1 und für Neutronen den Wert 0 hat.

Im Falle von Protonen und Neutronen gestaltet sich auch das aus dem Spin resultierende magnetische Moment nicht so einfach wie bei Elektronen, wo sich dafür der Ausdruck $-\frac{e}{m_0 c}\mathbf{S}$ ergab. Nach dem experimentellen Befund hat nämlich das magnetische Eigenmoment eines Protons den Wert $2{,}793\,\frac{e}{M_0 c}\mathbf{S}$, während der eines Neutrons $-1{,}913\,\frac{e}{M_0 c}\mathbf{S}$ beträgt. (Es sei darauf hingewiesen, daß das elektrisch neutrale Neutron Träger eines magnetischen Feldes ist.) Das aus dem Spin resultierende magnetische Moment steht also mit dem Spinvektor $\mathbf{S}$ im folgenden Zusammenhang

$$\boldsymbol{\mu}_s = \frac{ge}{2M_0 c}\mathbf{S}, \tag{39.9}$$

wo man den Faktor g als das gyromagnetische Verhältnis bezeichnet. Sein Wert ist für Protonen $g = 5{,}585$ und für Neutronen $g = -3{,}827$.

Das gesamte magnetische Moment $\boldsymbol{\mu}$ des Kerns ist die Summe der aus der Bahnbewegung und aus dem Spin resultierenden Momente; es ist also

$$\boldsymbol{\mu} = \boldsymbol{\mu}_N + \boldsymbol{\mu}_s = \frac{e}{2M_0 c}(\tau\mathbf{N} + g\mathbf{S}). \tag{39.10}$$

Die Eigenwerte der z-Komponente des magnetischen Momentes kann man ganz ähnlich wie im Falle von Elektronen bestimmen. Aus der Gleichung

$$\mu_z(Y_l^m \chi_{m_s}) = \frac{e}{2M_0 c}(\tau N_z + g S_z)(Y_l^m \chi_{m_s}) = \frac{eh}{4\pi M_0 c}(\tau m + g m_s)(Y_l^m \chi_{m_s})$$

ist zu sehen, daß die Eigenwerte von μ_z die folgenden sind

$$\mu_z = \mu_M(\tau m + g m_s), \tag{39.11}$$

wo $\mu_M = \frac{eh}{4\pi M_0 c} = 5{,}05 \cdot 10^{-24}$ Gauß cm³ beträgt, man nennt dieses magnetisches Moment Kernmagneton, es stellt das Analogon des *Bohr*schen Magnetons in der Kernphysik dar.

Wir wollen nun den Erwartungswert von μ_z in einem Zustand F_{ljm_j} feststellen, wobei wir ebenso verfahren können wie im Falle von Elektronen. Die Eigenwerte (39.11) sind im Falle der Zustände $Y_l^m \chi_{+\frac{1}{2}}$ und $Y_l^{m+1}\chi_{-\frac{1}{2}}$ die folgenden

$$\mu_M\left(\tau m + \frac{1}{2}g\right),$$

$$\mu_M\left(\tau m + \tau - \frac{1}{2}g\right).$$

Da im Zustand mit der Eigenfunktion F_{ljm_j} der Zustand mit der Eigenfunktion $Y_l^m \chi_{+\frac{1}{2}}$ mit der Wahrscheinlichkeit $|C_+|^2$ und der mit der Eigenfunktion $Y_l^{m+1} \chi_{-\frac{1}{2}}$ mit der Wahrscheinlichkeit $|C_-|^2$ enthalten ist, folgt, daß sich der Erwartungswert von $\bar{\mu}_z$ folgendermaßen gestaltet

$$\bar{\mu}_z = \mu_M \left[|C_+|^2 \left(\tau m + \frac{1}{2} g \right) + |C_-|^2 \left(\tau m + \tau - \frac{1}{2} g \right) \right],$$

wo für die Konstanten C_+ und C_- die Ausdrücke (38.20) einzusetzen sind.

Tabelle 3. Werte des Schmidtschen g_s-Faktors

Teilchen	Innere Quantenzahl	g_s
Proton	$j = l + \frac{1}{2}$	$g_s = \frac{j + 2{,}29}{j}$
Proton	$j = l - \frac{1}{2}$	$g_s = \frac{j - 1{,}29}{j + 1}$
Neutron	$j = l + \frac{1}{2}$	$g_s = -\frac{1{,}91}{j}$
Neutron	$j = l - \frac{1}{2}$	$g_s = \frac{1{,}91}{j + 1}$

Wenn wir wieder die Quantenzahl $m_j = m + \frac{1}{2}$ sowie den *Landé*schen Faktor nach (39.6) einführen, so ergibt sich folgendes Resultat

$$\bar{\mu}_z = \mu_M[(2 - g_L)\tau + (g_L - 1)g] m_j. \tag{39.12}$$

Dieses läßt sich auch in der zu (39.7) analogen Form $\bar{\mu}_z = \mu_M \, g_s \, m_j$ schreiben, wo g_s den sogenannten Schmidtschen g_s-Faktor bezeichnet, der folgendermaßen definiert ist

$$g_s = (2 - g_L)\tau + (g_L - 1)g. \tag{39.13}$$

Ausführlich sind die Werte für g_s in Tab. 3 zusammengestellt.

§ 40. Die dreidimensionale kugelförmige Potentialmulde

In den folgenden Paragraphen befassen wir uns mit der Lösung der radialen *Schrödinger*-Gleichung für verschiedene Potentiale. Im vorliegenden Paragraph sei der Fall einer kugelsymmetrischen, im Inneren konstanten Potentialmulde behandelt. Die potentielle Energie des Teilchens sei

$$\begin{aligned} &V(r) = -V_0 \quad \text{für } r < a \\ \text{und} \quad &V(r) = 0 \quad \text{für } r > a. \end{aligned} \tag{40.1}$$

Die Tiefe der Mulde der potentiellen Energie des Teilschens ist also V_0 und der Radius der Mulde a.

Wir befassen uns hier nur mit gebundenen Zuständen, für diese ist $-V_0 < E < 0$. Die radiale *Schrödinger*-Gleichung (37.17) des Teilchens gestaltet sich dann folgendermaßen

$$\begin{aligned} \frac{d^2R}{dr^2} + \frac{2}{r}\frac{dR}{dr} + \left(\alpha^2 - \frac{l(l+1)}{r^2}\right) R = 0 \qquad &\text{für} \quad r < a, \\ \frac{d^2R}{dr^2} + \frac{2}{r}\frac{dR}{dr} - \left(\varkappa^2 + \frac{l(l+1)}{r^2}\right) R = 0 \qquad &\text{für} \quad r > a, \end{aligned} \tag{40.2}$$

wo α und $\varkappa$ wieder die durch (33.2) definierten Konstanten bezeichnen.

Wir wollen zunächst die s-Zustände, d. h. die Zustände mit $l = 0$ untersuchen. In diesem Falle kann man die allgemeinen Lösungen der Gln. (40.2) sofort angeben. Diese sind:

$$R(r) = \frac{1}{r}\left[b_1 \sin(\alpha r) + c_1 \cos(\alpha r)\right] \qquad \text{für} \quad r < a,$$

und

$$R(r) = \frac{1}{r}\left[b_2 e^{\varkappa r} + c_2 e^{-\varkappa r}\right] \qquad \text{für} \quad r > a.$$

Da $R(r)$ für $r \to \infty$ verschwinden muß, hat man $b_2 = 0$ zu setzen. Weiterhin muß, damit $R(r)$ bei $r = 0$ nicht unendlich wird, auch die Konstante c_1 verschwinden. Die Konstanten b_1 und c_2 sind so zu bestimmen, daß sowohl R als auch dR/dr bei $r = a$ stetig bleiben. Die Bedingung hierfür lautet

$$\begin{aligned} b_1 \sin(\alpha a) &= c_2 e^{-\varkappa a}, \\ b_1 \alpha \cos(\alpha a) &= -\, c_2 \varkappa e^{-\varkappa a}. \end{aligned}$$

Durch Division der ersten Gleichung durch die zweite ergibt sich hieraus sofort zur Bestimmung der Energieeigenwerte die Gleichung

$$\varkappa = -\,\alpha \operatorname{cotg}(\alpha a). \tag{40.3}$$

Diese Gleichung ist mit der zweiten Gl. (33.6) identisch, folglich sind auch die Energieeigenwerte dieselben wie die Eigenwerte in der eindimensionalen Potentialmulde im Falle ungerader Eigenfunktionen. Man kann sie z. B. an Hand der in Abb. 13 dargestellten graphischen Methode ermitteln.

Für den Fall $l \neq 0$ wird die zur Bestimmung der Energieeigenwerte dienende Gleichung komplizierter. Die Lösung der Differentialgleichungen (40.2) läßt sich dann mit Hilfe *Bessel*scher Funktionen darstellen. Im Inneren der Potentialmulde (d. h. für $r < a$) erhält man mit Rücksicht darauf, daß die Lösung auch für $r = 0$ endlich bleiben muß,

$$R(r) = b r^{-\frac{1}{2}} J_{l+\frac{1}{2}}(\alpha r). \tag{40.4}$$

Für $r > a$ ergibt sich, da $R(r)$ für $r \to \infty$ verschwinden muß, als Lösung

$$R(r) = c r^{-\frac{1}{2}} [J_{l+\frac{1}{2}}(i\varkappa r) + i N_{l+\frac{1}{2}}(i\varkappa r)], \tag{40.5}$$

wo i die imaginäre Einheit und $N_{l+\frac{1}{2}}$ die *Neumann*sche Funktion bezeichnen. Die Funktionen (40.4) und (40.5) einerseits sowie ihre Derivierten nach r andererseits müssen sich bei $r = a$ stetig aneinander anschließen. Aus dieser Stetigkeitsbedingung erhält man zwischen α und $\varkappa$ einen Zusammenhang, der mit Rücksicht auf die Beziehung (33.13) für α und $\varkappa$ zu einem transzendenten Gleichungssystem führt, aus dem sich α, $\varkappa$ und somit auch die Energieeigenwerte E berechnen lassen.

§ 41. Teilchen in einer kräftefreien Kugel mit undurchdringlicher Oberfläche

Es befinde sich ein Teilchen von der Masse m_0 in einer kräftefreien Kugel vom Radius a mit undurchdringlicher Oberfläche. Die potentielle Energie des Teilchens ist also:

$$\begin{aligned} V(r) &= 0 \qquad &\text{für } r < a, \\ V(r) &= +\infty \qquad &\text{für } r > a. \end{aligned} \tag{41.1}$$

Im Inneren der Kugel lautet die radiale *Schrödinger*-Gleichung

$$\frac{d^2R}{dr^2} + \frac{2}{r}\frac{dR}{dr} + \left(\frac{8\pi^2 m_0}{h^2} E - \frac{l(l+1)}{r^2}\right) R = 0. \tag{41.2}$$

Diese Gleichung hat dieselbe Form wie die erste Gl. (40.2), mit dem Unterschied, daß man jetzt für α den Ausdruck

$$\alpha = \sqrt{\frac{8\pi^2 m_0}{h^2} E} \tag{41.3}$$

zu setzen hat. Die Lösung dieser Gleichung gestaltet sich nach (40.4) folgendermaßen

$$R(r) = b r^{-\frac{1}{2}} J_{l+\frac{1}{2}}(\alpha r). \tag{41.4}$$

Da das Teilchen die Kugel vom Radius a nicht verlassen kann, muß an der Kugeloberfläche und außerhalb der Kugel überall $R = 0$ sein. Aus der Randbedingung

$$R(a) = 0$$

folgt die Gleichung

$$J_{l+\frac{1}{2}}(\alpha a) = 0. \tag{41.5}$$

Aus dieser transzendenten Gleichung lassen sich die α-Werte, die diese Gleichung erfüllen, und somit mit Rücksicht auf (41.3) die Energieeigenwerte E bestimmen. Für einen vorgegebenen Wert von l hat die Gl. (41.5) unendlich viele Lösungen, denen sich eine radiale Quantenzahl n_r zuordnen

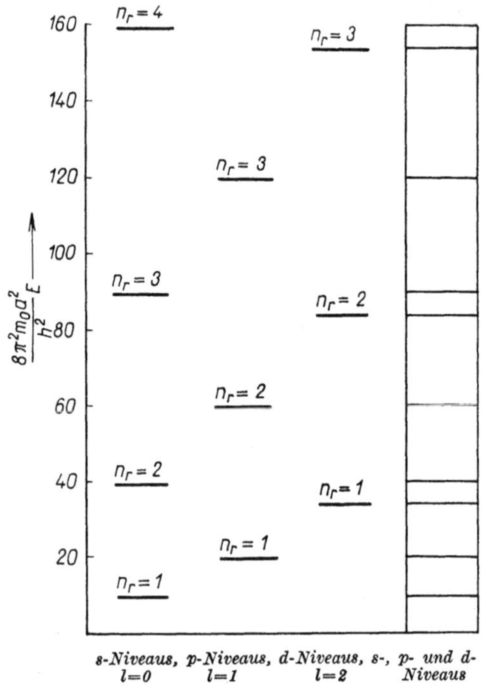

Abb. 20. Energieniveaus eines Teilchens in einer kräftefreien Kugel mit undurchdringlicher Oberfläche

Tabelle 4. Die Wurzeln αa der Gln. (41.5) für die Quantenzahlen $l = 0, 1, 2$ und $n_r = 1, 2, 3$

n_r	$l = 0$	$l = 1$	$l = 2$
1	3,142	4,495	5,764
2	6,284	7,72	9,10
3	9,425	10,90	12,32

läßt, durch die die Größenfolge (Reihenfolge) der Eigenwerte bestimmt wird. Die Werte von αa, welche die Gl. (41.5) befriedigen, haben wir für mehrere Werte von l und n_r in Tab. 4 zusammengestellt. Die Lage der Energieniveaus veranschaulicht Abb. 20.

§ 42. Das exponentiell abklingende zentrale Potentialfeld

Wir behandeln nun den Fall eines Teilchens von der Masse m_0, das sich n einem exponentiell abklingenden zentralen Kraftfeld bewegt, in dem das Teilchen die potentielle Energie

$$V(r) = -V_0 e^{-\frac{r}{a}} \tag{42.1}$$

besitzt. Wir befassen uns nur mit dem Grundzustand und können uns deshalb auf $l = 0$, d. h. auf s-Zustände beschränken. Für diese lautet die radiale *Schrödinger*-Gleichung

$$\frac{d^2R}{dr^2} + \frac{2}{r}\frac{dR}{dr} + \frac{8\pi^2 m_0}{h^2}\left(E + V_0 e^{-\frac{r}{a}}\right)R = 0. \tag{42.2}$$

Wenn man mit Hilfe der Beziehungen

$$u = rR(r), \qquad x = e^{-\frac{r}{2a}} \tag{42.3}$$

statt der Variablen R und r die neuen Variablen $u(x)$ und x einführt, so läßt sich die Gl. (42.2) folgendermaßen vereinfachen

$$\frac{d^2u}{dx^2} + \frac{1}{x}\frac{du}{dx} + \left(\gamma^2 - \frac{\varkappa^2}{x^2}\right)u = 0, \tag{42.4}$$

wo wir der Kürze halber

$$\gamma^2 = \frac{32\pi^2 m_0 a^2 V_0}{h^2}, \qquad \varkappa^2 = -\frac{32\pi^2 m_0 a^2 E}{h^2} \tag{42.5}$$

setzten. Die Gl. (42.4) ist die bekannte Gleichung der *Bessel*-Funktionen, deren allgemeine Lösung sich folgendermaßen gestaltet

$$u(x) = bJ_{\varkappa}(\gamma x) + cJ_{-\varkappa}(\gamma x).$$

Die Lösung muß zwei Randbedingungen erfüllen. Nach der ersten Randbedingung muß für $r \to \infty$, d. h. für $x \to 0$ die Lösung u verschwinden, woraus $c = 0$ folgt. (Für $x \to 0$ verschwinden nämlich nur die *Bessel*-Funktionen mit positivem Index.) Die zweite Randbedingung bezieht sich auf $r = 0$, d. h. $x = 1$: Da für $r = 0$ die Funktion $R(r)$ endlich bleibt, muß u dort verschwinden. Aus der Gleichung

$$u(1) = 0$$

erhält man zur Bestimmung der Energieeigenwerte die Gleichung

$$J_{\varkappa}(\gamma) = 0. \tag{42.6}$$

Die Größe γ wird nach (42.5) durch die Parameterwerte V_0 und a der potentiellen Energie festgelegt; aus der Gl. (42.6) läßt sich der zum Wert von γ gehörende Wert von $\varkappa$ bestimmen. Mit diesem $\varkappa$-Wert erhält man dann aus der Definitionsgleichung von $\varkappa$ den Energieeigenwert E.

Wir wollen unsere Resultate auf das aus einem Proton und einem Neu tron bestehende Deuteron anwenden[1]. Man hat dann für m_0 die reduziert Masse

$$m_0 = \frac{M_n M_p}{M_n + M_p} = 0{,}8368 \cdot 10^{-24} \text{ gramm,} \tag{42.7}$$

des aus einem Proton mit der Masse M_p und aus einem Neutron mit de Masse M_n bestehenden Zweiteilchensystems zu setzen. Für die Reichweit a der Kernkräfte setzen wir

$$a = 2{,}18 \cdot 10^{-13} \text{ cm.} \tag{42.8}$$

Der empirische Wert der Bindungsenergie des Deuterons beträgt

$$E = -\,2{,}23 \text{ MeV.} \tag{42.9}$$

Wenn wir diese Werte in (42.5) einsetzen, so ergibt sich

$$\varkappa = 0{,}998 \quad \text{und} \quad V_0 = 2{,}24\,\gamma^2 \text{ MeV.} \tag{42.10}$$

Mit diesem Wert von $\varkappa$ erhält man für die Lösung der transzendenten Gl (42.6) den Wert $\gamma = 3{,}82$, womit aus der ersten Gl. (42.5)

$$V_0 = 32{,}7 \text{ MeV} \tag{42.11}$$

folgt. Der tiefste Wert V_0 der für die Anziehung der beiden Teilchen maß gebenden Potentialenergiemulde liegt also um mehr als eine Größenordnun tiefer als der Wert der Bindungsenergie E der beiden Teilchen. Die poten tielle Energie der beiden Teilchen wird somit durch die kinetische Energi fast vollkommen kompensiert. Diese relativ sehr große kinetische Energi ist eine Folge der *Heisenberg*schen Unbestimmtheitsrelation.

§ 43. Der harmonische räumliche Oszillator

Die potentielle Energie des dreidimensionalen harmonischen Oszillator gestaltet sich ganz ähnlich (32.3), mit dem Unterschied, daß wir statt de Entfernung x vom Kraftzentrum jetzt $r = \sqrt{x^2 + y^2 + z^2}$ setzen. Die poten tielle Energie des Teilchens ist also jetzt die folgende

$$V(r) = 2\pi^2 m_0 \nu^2 r^2. \tag{43.1}$$

Wenn man diesen Ausdruck in die radiale *Schrödinger*-Gleichung ein setzt, so folgt

$$\frac{d^2R}{dr^2} + \frac{2}{r}\frac{dR}{dr} + \left[\frac{8\pi^2 m_0 E}{h^2} - \frac{16\pi^4 m_0^2 \nu^2}{h^2} r^2 - \frac{l(l+1)}{r^2}\right] R = 0. \tag{43.2}$$

[1] Mit dem Zweiteilchenproblem werden wir uns ausführlicher im § 47 befasse

Wir führen zur Abkürzung wieder die Bezeichnungen (32.5) ein und setzen R in der Form

$$R(r) = r^l e^{-\frac{1}{2}\alpha r^2} v(r) \tag{43.3}$$

an. Nach Einsetzen dieses Ausdruckes in die Gl. (43.2) erhält man die Gleichung

$$\frac{d^2v}{dr^2} + 2\left(\frac{l+1}{r} - \alpha r\right)\frac{dv}{dr} - \left[2\alpha\left(l+\frac{3}{2}\right) - \lambda\right] v = 0. \tag{43.4}$$

Wir ersetzen nun r durch die Variable $t = \alpha r^2$, womit sich die Gl. (43.4) folgendermaßen gestaltet

$$t v''(t) + \left(l + \frac{3}{2} - t\right) v'(t) - \frac{1}{2}\left(l + \frac{3}{2} - \frac{\lambda}{2\alpha}\right) v(t) = 0, \tag{43.5}$$

wo v' und v'' die erste bzw. zweite Ableitung von v nach t bezeichnen. Diese Gleichung lösen wir mit der im § 32 behandelten Polynommethode. Hierzu setzen wir v in Form eines Polynoms vom n_r-ten Grad an, wir setzen also

$$v(t) = \sum_{p=0}^{n_r} a_p t^p. \tag{43.6}$$

Wenn wir diesen Ausdruck von v in (43.5) einsetzen und den so gewonnenen Ausdruck nach Potenzen von t ordnen, so ergibt sich

$$\sum_{p=0}^{n_r-1}\left[(p+1)\left(p+l+\frac{3}{2}\right)a_{p+1} - \frac{1}{2}\left(2p+l+\frac{3}{2}-\frac{\lambda}{2\alpha}\right)a_p\right]t^p - \\ - \frac{1}{2}\left[2n_r + l + \frac{3}{2} - \frac{\lambda}{2\alpha}\right] a_{n_r} t^{n_r} = 0. \tag{43.7}$$

Diese Gleichung kann nur dann für alle Werte von t bestehen, wenn alle Koeffizienten der einzelnen Potenzen von t verschwinden. Im Falle von $0 \leq p \leq n_r - 1$ verschwindet der Koeffizient von t^p, wenn

$$a_{p+1} = \frac{2p + l + 3/2 - \lambda/2\alpha}{2(p+1)(p+l+3/2)}\, a_p \tag{43.8}$$

ist. Diese Formel ermöglicht die sukzessive Bestimmung der Koeffizienten des Polynoms, wobei der Koeffizient a_0, der später aus der Normierungsbedingung der Eigenfunktion festgelegt wird, einstweilen willkürlich gewählt werden kann. Da auch der Koeffizient von t^{n_r} in (43.7) verschwinden muß, folgt die Beziehung

$$\frac{\lambda}{2\alpha} = 2n_r + l + \frac{3}{2}. \tag{43.9}$$

Die Gl. (43.5) kann also nur dann durch ein Polynom endlichen Grades gelöst werden, wenn $\frac{\lambda}{2\alpha}$ mit einer auf der rechten Seite von (43.9) stehenden

Zahl gleich ist, in der sowohl die Nebenquantenzahl l als auch die Zahl n_r, die man radiale Quantenzahl nennt, nicht negative ganze Zahlen bedeuten.

Wenn wir in (43.9) die Ausdrücke für λ und α aus (32.5) einsetzen, so folgt für die Energieeigenwerte

$$E = \left(2n_r + l + \frac{3}{2}\right) h\nu. \tag{43.10}$$

Wenn man die ganze Zahl

$$n = 2n_r + l \tag{43.11}$$

einführt, die man Hauptquantenzahl nennt, so ergibt sich

$$E_n = \left(n + \frac{3}{2}\right) h\nu. \tag{43.12}$$

Für die Energie des Grundzustandes $n = 0$ erhält man hieraus $E_0 = \frac{3}{2} h\nu$; diese Energie ist dreimal größer als die Energie des Grundzustandes des linearen Oszillators. Die Energiedifferenz zwischen dem n-ten angeregten und dem Grundzustand beträgt

$$E_n - E_0 = nh\nu,$$

sie ist also das ganzzahlige Vielfache von $h\nu$.

Die durch (43.11) eingeführte Hauptquantenzahl n kann jeden geraden oder ungeraden Wert annehmen, je nachdem l gerade oder ungerade ist. Für einen vorgegebenen Wert von n können die Quantenzahlen n_r und l noch verschiedene Werte haben. Es gehören also zu einem Energieeigenwert E_n mehrere Eigenfunktionen, d. h. die Energieniveaus sind entartet. Für einen geraden Wert von n kann l alle geraden Werte von 0 bis n annehmen, deren Anzahl $\frac{n}{2} + 1$ beträgt. Zu jedem möglichen Wert von l gehören $2l + 1$ verschiedene Eigenfunktionen, da die magnetische Quantenzahl noch die Werte $0, \pm 1, \pm 2, \ldots, \pm l$ annehmen kann. Zu einem geraden n gehört also die Anzahl

$$\sum_0^n (2l + 1) = (n + 1)(n + 2)/2$$

von Eigenfunktionen, wobei hier die Summation nur für gerade l-Werte durchzuführen ist. Zum selben Resultat gelangt man auch für ungerade Werte von n. Man erhält dann für die Anzahl der Eigenfunktionen

$$\sum_1^n (2l + 1) = (n + 1)(n + 2)/2,$$

wo l in der Summe nur ungerade Werte durchlaufen kann.

Als Beispiel untersuchen wir den Fall $n = 3$ ausführlicher. Nach (43.11) gibt es hier zwei Möglichkeiten: Entweder ist $n_r = 0$ und $l = 3$ oder es ist $n_r = 1$ und $l = 1$. Im ersten Fall ist das Polynom v vom nullten Grad, es ist also $v = 1$. Die radiale Eigenfunktion hat daher nach (43.3) die Form: $R = r^3 e^{-\alpha r^2/2}$. Die vollständige Eigenfunktion ψ ergibt sich, wenn wir diese radiale Eigenfunktion noch mit den Kugelfunktionen Y_l^m multiplizieren. Für $l = 3$ existieren 7 Kugelfunktionen, die wir explizite im § 37 angegeben haben. Im zweiten Fall, wenn $n_r = l = 1$ ist, lassen sich die Koeffizienten des Polynoms v aus der Rekursionsformel (43.8) bestimmen. Aus dieser ergibt sich

$$v = 1 - \frac{2}{5} t = 1 - \frac{2}{5} \alpha r^2.$$

Die radiale Eigenfunktion ist also in diesem Falle

$$R(r) = r \left(1 - \frac{2}{5} \alpha r^2\right) e^{-\alpha \frac{r^2}{2}}.$$

Die vollständige Eigenfunktion ψ gewinnt man hieraus, wenn man die radiale Eigenfunktion wieder mit einer der Kugelfunktionen Y_l^m multipliziert, deren Anzahl jetzt 3 beträgt. Die so erhaltenen Eigenfunktionen ψ haben wir in Tab. 5 zusammengestellt, wobei wir den winkelabhängigen Teil der Eigenfunktion in den Koordinaten x, y und z ausgedrückt haben; die Normierungskonstanten wurden weggelassen.

Jede dieser 10 Eigenfunktionen gehört zum Eigenwert

$$E_3 = \left(3 + \frac{3}{2}\right) h\nu.$$

Tabelle 5. Die Eigenfunktionen des harmonischen räumlichen Oszillators für den Fall $n = 3$

n_r	l	m	ψ
0	3	0	$e^{-\alpha \frac{r^2}{2}} z(2z^2 - 3x^2 - 3y^2)$
0	3	± 1	$e^{-\alpha \frac{r^2}{2}} (x \pm iy)(4z^2 - x^2 - y^2)$
0	3	± 2	$e^{-\alpha \frac{r^2}{2}} (x \pm iy)^2 z$
0	3	± 3	$e^{-\alpha \frac{r^2}{2}} (x \pm iy)^3$
1	1	0	$e^{-\alpha \frac{r^2}{2}} \left(1 - \frac{2}{5} \alpha r^2\right) z$
1	1	± 1	$e^{-\alpha \frac{r^2}{2}} \left(1 - \frac{2}{5} \alpha r^2\right) (x \pm iy)$

Natürlich ist auch jede Linearkombination dieser Eigenfunktionen eine Eigenfunktion des Zustandes mit der Energie E_3.

Bei der bisherigen Behandlung des räumlichen Oszillators sind wir von der Kugelsymmetrie der potentiellen Energie ausgegangen und haben das Problem in räumlichen Polarkoordinaten gelöst. Man kann das Problem auch in rechtwinkeligen kartesischen Koordinaten behandeln. Wenn wir wieder die im Vorhergehenden definierten Größen α und λ einführen, so ergibt sich die *Schrödinger*-Gleichung in folgender Form

$$\frac{\partial^2\psi}{\partial x^2}+\frac{\partial^2\psi}{\partial y^2}+\frac{\partial^2\psi}{\partial z^2}+[\lambda-\alpha^2(x^2+y^2+z^2)]\psi=0. \qquad (43.13)$$

Wir setzen für ψ

$$\psi(x, y, z)=f_1(x)\,f_2(y)\,f_3(z). \qquad (43.14)$$

Nach Einsetzen dieses Ausdruckes in (43.13) und Division durch ψ erhält man die Gleichung

$$\frac{1}{f_1(x)}\left(\frac{d^2f_1}{dx^2}-\alpha^2x^2f_1(x)\right)+\frac{1}{f_2(y)}\left(\frac{d^2f_2}{dy^2}-\alpha^2y^2f_2(y)\right)+$$
$$+\frac{1}{f_3(z)}\left(\frac{d^2f_3}{dz^2}-\alpha^2z^2f_3(z)\right)+\lambda=0.$$

Diese Gleichung kann für alle Werte von x, y und z nur dann bestehen, wenn die einzelnen Glieder Konstanten sind, wenn also

$$\begin{aligned}&\frac{d^2f_1}{dx^2}+(\lambda_1-\alpha^2x^2)f_1(x)=0,\\&\frac{d^2f_2}{dy^2}+(\lambda_2-\alpha^2y^2)f_2(y)=0,\\&\frac{d^2f_3}{dz^2}+(\lambda_3-\alpha^2z^2)f_3(z)=0\end{aligned} \qquad (43.15)$$

und

$$\lambda_1+\lambda_2+\lambda_3=\lambda \qquad (43.16)$$

ist. Jede der Gln. (43.15) besitzt eine ähnliche Struktur wie die Grundgleichung (32.6) des linearen Oszillators. Die Lösungen gestalten sich also mit Rücksicht auf (32.21) und (32.25) folgendermaßen

$$\begin{aligned}\lambda_1&=(2n_1+1)\alpha, \qquad & f_1(x)&=A_{n1}e^{-\alpha\frac{x^2}{2}}H_{n_1}(\sqrt{\alpha}x),\\\lambda_2&=(2n_2+1)\alpha, & f_2(y)&=A_{n2}e^{-\alpha\frac{y^2}{2}}H_{n_2}(\sqrt{\alpha}y),\\\lambda_3&=(2n_3+1)\alpha, & f_3(z)&=A_{n3}e^{-\alpha\frac{z^2}{2}}H_{n_3}(\sqrt{\alpha}z).\end{aligned}$$

Damit erhält man für die Energieeigenwerte E und die Eigenfunktionen ψ

$$E = h\nu \left(n_1 + n_2 + n_3 + \frac{3}{2}\right) = h\nu \left(n + \frac{3}{2}\right), \qquad (43.17)$$

$$\psi = A e^{-\alpha\frac{r^2}{2}} H_{n_1}(\sqrt{\alpha}x) H_{n_2}(\sqrt{\alpha}y) H_{n_3}(\sqrt{\alpha}z). \qquad (43.18)$$

Das für die Energie erhaltene Resultat ist mit (43.12) identisch, wobei sich jetzt die Hauptquantenzahl n in der Form $n = n_1 + n_2 + n_3$ ergibt. Für einen vorgegebenen Wert der Hauptquantenzahl n ist die Anzahl der zu diesem Zustand gehörenden Eigenfunktionen ψ mit der Anzahl der Möglichkeiten identisch, mit denen sich n aus den nicht negativen Zahlen n_1, n_2 und n_3 zusammensetzen läßt. Die Anzahl dieser Möglichkeiten beträgt

$$\frac{(n+1)(n+2)}{2}.$$

Dasselbe Resultat erhält man im Falle der Behandlung des Problems in räumlichen Polarkoordinaten.

Die zur Hauptquantenzahl $n = 3$ gehörenden Eigenfunktionen (43.18) haben wir, wieder ohne die Normierungskonstanten, in Tab. 6 zusammengestellt. Die in den Tab. 5 und 6 angeführten Eigenfunktionen des harmonischen räumlichen Oszillators sind voneinander verschieden. Die Ursache

Tabelle 6. Die Eigenfunktionen des harmonischen räumlichen Oszillators für den Fall $n = 3$

n_1	n_2	n_3	ψ
0	0	3	$e^{-\alpha\frac{r^2}{2}} z(2\alpha z^2 - 3)$
0	1	2	$e^{-\alpha\frac{r^2}{2}} y(2\alpha z^2 - 1)$
0	2	1	$e^{-\alpha\frac{r^2}{2}} z(2\alpha y^2 - 1)$
0	3	0	$e^{-\alpha\frac{r^2}{2}} y(2\alpha y^2 - 3)$
1	0	2	$e^{-\alpha\frac{r^2}{2}} x(2\alpha z^2 - 1)$
1	1	1	$e^{-\alpha\frac{r^2}{2}} xyz$
1	2	0	$e^{-\alpha\frac{r^2}{2}} x(2\alpha y^2 - 1)$
2	0	1	$e^{-\alpha\frac{r^2}{2}} z(2\alpha x^2 - 1)$
2	1	0	$e^{-\alpha\frac{r^2}{2}} y(2\alpha x^2 - 1)$
3	0	0	$e^{-\alpha\frac{r^2}{2}} x(2\alpha x^2 - 3)$

dessen ist in folgendem zu suchen. Die Eigenfunktionen in Tab. 6 sind zwar Eigenfunktionen des Energieoperators, jedoch nicht des Drehimpulses der Bahnbewegung des Teilchens, während die Eigenfunktionen in Tab. 5 nicht nur Eigenfunktionen des Energieoperators, sondern auch Eigenfunktionen des Drehimpulses der Bahnbewegung des Teilchens sind. Die Eigenfunktionen der einen Tabelle können natürlich mit den der anderen durch eine Linearkombination dargestellt werden. So läßt sich z. B. die zu dem Quantenzustand $n_r = 1$, $l = 1$ und $m = 0$ gehörende Eigenfunktion der Tab. 5 durch folgende Linearkombination der Eigenfunktionen $\psi_{n_1 n_2 n_3}$ der Tab. 6 darstellen

$$\psi_{(n_r=1,\ l=1,\ m=0)} = -\frac{1}{5}(\psi_{003} + \psi_{021} + \psi_{201}).$$

§ 44. Das Wasserstoffatom

Das Wasserstoffatom besteht bekanntlich aus einem Atomkern (Proton) und einem Elektron. Im folgenden betrachten wir den Kern als ruhend, was damit gleichbedeutend ist, daß wir annehmen, daß die Masse des Kerns im Verhältnis zu der des Elektrons unendlich groß sei. Für die elektrische Ladung des Kerns setzen wir Ze, dann sind in der folgenden Behandlung für $Z = 1, 2, 3, 4, \ldots$ außer dem Wasserstoffatom auch die Ionen He^+, Li^{++}, Be^{+++}, ... inbegriffen.

Für die potentielle Energie des Elektrons im elektrischen Feld des Kerns hat man

$$V(r) = +\frac{Ze}{r}(-e) = -\frac{Ze^2}{r}, \tag{44.1}$$

wo $-e$ die Ladung und r die Entfernung des Elektrons vom Kern bezeichnen.

Mit diesem Ausdruck von $V(r)$ ergibt sich für die radiale *Schrödinger*-Gleichung

$$\frac{d^2R}{dr^2} + \frac{2}{r}\frac{dR}{dr} + \left(\frac{8\pi^2 m_0}{h^2}E + \frac{8\pi^2 m_0}{h^2}\frac{Ze^2}{r} - \frac{l(l+1)}{r^2}\right)R = 0. \tag{44.2}$$

Wenn wir der Kürze halber die Bezeichnungen

$$A = \frac{8\pi^2 m_0}{h^2}E, \qquad B = \frac{4\pi^2 m_0 Ze^2}{h^2}, \qquad C = -l(l+1) \tag{44.3}$$

einführen, so kann man (44.2) in folgender Form schreiben

$$\frac{d^2R}{dr^2} + \frac{2}{r}\frac{dR}{dr} + \left(A + \frac{2B}{r} + \frac{C}{r^2}\right)R = 0. \tag{44.4}$$

Für eine positive oder negative Energie E, d. h. für positives oder negatives A unterscheiden sich die Lösungen dieser Gleichung wesentlich voneinander, was sich für große Werte von r sofort zeigen läßt. Für große r-Werte erhält man nämlich aus (44.4) folgende asymptotische Gleichung

$$\frac{d^2R}{dr^2} + AR = 0. \tag{44.5}$$

Aus dieser ist zu sehen, daß, je nachdem A positiv oder negativ ist, sich für $R(r)$ eine für große r-Werte oszillierende oder exponentielle Funktion von r ergibt, was einen wesentlichen Unterschied bedeutet.

Wir wollen uns zunächst mit gebundenen Zuständen des Elektrons, d. h. mit negativen Werten von E und A befassen. Da A die Dimension des Quadrates einer reziproken Länge hat, führen wir statt A eine Länge r_0 folgendermaßen ein

$$A = -\frac{1}{r_0^2}. \tag{44.6}$$

Mit r_0 gehen wir dann von der unabhängigen Variable r zur dimensionslosen Variable

$$\varrho = \frac{2r}{r_0} \tag{44.7}$$

über, mit der sich die Differentialgleichung für R folgendermaßen gestaltet

$$\left(\frac{2}{r_0}\right)^2 \frac{d^2R}{d\varrho^2} + \left(\frac{2}{r_0}\right)^2 \frac{2}{\varrho}\frac{dR}{d\varrho} + \left[-\frac{1}{r_0^2} + \frac{2}{r_0}\frac{2B}{\varrho} + \left(\frac{2}{r_0}\right)^2 \frac{C}{\varrho^2}\right] R = 0,$$

$$\frac{d^2R}{d\varrho^2} + \frac{2}{\varrho}\frac{dR}{d\varrho} + \left[-\frac{1}{4} + \frac{r_0 B}{\varrho} - \frac{l(l+1)}{\varrho^2}\right] R = 0. \tag{44.8}$$

Hieraus folgt, daß man die für $r \to \infty$ bzw. $\varrho \to \infty$ gültige Gl. (44.5) folgendermaßen schreiben kann

$$\frac{d^2R}{d\varrho^2} = \frac{1}{4} R. \tag{44.9}$$

Die Lösung dieser Gleichung ist, abgesehen von einem konstanten Faktor

$$R = e^{\pm\frac{\varrho}{2}}.$$

Da unsere Eigenfunktion im Unendlichen verschwinden muß, kommt nur das negative Vorzeichen im Exponenten in Betracht und man hat für die Lösung der Gl. (44.9)

$$R = e^{-\frac{\varrho}{2}}.$$

Für beliebige Werte von r bzw. ϱ machen wir für die Lösung der Gl. (44.8) folgenden Ansatz

$$R = e^{-\frac{\varrho}{2}} u(\varrho). \tag{44.10}$$

Mit diesem folgt

$$\frac{dR}{d\varrho} = \left(-\frac{1}{2}u + \frac{du}{d\varrho}\right)e^{-\frac{\varrho}{2}}, \quad \frac{d^2R}{d\varrho^2} = \left(\frac{1}{4}u - \frac{du}{d\varrho} + \frac{d^2u}{d\varrho^2}\right)e^{-\frac{\varrho}{2}}.$$

Wenn man diese Ausdrücke in die Gl. (44.9) einsetzt und durch den Faktor $e^{-\frac{\varrho}{2}}$ dividiert, so ergibt sich für u die Gleichung

$$\frac{d^2u}{d\varrho^2} + \left(\frac{2}{\varrho} - 1\right)\frac{du}{d\varrho} + \left[(r_0B - 1)\frac{1}{\varrho} - \frac{l(l+1)}{\varrho^2}\right]u = 0, \qquad (44.11)$$

die für $\varrho = 0$ eine Singularität, und zwar einen Pol, besitzt. Wir wollen die Lösung durch eine Potenzreihe von ϱ darstellen. Dies ist nach der Theorie der Differentialgleichungen, wegen des Pols bei $\varrho = 0$, nur dann möglich, wenn man für u eine Potenzreihe ansetzt, in der das Glied mit der niedrigsten Potenz, abgesehen von einem konstanten Faktor, ϱ^l ist. Wir setzen also für u

$$u = \varrho^l w(\varrho) = \varrho^l(a_0 + a_1\varrho + a_2\varrho^2 + \ldots),$$

$$u = \sum_{p=0}^{\infty} a_p \varrho^{p+l}. \qquad (44.12)$$

Wir wollen nun u in die Differentialgleichung (44.11) einsetzen. Hierzu benötigen wir die folgenden, einfach zu berechnenden Größen:

$$\frac{u}{\varrho} = \sum_{p=0}^{\infty} a_p \varrho^{p+l-1},$$

$$\frac{u}{\varrho^2} = \sum_{p=0}^{\infty} a_p \varrho^{p+l-2},$$

$$\frac{du}{d\varrho} = \sum_{p=0}^{\infty} (p+l) a_p \varrho^{p+l-1},$$

$$\frac{d^2u}{d\varrho^2} = \sum_{p=0}^{\infty} (p+l)(p+l-1) a_p \varrho^{p+l-2},$$

$$\frac{1}{\varrho}\frac{du}{d\varrho} = \sum_{p=0}^{\infty} (p+l) a_p \varrho^{p+l-2}.$$

Mit diesen Ausdrücken erhält man aus (44.11), wenn man dort die Glieder nach Potenzen von ϱ ordnet, die Gleichung

$$\sum_{p=0}^{\infty} [(p+l+1)(p+l)a_{p+1} + 2(p+l+1)a_{p+1} - (p+l)a_p +$$
$$+ (r_0B - 1)a_p - l(l+1)a_{p+1}]\,\varrho^{p+l-1} = 0, \qquad (44.13)$$

die nur dann für jeden Wert von ϱ bestehen kann, wenn alle Koeffizienten der Potenzen von ϱ verschwinden. Es muß also für einen beliebigen Wert von p die Gleichung

$$(p+l+1)(p+l)a_{p+1} + 2(p+l+1)a_{p+1} - (p+l)a_p + \\ + (r_0B-1)a_p - l(l+1)a_{p+1} = 0 \tag{44.14}$$

gelten, die sich auch in folgender Form schreiben läßt

$$\left[(p+l+1)(p+l+2) - l(l+1)\right] a_{p+1} = (p+l+1-r_0B)a_p. \tag{44.15}$$

Dies ist, wenn man von einem konstanten Faktor absieht, eine Rekursionsformel zur Bestimmung von u, wodurch u bis auf einen konstanten Faktor determiniert ist. Damit R für $r \to \infty$ nicht unendlich wird, lassen wir p nicht unendlich werden, d. h. wir fordern, daß u ein Polynom sei. (Daß diese Forderung nicht nur notwendig, sondern auch ausreichend ist, beweisen wir hier nicht.) Wie aus der Rekursionsformel (44.15) ersichtlich ist, verschwinden alle Koeffizienten $a_{p+1}, a_{p+2}, a_{p+3}, \ldots$ wenn $a_p = 0$ ist. Wenn also die Koeffizienten $a_{n_r+1}, a_{n_r+2}, \ldots$ verschwinden sollen, dann muß

$$n_r + l + 1 - r_0B = 0 \tag{44.16}$$

sein. Es muß demnach die Beziehung

$$r_0B = n_r + l + 1 = n \tag{44.17}$$

bestehen, in der n eine ganze Zahl bedeutet. Aus (44.17) folgt

$$r_0^2B^2 = -\frac{B^2}{A} = (n_r + l + 1)^2 = n^2,$$

$$-\frac{\left(\dfrac{4\pi^2 m_0 Z e^2}{h^2}\right)^2}{\dfrac{8\pi^2 m_0 E}{h^2}} = -\frac{2\pi^2 m_0 Z^2 e^4}{h^2 E} = (n_r + l + 1)^2 = n^2.$$

Hieraus erhält man für die Energieeigenwerte, die wir nun mit E_n bezeichnen,

$$E_n = -\frac{2\pi^2 m_0 Z^2 e^4}{h^2} \cdot \frac{1}{(n_r + l + 1)^2} = -\frac{2\pi^2 m_0 Z^2 e^4}{h^2} \cdot \frac{1}{n^2}. \tag{44.18}$$

Für $Z = 1$ sind diese die Energieniveaus des Wasserstoffatoms.

Bevor wir die Resultate ausführlicher diskutieren, müssen wir uns noch mit den Eigenfunktionen befassen, deren radialer Teil sich, wie wir gesehen haben, folgendermaßen gestaltet

$$R = e^{-\frac{\varrho}{2}} \varrho^l w(\varrho) = e^{-\frac{\varrho}{2}} u(\varrho),$$

$$u(\varrho) = \varrho^l w(\varrho).$$

Wenn wir in die Differentialgleichung (44.11) diesen Ausdruck von u einsetzen und in Betracht ziehen, daß $r_0 B = n$ ist, dann erhält man für w nach einfacher Rechnung folgende Differentialgleichung

$$\varrho \frac{d^2 w}{d\varrho^2} + [2(l+1) - \varrho] \frac{dw}{d\varrho} + (n+l+1) w = 0. \tag{44.19}$$

Dies ist die Differentialgleichung für die $(2l+1)$-te Ableitung des *Laguerre*schen Polynoms $(n+l)$-ter Ordnung.

Das *Laguerre*sche Polynom k-ter Ordnung ist folgendermaßen definiert

$$L_k(\varrho) = e^{\varrho} \frac{d^k}{d\varrho^k} (\varrho^k e^{-\varrho}). \tag{44.20}$$

Da w – wie gesagt – die $(2l+1)$-te Ableitung des *Laguerre*schen Polynoms $(n+l)$-ter Ordnung ist, ergibt sich

$$w = \frac{d^{2l+1}}{d\varrho^{2l+1}} L_{n+l}(\varrho) = \frac{d^{2l+1}}{d\varrho^{2l+1}} \left[e^{\varrho} \frac{d^{n+l}}{d\varrho^{n+l}} (\varrho^{n+l} e^{-\varrho}) \right]. \tag{44.21}$$

Wenn wir diese Funktion mit $L_{n+l}^{(2l+1)}$ bezeichnen, kann man die radiale Eigenfunktion folgendermaßen schreiben

$$R = R_{nl} = e^{-\frac{\varrho}{2}} \varrho^l L_{n+l}^{(2l+1)}(\varrho). \tag{44.22}$$

Für die vollständige Eigenfunktion erhält man demnach

$$\psi_{nlm} = N e^{-\frac{\varrho}{2}} \varrho^l L_{n+l}^{(2l+1)}(\varrho) Y_l^m(\vartheta, \varphi), \tag{44.23}$$

wo N eine Normierungskonstante bezeichnet, für die aus der Normierungsbedingung der Wert

$$N = \sqrt{\left(\frac{2Z}{n a_H}\right)^3 \frac{(n-l-1)!}{2n[(n+l)!]^3}} \tag{44.24}$$

folgt; hier bedeutet $a_H = \frac{h^2}{4\pi^2 m_0 e^2}$ den ersten *Bohr*schen Wasserstoffradius, den man auch in der Quantenmechanik als Längeneinheit benutzt.

Wir wollen nun die Anzahl der verschiedenen Eigenfunktionen feststellen, die zu einem vorgegebenen Wert von n gehören. Nach (44.17) hat n folgende Gestalt

$$n = n_r + l + 1.$$

Bei vorgegebenem n beträgt der maximale Wert von l $n-1$ und der minimale 0. Bei einem vorgegebenen Wert von n kann also l n verschiedene Werte annehmen. Zu jedem dieser l-Werte gehören noch die folgenden Werte der magnetischen Quantenzahl m: $-l, -(l-1), \ldots, -3, -2, -1, 0,$

$+1, +2, +3, \ldots, +(l-1), +l$, deren Anzahl $2l+1$ beträgt. Zu einem vorgegebenen Wert von n, d. h. zu einem vorgegebenen Energieeigenwert E_n gehören demnach

$$\sum_{l=0}^{n-1} (2l+1) = [1 + 2(n-1) + 1]\frac{n}{2} = n^2 \qquad (44.25)$$

voneinander linear unabhängige Eigenfunktionen. Ein Quantenzustand mit dem Energieeigenwert E_n ist also (n^2-1)-fach entartet.

In unseren bisherigen Betrachtungen ist der Elektronenspin nicht enthalten. Wenn wir auch diesen in Betracht ziehen und von der Feinstruktur der Eigenwerte absehen, so gehören zu jedem Energieeigenwert E_n $2n^2$ voneinander linear unabhängige Eigenfunktionen.

Wir kommen nun auf die Lösungen der Zustände mit negativer Energie ausführlicher zu sprechen und befassen uns zunächst mit den Quantenzahlen und ihrer physikalischen Bedeutung.

Wie sich aus (44.18) ergibt, hängt die Energie E_n nur von der Hauptquantenzahl $n = n_r + l + 1$ ab. Aus dieser Form von n ist zu sehen, daß in der *Bohr*schen Theorie n_r der radialen und l der Nebenquantenzahl entsprechen. Wie wir schon weiter oben erwähnten, kann l vom minimalen Wert $l = 0$ bis zum maximalen Wert $l = n - 1$ alle ganzzahligen Werte annehmen. Obwohl wir die Nebenquantenzahl schon in der *Bohr*schen Theorie eingeführt haben, konnten wir sie auf Grund dieser Theorie dort nicht begründen. Wir haben sie dort in der Weise eingeführt, daß wir die sich aus der zweiten Quantenbedingung ergebende azimutale Quantenzahl k, die die Werte $1, 2, 3, \ldots, n$ annehmen kann, um 1 reduzierten, wodurch wir zur Quantenzahl $l = k - 1$ gelangt sind. Begründet wurde dies mit bestimmten experimentellen Ergebnissen. Im Gegensatz hierzu ergeben sich hier bei der quantenmechanischen Behandlung des Problems die mit der Erfahrung übereinstimmenden Werte der Nebenquantenzahl unmittelbar aus der Theorie.

Wir wollen uns nun mit der radialen Quantenzahl n_r befassen. Der nur von r bzw. ϱ abhängige Teil der Eigenfunktion enthält das Polynom

$$L_{n+l}^{(2l+1)}(\varrho),$$

dessen Grad

$$n + l - (2l+1) = n - l - 1 = n_r \qquad (44.26)$$

beträgt. Das Polynom $L_{n+l}^{(2l+1)}$ besitzt n_r reelle Nullstellen und es läßt sich zeigen, daß keine dieser Nullstellen mit einer anderen zusammenfällt. Es existieren also n_r Kugelflächen, auf denen R_{nl} bzw. ψ ständig gleich Null ist. Der in der älteren Quantentheorie eingeführten radialen Quantenzahl n_r entsprechen demnach in der wellenmechanischen Theorie des Wasserstoffatoms Kugelflächen, auf denen ψ ständig gleich Null ist. Falls wir auf die auch von der Zeit abhängige Eigenfunktion

$$\Psi = \psi e^{-\frac{2\pi i}{h} E_n t}$$

übergehen, so ist n_r die Anzahl der Knotenflächen der Wellenfunktion Ψ.

Eine ähnliche Bedeutung besitzen auch die anderen beiden Quantenzahlen l und m. Die Abhängigkeit der Eigenfunktion von ϑ ist durch P_l^m

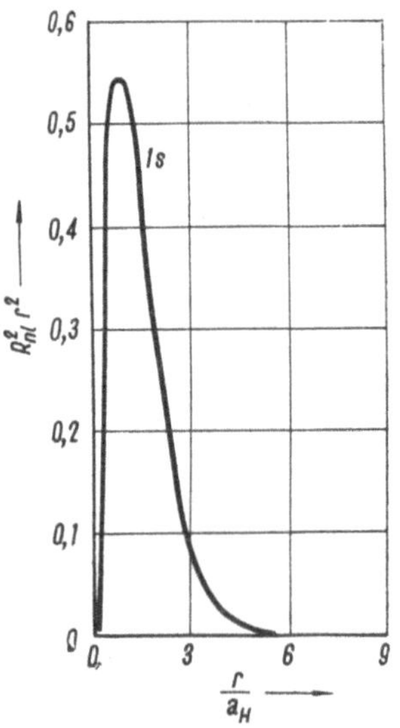

Abb. 21a. Die radiale Wahrscheinlichkeitsdichte des Zustandes 1s im Wasserstoffatom

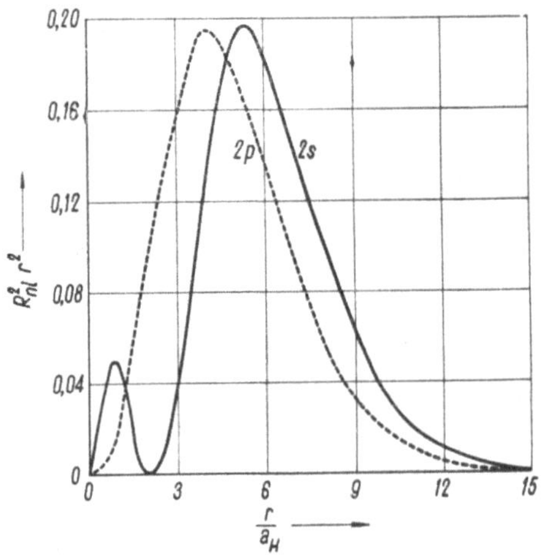

Abb. 21b. Die radiale Wahrscheinlichkeitsdichte für die Zustände 2s und 2p des Wasserstoffatoms

gegeben, das ein Polynom l-ten Grades von $\cos\vartheta$ und $\sin\vartheta$ ist. Die Knotenflächen sind in diesem Falle koaxiale zweifache Kegel mit der gemeinsamen Achse z; die Anzahl dieser zweifachen Kegel beträgt l. Die Abhängigkeit der Eigenfunktion von φ wird durch die Faktoren $\cos m\varphi$ und $\sin m\varphi$ dargestellt. Die Quantenzahl m ist also die Anzahl der durch die z-Achse gehenden Knotenflächen.

Im folgenden kommen wir noch auf die physikalische Interpretation der erhaltenen Resultate zu sprechen. Wie wir während der wellenmechanischen Behandlungsweise gesehen haben, ist die zugrunde liegende Konzeption von der *Bohr*schen modellmäßigen Vorstellung vollkommen frei, der Begriff der *Bohr*schen Elektronenbahnen kommt nirgends vor. Was sich hier über den Ort des Elektrons feststellen läßt, ist ausschließlich die Wahrscheinlichkeit, daß sich das Elektron in einem Volumenelement dv befindet; für diese Wahrscheinlichkeit ergibt sich $\psi^*\psi\, dv$. Ein recht anschauliches Bild der Aufenthaltswahrscheinlichkeit als Funktion von r erhält man, wenn man den Ausdruck $\psi^*\psi\, dv$ über die Winkel ϑ und φ mittelt, woraus sich der Ausdruck $R^2_{nl} r^2 dr$ ergibt.

Diese nur von r abhängige Dichte der Aufenthaltswahrscheinlichkeit des Elektrons, die sogenanntse radiale Aufenthaltswahrscheinlichkeitsdichte $R^2_{nl} r^2$, haben wir für Zustände, die jeweils zu derselben Hauptquantenzahl gehören, in Abb. 21 a, b und c graphisch dargestellt. Es ist interessant, daß

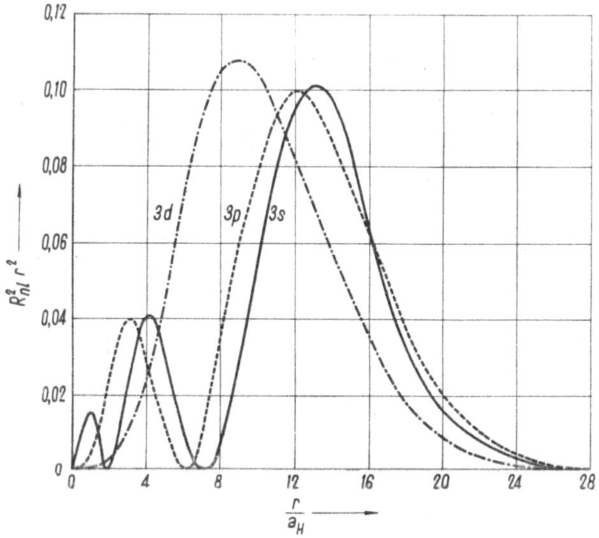

Abb. 21c. Die radiale Wahrscheinlichkeitsdichte für die Zustände $3s$, $3p$ und $3d$ des Wasserstoffatoms

die Hauptmaxima dieser Wahrscheinlichkeitsdichten in der Nähe der *Bohr*schen Radien liegen.

Es sei hier auch noch der volle Ausdruck $\psi^*\psi\, dv$ angegeben

$$\psi^*\psi dv = \left(\frac{2Z}{na_H}\right)^3 \frac{(n-l-1)!}{2n[(n+l)!]^3} \, \frac{2l+1}{4\pi} \, \frac{(l-m)!}{(l+m)!} \times$$
$$\left[\left(\frac{2Zr}{na_H}\right)^l L^{(2l+1)}_{n+l}\left(\frac{2Zr}{na_H}\right) P^m_l(\cos\vartheta)\right]^2 dv,$$

der nur von ϑ abhängt, jedoch von φ unabhängig ist; die z-Achse ist also eine Symmetrieachse der Aufenthaltswahrscheinlichkeit des Elektrons.

Schließlich sei erwähnt, daß die hier gegebene Behandlung des Wasserstoffatoms bis zu einem gewissen Maße nur näherungsweise gültig ist: die Feinstruktur des Wasserstoffspektrums und der Spin sind nähmlich in dieser Behandlungsweise nicht inbegriffen. Über die Feinstruktur des Spektrums und auch über den Spin gibt die relativistische Quantenmechanik, die sogenannte *Dirac*sche Theorie, Aufschluß, deren Grundlage die *Dirac*sche

Gleichung bildet. Diese Gleichung ist im Gegensatz zur *Schrödinger*schen relativistisch invariant, sie ist als eine Verallgemeinerung der *Schrödinger*schen Gleichung zu betrachten.

§ 45. Das Kratzersche Potential

Wir wollen nun die *Schrödinger*-Gleichung für das sogenannte *Kratzer*sche Potential lösen, dem der folgende Ausdruck der potentiellen Energie entspricht[1]

$$V(r) = -\frac{C}{r} + \frac{D}{r^2}, \qquad (45.1)$$

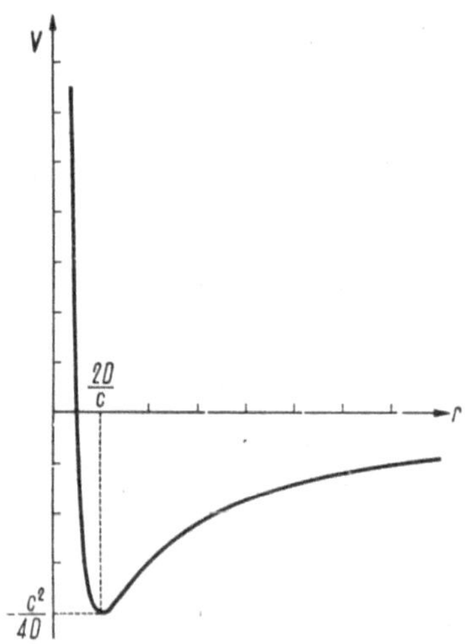

Abb. 22. Verlauf der *Kratzer*schen potentiellen Energie

wo C und D positive Konstanten bezeichnen. Mit einer solchen potentiellen Energie läßt sich die Wechselwirkungsenergie zweier Atome in einem zweiatomigen Molekül approximieren. Den Verlauf der potentiellen Energie zeigt Abb. 22. Das Minimum der potentiellen Energie entspricht offenbar der Gleichgewichtslage des Moleküls.

In der radialen *Schrödinger*-Gleichung des Molekülproblems führen wir der Kürze halber folgende Bezeichnungen ein

$$u = rR(r), \qquad \varrho = \frac{C}{2D} r,$$

$$\gamma^2 = \frac{8\pi^2 m_0 D}{h^2}, \qquad \varkappa^2 = -\frac{32\pi^2 m_0 D^2}{h^2 C^2} E, \qquad (45.2)$$

wo m_0 die reduzierte Masse des zweiatomigen Moleküls bezeichnet. Mit diesen Bezeichnungen läßt sich die radiale *Schrödinger*-Gleichung in der Form

$$\frac{d^2u}{d\varrho^2} + \left(-\varkappa^2 + \frac{2\gamma^2}{\varrho} - \frac{\gamma^2 + l(l+1)}{\varrho^2}\right) u = 0 \qquad (45.3)$$

schreiben. Bei der Lösung dieser Gleichung können wir in gleicher Weise verfahren wie im Falle des Oszillators und des Wasserstoffatoms.

[1] A. *Kratzer*, Z. Phys. *3*, 289 (1920). E. *Fues*, Ann. Phys. *80*, 367 (1926). P. M. *Morse*, Phys. Rev. *34*, 571 (1929).

Für $\varrho \to \infty$ ist die asymptotische Lösung offenbar $u = e^{-\varkappa\varrho}$. Im Falle $\varrho \to 0$ setzen wir $u = \varrho^\lambda$ und erhalten aus (45.3) für λ die folgende Gleichung

$$\lambda(\lambda - 1) = \gamma^2 + l(l + 1).$$

Dies ist eine Gleichung zweiten Grades, die nur eine positive Wurzel hat, und zwar

$$\lambda = \frac{1}{2} + \sqrt{\gamma^2 + \left(l + \frac{1}{2}\right)^2}. \tag{45.4}$$

Für beliebige Werte von ϱ setzen wir die exakte Lösung der Gl. (45.3) in folgender Form an

$$u(\varrho) = \varrho^\lambda e^{-\varkappa\varrho} v(\varrho), \tag{45.5}$$

wo $v(\varrho)$ ein Polynom von ϱ bezeichnet. Durch Einsetzen dieses Ausdruckes in (45.3) ergibt sich für v die folgende Differentialgleichung

$$\varrho \frac{d^2v}{d\varrho^2} + 2(\lambda - \varkappa\varrho) \frac{dv}{d\varrho} + 2(\gamma^2 - \lambda\varkappa)v = 0. \tag{45.6}$$

Diese Gleichung ist ihrer Struktur nach mit der im § 43 behandelten Grundgleichung (43.5) des räumlichen Oszillators eng verwandt. Wenn wir nämlich die Variable $t = 2\,\varkappa\varrho$ einführen, so gestaltet sich (45.6) folgendermaßen

$$t \frac{d^2v}{dt^2} + (2\lambda - t) \frac{dv}{dt} + \left(\frac{\gamma^2}{\varkappa} - \lambda\right) v(t) = 0. \tag{45.7}$$

Die Struktur dieser Gleichung ist mit der von (43.5) identisch. Wie wir im § 43 gezeigt haben, ist die Lösung dieser Gleichung nur dann ein Polynom, wenn im letzten Glied auf der linken Seite dieser Gleichung der Koeffizient von v mit einer nicht negativen ganzen Zahl n_r gleich ist (n_r ist mit dem Grad des Polynoms identisch).

Aus dieser Bedingung, die zugleich die Bedingungsgleichung für die Eigenwerte ist, folgt

$$\frac{\gamma^2}{\varkappa} - \lambda = n_r,$$

woraus man für $\varkappa$ den Wert

$$\varkappa = \frac{\gamma^2}{n_r + \lambda} \tag{45.8}$$

erhält. Für die Energieeigenwerte ergibt sich somit

$$E = -\frac{2\pi^2 m_0 C^2}{h^2} \cdot \frac{\varkappa^2}{\gamma^4} = -\frac{2\pi^2 m_0 C^2}{h^2} \cdot \frac{1}{\left[n_r + \frac{1}{2} + \sqrt{\gamma^2 + \left(l + \frac{1}{2}\right)^2}\right]^2}. \tag{45.9}$$

Es ist interessant, zu untersuchen, wie sich die Energieniveaus in den Fällen $\gamma \ll 1$ und $\gamma \gg 1$ gestalten.

Im ersten Fall kann man den auf der rechten Seite in (45.9) stehenden Ausdruck in eine Reihe nach Potenzen von γ^2 entwickeln. Wenn man die Reihe nach dem zweiten Glied abbricht, so erhält man

$$E = -\frac{2\pi^2 m_0 C^2}{h^2}\frac{1}{n^2}\left\{1 - \frac{\gamma^2}{n(2l+1)} + \cdots\right\}, \tag{45.10}$$

wo $n = n_r + l + 1$ ist. Für den Grenzfall $\gamma = 0$ gehen die Energieniveaus in die Energieniveaus (44.18) des Wasserstoffatoms über, wie dies auch sein muß, da in diesem Falle $D = 0$ ist und somit das *Kratzer*sche Potential in das *Coulomb*-Potential einer Punktladung übergeht und (45.1) für $C = Ze^2$ mit (44.1), d. h. mit der potentiellen Energie eines Elektrons im Feld des Kerns mit der Kernladung Ze, identisch wird.

Im Fall $\gamma \gg 1$ kann man E in eine Potenzreihe von $1/\gamma$ entwickeln. Man erhält

$$E = \frac{C^2}{4D}\left\{-1 + \frac{2\left(n_r + \frac{1}{2}\right)}{\gamma} + \frac{\left(l + \frac{1}{2}\right)^2}{\gamma^2} - \frac{3\left(n_r + \frac{1}{2}\right)^2}{\gamma^2} - \right.$$

$$\left. - \frac{3\left(n_r + \frac{1}{2}\right)\left(l + \frac{1}{2}\right)^2}{\gamma^3} + \cdots\right\}. \tag{45.11}$$

Im Grenzfall $\gamma \to \infty$ gilt $E \to -\frac{C^2}{4D}$. Dieser Wert der Energie entspricht, wie dies auch aus Abb. 22 zu sehen ist, dem tiefsten Punkt der potentiellen Energie. Zum Grenzfall $\gamma \to \infty$ gelangt man nach (45.2) bei festgehaltenem Wert von D, wenn man mit der *Planck*schen Konstante gegen Null geht. Für $h \to 0$, d. h. für den Grenzfall der klassischen Mechanik, stimmt also die Bindungsenergie des Moleküls mit dem der Gleichgewichtslage entsprechenden Wert der potentiellen Energie überein. Der dem endlichen, also nicht verschwindenden Wert von h entsprechende, auf Grund der Quantenmechanik hergeleitete Wert der Bindungsenergie weicht von diesem ab. Die Ursache dessen ist, daß sich gemäß der *Heisenberg*schen Unbestimmtheitsrelation das Molekül in der Gleichgewichtslage nicht in Ruhe befinden kann, sondern in der Umgebung des Gleichgewichtszustandes oszilliert.

Zur Untersuchung dieser Oszillationen entwickeln wir in der Umgebung der Gleichgewichtslage, d. h. in der Umgebung des Kernabstandes $r_0 = \frac{2D}{C}$ die potentielle Energie (45.1) des Moleküls in eine Reihe, die sich, wenn man sie nach dem zweiten Glied abbricht, folgendermaßen gestaltet

$$V(r) = -\frac{C^2}{4D} + \frac{C^2}{4Dr_0^2}(r - r_0)^2.$$

Hieraus ist ersichtlich, daß zum tiefsten Wert der potentiellen Energie, $-\frac{C^2}{4D}$, ein Glied hinzukommt, das einem Oszillatorpotential entspricht. Nach (32.1) ist die klassische Frequenz des Oszillators für diese potentielle Energie

$$\nu = \frac{1}{2\pi}\sqrt{\frac{C^2}{2Dr_0^2 m_0}}. \tag{45.12}$$

Wir wollen nun statt den Konstanten C und D der *Kratzer*schen potentiellen Energie die Frequenz ν und das Trägheitsmoment des Moleküls in der Gleichgewichtslage

$$\Theta = m_0 r_0^2 \tag{45.13}$$

einführen. Die Konstante γ gestaltet sich mit diesen Größen folgendermaßen

$$\gamma = \frac{4\pi^2\nu\Theta}{h}. \tag{45.14}$$

Nach Einsetzen dieses Ausdruckes von γ in den Ausdruck (45.11) von E ergibt sich für die Reihenentwicklung von E

$$E = -\frac{C^2}{4D} + h\nu\left(n_r + \frac{1}{2}\right) + \frac{h^2}{8\pi^2\Theta}\left(l + \frac{1}{2}\right)^2 - \frac{3h^2}{8\pi^2\Theta}\left(n_r + \frac{1}{2}\right)^2 - $$
$$- \frac{3h^3}{32\pi^4\nu\Theta^2}\left(n_r + \frac{1}{2}\right)\left(l + \frac{1}{2}\right)^2 + \cdots. \tag{45.15}$$

Das erste Glied auf der rechten Seite entspricht dem klassischen Energiewert, das zweite Glied stimmt mit dem Energieausdruck eines linearen Oszillators überein und gibt für $n_r = 0, 1, 2, 3, \ldots$ die entsprechenden Energieniveaus der Vibration des Moleküls, das dritte Glied liefert für die Werte $l = 0, 1, 2, 3, \ldots$ der Nebenquantenzahl die aus der Rotation des Moleküls entstehenden Energieniveaus. Vom vierten Glied läßt sich zeigen, daß dieses aus der Anharmonizität des Oszillators resultiert, während das fünfte und hier als letztes behandelte Glied aus der Koppelung der Oszillation und Rotation des Moleküls entsteht.

Die dem Grundzustand entsprechende tiefste Energie des Moleküls erhält man für $n_r = l = 0$. Für den Grundzustand gestaltet sich somit die Entwicklung der Energie folgendermaßen

$$E_0 = -\frac{C^2}{4D} + \frac{h\nu}{2} - \frac{h^2}{16\pi^2\Theta} - \frac{3h^3}{256\pi^4\nu\Theta^2} + \cdots.$$

Durch diese Entwicklung wird die Energie als eine Potenzreihe der *Planck*schen Konstante h dargestellt. Das erste Glied entspricht der für $h = 0$ gültigen klassischen Energie, das zweite Glied ist die aus der Vibration mit der Frequenz ν resultierende Energie, die sogenannte Nullpunktsenergie des Moleküls (über weiteres bezüglich dieser verweisen wir auf das im Anschluß von (32.22) Gesagte), die weiteren Glieder sind eine Folge quantenmechanischer Effekte höherer Ordnung.

§ 46. Der Rotator im Raum

Unter einem Rotator im Raum versteht man einen Massenpunkt, der sich um einen anderen Punkt (um das Rotationszentrum) in konstanter Entfernung von diesem bewegen kann. Beim Rotator im Raum bewegt sich also der Massenpunkt auf einer Kugelfläche, während sich beim Rotator in der Ebene der Massenpunkt auf einer Kreisbahn bewegt.

Wir nehmen an, daß die Masse des Massenpunktes m_0 und ihre Entfernung vom Rotationszentrum r_0 sei. Mit Rücksicht darauf, daß die potentielle Energie $V = 0$ ist, ergibt sich für die *Schrödinger*-Gleichung des räumlichen Rotators

$$\Delta\psi + \frac{8\pi^2 m_0}{h^2} E\psi = 0. \tag{46.1}$$

Da $r = r_0$, d. h. das Problem von r unabhängig ist, kann man diese Gleichung in räumlichen Polarkoordinaten folgendermaßen schreiben

$$\frac{1}{r_0^2}\left[\frac{\partial^2\psi}{\partial\vartheta^2} + \operatorname{ctg}\vartheta\,\frac{\partial\psi}{\partial\vartheta} + \frac{1}{\sin^2\vartheta}\,\frac{\partial^2\psi}{\partial\varphi^2}\right] + \frac{8\pi^2 m_0}{h^2} E\psi = 0, \tag{46.2}$$

oder, wenn wir das Trägheitsmoment $m_0 r_0^2$ mit Θ bezeichnen:

$$\frac{\partial^2\psi}{\partial\vartheta^2} + \operatorname{ctg}\vartheta\,\frac{\partial\psi}{\partial\vartheta} + \frac{1}{\sin^2\vartheta}\,\frac{\partial^2\psi}{\partial\varphi^2} + \frac{8\pi^2\Theta}{h^2} E\psi = 0. \tag{46.3}$$

Mit dieser Gleichung, die ihrer Struktur nach mit der Gl. (37.7) identisch ist, haben wir uns im § 37 schon befaßt. Ihre Lösung lautet

$$\psi = Y_l^m(\vartheta, \varphi), \tag{46.4}$$

und die Bedingung, daß eine reguläre Lösung existiere, besagt, daß auf der linken Seite in (46.3) im letzten Glied, das zu ψ proportional ist, der Koeffizient mit $l(l+1)$ gleich sein muß. Es muß also die Beziehung

$$\frac{8\pi^2\Theta}{h^2} E = l(l+1)$$

bestehen, wo l eine ganze Zahl bedeutet. Für die Energieeigenwerte folgt somit

$$E_l = l(l+1)\frac{h^2}{8\pi^2\Theta}. \tag{46.5}$$

Dieses Resultat läßt sich auf ein zweiatomiges Molekül anwenden, wenn man für Θ das Trägheitsmoment setzt, das sich auf die Achse bezieht, die im Rotationszentrum, d. h. im Schwerpunkt auf die Verbindungslinie der Kerne senkrecht steht. Die für E_l erhaltene Formel führt zu Energiewerten, die mit der Erfahrung übereinstimmen, im Gegensatz zu den Energieniveaus (18.4) $E_l = l^2\frac{h^2}{8\pi^2\Theta}$ der *Bohr*schen Theorie (wo wir statt der Rotationsquantenzahl m hier l gesetzt haben).

Es sei noch hervorgehoben, daß bei dem im § 31 behandelten Rotator in der Ebene die Energieniveaus von den für den räumlichen Rotator erhaltenen verschieden sind; beim Rotator in der Ebene würde nämlich nach (31.8) in der Formel für die Energieniveaus l^2 statt $l(l+1)$ stehen.

§ 47. Das Zweiteilchenproblem

In den vorangehenden Abschnitten haben wir uns mit der Bewegung eines Teilchens von der Masse m_0 in einem vorgegebenen äußeren Kraftfeld befaßt. Wir wollen nun zeigen, daß man die erhaltenen Resultate auch auf Systeme anwenden kann, die aus zwei miteinander in Wechselwirkung stehenden Teilchen bestehen. Die Masse der beiden Teilchen sei m_1 bzw. m_2. Ihre gegenseitige Wechselwirkung soll nur von der Differenz ihrer Koordinaten abhängen; die potentielle Energie der gegenseitigen Wechselwirkung sei also

$$V = V(x_1 - x_2,\ y_1 - y_2,\ z_1 - z_2).$$

Der klassische Energieausdruck der beiden Teilchen gestaltet sich somit folgendermaßen

$$H = \frac{1}{2m_1}(p_{1x}^2 + p_{1y}^2 + p_{1z}^2) + \frac{1}{2m_2}(p_{2x}^2 + p_{2y}^2 + p_{2z}^2) + \\ + V(x_1 - x_2, y_1 - y_2, z_1 - z_2), \tag{47.1}$$

wo auf der rechten Seite das erste Glied die kinetische Energie des Teilchens mit der Masse m_1 und das zweite die des Teilchens mit der Masse m_2 bedeutet.

Für die *Schrödinger*-Gleichung erhält man hieraus nach der Regel (24.8), da unsere Wellenfunktion ψ eine Funktion der Koordinaten x_1, y_1, z_1 und x_2, y_2, z_2 der beiden Teilchen ist

$$-\frac{h^2}{8\pi^2 m_1}\left(\frac{\partial^2\psi}{\partial x_1^2} + \frac{\partial^2\psi}{\partial y_1^2} + \frac{\partial^2\psi}{\partial z_1^2}\right) - \frac{h^2}{8\pi^2 m_2}\left(\frac{\partial^2\psi}{\partial x_2^2} + \frac{\partial^2\psi}{\partial y_2^2} + \frac{\partial^2\psi}{\partial z_2^2}\right) + \\ + V(x_1 - x_2, y_1 - y_2, z_1 - z_2)\psi = E\psi. \tag{47.2}$$

Es erweist sich als zweckmäßig, neue Variable einzuführen, und zwar die Koordinaten des Schwerpunktes der beiden Teilchen

$$X = \frac{m_1 x_1 + m_2 x_2}{m_1 + m_2}, \quad Y = \frac{m_1 y_1 + m_2 y_2}{m_1 + m_2}, \quad Z = \frac{m_1 z_1 + m_2 z_2}{m_1 + m_2}, \tag{47.3}$$

sowie die relativen Koordinaten des ersten Teilchens in bezug auf die Koordinaten des zweiten Teilchens

$$x = x_1 - x_2, \quad y = y_1 - y_2, \quad z = z_1 - z_2. \tag{47.4}$$

Mit Rücksicht auf die folgenden Transformationsregeln der Operatoren

$$\frac{\partial}{\partial x_1} = \frac{m_1}{m_1 + m_2} \frac{\partial}{\partial X} + \frac{\partial}{\partial x}, \quad \frac{\partial}{\partial x_2} = \frac{m_2}{m_2 + m_1} \frac{\partial}{\partial X} - \frac{\partial}{\partial x} \tag{47.5}$$

und je zwei ähnliche Gleichungen für die entsprechenden Operatoren bezüglich der y- und z-Koordinaten ergibt sich für die *Schrödinger*-Gleichung

$$-\frac{h^2}{8\pi^2 M}\left(\frac{\partial^2\psi}{\partial X^2} + \frac{\partial^2\psi}{\partial Y^2} + \frac{\partial^2\psi}{\partial Z^2}\right) -$$

$$-\frac{h^2}{8\pi^2 m}\left(\frac{\partial^2\psi}{\partial x^2} + \frac{\partial^2\psi}{\partial y^2} + \frac{\partial^2\psi}{\partial z^2}\right) + V(x, y, z,)\psi = E\psi, \tag{47.6}$$

wo $M = m_1 + m_2$ die gesamte Masse und $m = \frac{m_1 m_2}{m_1 + m_2}$ die reduzierte Masse der beiden Teilchen bezeichnet.

Auf diese Form der *Schrödinger*-Gleichung läßt sich die im vorhergehenden schon öfters benutzte Methode anwenden, wonach man die Lösung ψ als Produkt zweier Funktionen ansetzt, von denen die eine nur von X, Y, Z und die andere nur von x, y, z abhängt; wir setzen also

$$\psi(X, Y, Z, x, y, z) = \chi(X, Y, Z)\varphi(x, y, z).$$

Nach Einsetzen dieses Ausdruckes in (47.6) und Division durch ψ erhält man

$$\left[-\frac{h^2}{8\pi^2 M}\frac{1}{\chi}\left(\frac{\partial^2\chi}{\partial X^2} + \frac{\partial^2\chi}{\partial Y^2} + \frac{\partial^2\chi}{\partial Z^2}\right)\right] +$$

$$+\left[-\frac{h^2}{8\pi^2 m}\frac{1}{\varphi}\left(\frac{\partial^2\varphi}{\partial x^2} + \frac{\partial^2\varphi}{\partial y^2} + \frac{\partial^2\varphi}{\partial z^2}\right) + V(x, y, z)\right] = E.$$

Der auf der linken Seite dieser Gleichung in der ersten eckigen Klammer stehende Ausdruck hängt nur von den Schwerpunktskoordinaten und der in der zweiten eckigen Klammer stehende nur von den relativen Koordinaten der beiden Teilchen ab. Diese Gleichung kann daher nur dann bestehen, wenn jeder dieser beiden Ausdrücke mit einer Konstanten gleich ist. Unsere

Gleichung zerfällt also in die beiden folgenden Gleichungen

$$-\frac{h^2}{8\pi^2 M}\left(\frac{\partial^2\chi}{\partial X^2}+\frac{\partial^2\chi}{\partial Y^2}+\frac{\partial^2\chi}{\partial Z^2}\right)=\varepsilon_k\chi \tag{47.7}$$

$$-\frac{h^2}{8\pi^2 m}\left(\frac{\partial^2\varphi}{\partial x^2}+\frac{\partial^2\varphi}{\partial y^2}+\frac{\partial^2\varphi}{\partial z^2}\right)+V(x,y,z)\varphi=\varepsilon\varphi, \tag{47.8}$$

wobei der Zusammenhang

$$\varepsilon_k+\varepsilon=E \tag{47.9}$$

besteht.

Die erste dieser beiden Gleichungen ist mit der *Schrödinger*-Gleichung (30.4) des freien Massenpunktes identisch. Die Lösung dieser Gleichung ist daher gemäß den im § 30 erhaltenen Resultaten

$$\chi=e^{ik(\alpha X+\beta Y+\gamma Z)},\qquad \varepsilon_k=\frac{h^2k^2}{8\pi^2 M}. \tag{47.10}$$

Der Schwerpunkt bewegt sich also wie ein Massenpunkt mit der Masse M; sein Zustand wird durch ebene Wellen beschrieben. Für den Betrag des Impulses des Schwerpunktes erhält man nach (30.8) $p=\frac{hk}{2\pi}$. Wenn wir den Schwerpunkt des Zweizentrensystems als ruhend betrachten, also voraussetzen, daß $p=0$ und somit auch $k=0$ ist, dann folgt aus (47.10) $\chi=1$ und $\varepsilon_k=0$.

Die zweite der beiden obenstehenden Gleichungen, die Gl. (47.8), führt zu einem interessanten Resultat. Diese Gleichung ist nämlich mit der *Schrödinger*-Gleichung (24.3) identisch, die das Verhalten eines einzelnen Teilchens in einem äußeren Potentialfeld beschreibt, in welchem das Teilchen die potentielle Energie V besitzt. Hiermit haben wir das Zweiteilchenproblem auf die *Schrödinger*-Gleichung eines einzelnen Teilchens zurückgeführt, in welcher statt der aus dem äußeren Potentialfeld resultierenden potentiellen Energie die Wechselwirkungsenergie der beiden Teilchen und statt der Masse m_0 des einzelnen Teilchens die reduzierte Masse der beiden Teilchen steht.

Im § 44 haben wir bei der Behandlung des Wasserstoffatoms vorausgesetzt, daß sich der Kern des Wasserstoffatoms im Zentrum des Koordinatensystems in Ruhe befindet. Mit Hilfe unseres eben diskutierten Resultates können wir nun die aus der Bewegung des Kerns (um den Schwerpunkt des aus dem Kern und Elektron bestehenden Systems) entstehende Korrektion sehr leicht angeben. Nach (44.18) sind die nicht korrigierten Energieniveaus des Wasserstoffatoms

$$E_n=-\frac{2\pi^2 m_0 Z^2 e^4}{h^2 n^2},$$

wo m_0 die Masse des Elektrons bezeichnet. Die aus der Kernbewegung resultierende Korrektion besteht darin, daß man statt m_0 die reduzierte Masse

$$m = \frac{m_0 M_0}{m_0 + M_0} = \frac{m_0}{1 + \frac{m_0}{M_0}}$$

des Elektrons und des Kerns (Protons) setzt, wo M_0 die Masse des Kerns bezeichnet. Die Korrektion bewirkt also, daß man die nicht-korrigierten Energieniveaus E_n mit dem Faktor

$$\frac{1}{1 + \frac{m_0}{M_0}} = 0{,}9994556\ \ldots,$$

zu multiplizieren hat, was in vollkommenem Einklang mit dem empirischen Resultat (8.16) steht.

In einem zweiatomigen Molekül kann man die Bindungskräfte in guter Näherung als harmonische Kräfte betrachten. Daher läßt sich die Wechselwirkungsenergie der beiden Atome in guter Näherung durch folgenden Ausdruck darstellen:

$$V = \frac{1}{2} k (r - r_0)^2 = \frac{1}{2} k x^2. \tag{47.11}$$

Hier bedeutet r die Entfernung der beiden Atomkerne voneinander, r_0 den der Gleichgewichtslage entsprechenden Kernabstand und $r - r_0 = x$ den Abstand von der Gleichgewichtslage. Die Wechselwirkungsenergie (47.11) ist identisch mit der im § 32 behandelten potentiellen Energie des harmonischen Oszillators. Dies bedeutet, daß man das zweiatomige Molekül in erster Näherung als einen harmonischen Oszillator betrachten kann. Somit entsprechen die aus der Vibration des Moleküls resultierenden Energieniveaus den Energieniveaus des harmonischen Oszillators. Diese Energieniveaus lassen sich nach (32.22) und (32.1) folgendermaßen darstellen

$$E_n = h\nu \left(n + \frac{1}{2}\right) = \frac{h}{2\pi} \sqrt{\frac{k}{m}} \left(n + \frac{1}{2}\right), \tag{47.12}$$

wo man hier für m die reduzierte Masse der beiden Atome zu setzen hat.

Aus dem Vibrationsspektrum läßt sich die Frequenz ν bestimmen und mit deren Hilfe erhält man aus der zweiten Form von E_n Aufschluß über die Größe der Bindungskräfte im Molekül. Für das HCl-Molekül ergibt sich z. B. aus spektroskopischen Daten $h\nu = 0{,}358$ eV und für die reduzierte Masse das 17/18-fache der Protonenmasse. Mit diesen Daten erhält man aus der zweiten Form von E_n in (47.12) für die Kraftkonstante

$$k = 4\pi^2 m \nu^2 = 0{,}490\ \text{kpond/cm},$$

was einem ziemlich großen Wert der Kraftkonstante einer makroskopischen Feder entspricht.

Die Energieniveaus der Rotation eines zweiatomigen Moleküls kann man in guter Näherung aus der Formel (46.5) für die Energieniveaus des räumlichen Rotators bestimmen. In dieser Formel hat man im Trägheitsmoment $\Theta = m r_0^2$ für m die reduzierte Masse und für r_0 den Kernabstand in der Gleichgewichtslage zu setzen. Es sei erwähnt, daß dieses Trägheitsmoment mit dem Trägheitsmoment des zweiatomigen Moleküls identisch ist, das sich auf eine Achse bezieht, die im Schwerpunkt des Moleküls auf die Kernverbindungslinie senkrecht steht. Dies läßt sich sofort zeigen, denn für dieses Trägheitsmoment des Moleküls ergibt sich

$$\Theta = m_1 r_1^2 + m_2 r_2^2,$$

wo

$$r_1 = \frac{m_2}{m_1 + m_2} r_0 \quad \text{und} \quad r_2 = \frac{m_1}{m_1 + m_2} r_0$$

ist; somit folgt

$$\Theta = \frac{m_1 m_2}{m_1 + m_2} r_0^2 = m r_0^2.$$

Mit Hilfe der Formel (46.5) läßt sich das Trägheitsmoment Θ aus den empirischen Energieniveaus der Rotation des Moleküls bestimmen. Wenn man m als bekannt voraussetzt, so kann man aus dem empirischen Wert von Θ den Kernabstand des Moleküls feststellen. Es ergibt sich so z. B. im Falle des HCl-Moleküls für r_0 der Wert $r_0 = 1{,}29$ Å.

Abschließend sei erwähnt, daß wir im § 42 bei der Behandlung des Deuterons ebenfalls auf Grund der im vorliegenden Paragraph erhaltenen Resultate vorgegangen sind. Das Problem des Deuterons läßt sich nämlich auf die *Schrödinger*-Gleichung eines einzelnen Teilchens zurückführen, dessen Masse die reduzierte Masse des Neutrons und Protons ist und das sich im Potentialfeld des gegenseitigen Wechselwirkungspotentials des Neutrons und Protons befindet.

V. Streuung von Teilchen

§ 48. Die Grundlagen der Theorie der Streuung Der Wirkungsquerschnitt

Bei den vorhergehenden Problemen haben wir uns hauptsächlich mit den gebundenen Zuständen eines Massenpunktes in verschiedenen Kraftfeldern befaßt und die Energie E des Teilchens in diesen Zuständen berechnet. Wenn man, wie üblich, den Wert Null des Potentials mit dem Wert des Potentials im Unendlichen gleichsetzt, dann erhält man für die Energie der gebundenen Zustände negative Werte. Die Zustände mit positiver Energie entsprechen Zuständen, in denen die Teilchen das Kraftfeld durchlaufen und durch das Kraftfeld gestreut werden. Mit diesen Zuständen befassen wir uns in diesem Kapitel. Bei den Streuungsproblemen ist das Energiespektrum der Teilchen kontinuierlich: Jeder positive Energiewert ist ein Eigenwert der *Schrödinger*-Gleichung; die Energie des einfallenden Teilchens kann beliebig sein, sie wird durch die experimentellen Anfangsbedingungen festgelegt. Unsere Aufgabe wird im folgenden nicht die Untersuchung der Energieeigenwerte E der Teilchen, sondern die ihrer Eigenfunktion ψ sein.

Die Grundaufgabe eines Streuungsproblems lautet folgendermaßen: Es sei eine parallele Garbe von Teilchen mit der Energie E und der Stromdichte s_0 gegeben, die in ein Potentialfeld, in dem ein Teilchen der Garbe die potentielle Energie $V(x, y, z)$ besitzt, eindringt. Vom Potentialfeld setzen wir voraus, daß es sich nur in einem endlichen begrenzten Teil des Raumes vom Wert Null merklich unterscheidet[1]. Die Aufgabe besteht darin, die Anzahl dn der Teilchen festzustellen, die in der Zeiteinheit in einen Raumwinkel $d\Omega$ gestreut werden, dessen Richtung im Verhältnis zum einfallenden Strahl die Polarwinkel ϑ und φ bestimmen.

Die in den Raumwinkel $d\Omega$ gestreute Anzahl dn der Teilchen ist zur Stromdichte s_0 und zum Raumwinkel $d\Omega$ proportional:

$$dn = \sigma(\vartheta, \varphi) s_0 d\Omega. \tag{48.1}$$

Den Proportionalitätsfaktor $\sigma(\vartheta, \varphi)$ nennt man den differentiellen Wirkungsquerschnitt. Dieser ist naturgemäß eine Funktion der Winkel ϑ und φ, die die Richtung der gestreuten Teilchen bestimmen. Die Gesamtzahl n der

---

[1] Dieser Bedingung entspricht von den praktisch wichtigen Kraftfeldern nur das *Coulomb*sche Kraftfeld nicht; deswegen werden wir uns mit der *Coulomb*schen Streuung besonders befassen (vgl. § 55).

gestreuten Teilchen ergibt sich aus der Integration von (48.1):

$$n = s_0 \int \sigma(\vartheta, \varphi) d\Omega = s_0 \sigma, \tag{48.2}$$

wo σ den totalen Wirkungsquerschnitt bezeichnet, der mit dem auf den vollen Raumwinkel erstreckten Integral des differentiellen Wirkungsquerschnittes gleich ist.

Die Grundaufgabe der quantenmechanischen Berechnung von Streuproblemen ist die Bestimmung des Wirkungsquerschnittes auf Grund der *Schrödinger*-Gleichung des Problems.

Wenn ein Teilchen mit der Masse m_0 in dem für die Streuung verantwortlichen Kraftfeld die potentielle Energie V besitzt, so hat die *Schrödinger*-Gleichung des Teilchens folgende Gestalt

$$\Delta\psi + \frac{8\pi^2 m_0}{h^2}\left(E - V(x, y, z)\right)\psi = 0,$$

wo E die positive kinetische Anfangsenergie des einfallenden Teilchens ist, die als bekannt betrachtet werden kann. Wenn man die Bezeichnungen

$$k = \sqrt{\frac{8\pi^2 m_0}{h^2} E} \quad \text{und} \quad U(x, y, z) = \frac{8\pi^2 m_0}{h^2} V(x, y, z) \tag{48.3}$$

einführt, so kann man die *Schrödinger*-Gleichung folgendermaßen schreiben

$$\Delta\psi + \left(k^2 - U(x, y, z)\right)\psi = 0. \tag{48.4}$$

Zur eindeutigen Bestimmung der Eigenfunktion ψ aus dieser Differentialgleichung muß man natürlich die Randbedingungen kennen. Im Falle von Streuproblemen muß ψ in großer Entfernung vom Streuzentrum in eine Superposition der den einfallenden Teilchen entsprechenden ebenen Welle und der den gestreuten Teilchen entsprechenden Kugelwelle übergehen. Wenn wir das Koordinatensystem so wählen, daß die Teilchen in Richtung der positiven z-Achse einfallen, so läßt sich diese Randbedingung folgendermaßen darstellen

$$\psi \approx N\left[e^{ikz} + f(\vartheta, \varphi)\frac{e^{ikr}}{r}\right] \quad \text{für} \quad r \to \infty. \tag{48.5}$$

Das in der eckigen Klammer stehende erste Glied beschreibt eine in Richtung der positiven z-Achse laufende ebene Welle, in der die Teilchen einen Impuls vom Betrag $p = kh/2\pi$ besitzen, das zweite Glied in der eckigen Klammer beschreibt eine Kugelwelle, deren Amplitude f richtungsabhängig ist. Die Normierungskonstante N wählen wir so, daß die Stromdichte der einfallenden Teilchen s_0 sei, woraus man

$$N = \sqrt{\frac{2\pi m_0 s_0}{hk}}$$

erhält.

Die radiale Stromdichte des gestreuten Strahlenbündels kann man aus (27.9) berechnen; es ergibt sich

$$s = \frac{h}{4\pi i m_0} N^2 |f(\vartheta, \varphi)|^2 \left(\frac{e^{-ikr}}{r} \frac{\partial}{\partial r} \frac{e^{ikr}}{r} - \frac{e^{ikr}}{r} \frac{\partial}{\partial r} \frac{e^{-ikr}}{r} \right) = \frac{s_0}{r^2} |f(\vartheta, \varphi)|^2.$$

Dem vom Streuzentrum in der Entfernung r auf den Richtungsstrahl senkrechten Flächenelement dF entspricht der Raumwinkel $d\Omega = dF/r^2$. Die Anzahl der gestreuten Teilchen, die durch das Flächenelement dF hindurchgehen, ist daher

$$dn = s\,dF = sr^2 d\Omega = |f(\vartheta, \varphi|^2 s_0 d\Omega.$$

Aus einem Vergleich dieses Ausdruckes mit (48.1) ergibt sich für den differentiellen Wirkungsquerschnitt

$$\sigma(\vartheta, \varphi) = |f(\vartheta, \varphi)|^2. \tag{48.6}$$

Wenn es also gelingt, die dem asymptotischen Verhalten (48.5) entsprechende Lösung der Wellengleichung zu bestimmen, dann erhält man aus der Amplitude $f(\vartheta, \varphi)$ der Kugelwelle sofort den differentiellen Wirkungsquerschnitt $\sigma(\vartheta, \varphi)$. Unsere Aufgabe beschränkt sich also auf die Bestimmung der Amplitude $f(\vartheta, \varphi)$.

§ 49. Die Methode der partiellen Wellen

Im folgenden befassen wir uns nur mit der Streuung von Teilchen in zentralsymmetrischen Kraftfeldern, d. h. in Feldern, in denen die potentielle Energie der Teilchen nur von der Entfernung r vom Kraftzentrum abhängt. In diesem Falle ist es zweckmäßig, die sogenannte Methode der partiellen Wellen anzuwenden, mit deren Hilfe sich die Lösung der Wellengleichung (48.4) auf die von gewöhnlichen (nur von einer Variable abhängigen) Differentialgleichungen zurückführen läßt. Hierzu entwickeln wir die Wellenfunktion ψ in eine Reihe der Eigenfunktionen des Drehimpulses $Y_l^m(\vartheta, \varphi)$. Da die z-Achse sowohl in bezug auf den einfallenden Strahl als auch in bezug auf das für die Streuung maßgebende Kraftfeld eine Symmetrieachse darstellt, ist ψ vom Azimut φ unabhängig. Als Folge dessen enthält die Reihenentwicklung von ψ nur solche Funktionen Y_l^m, die von φ ebenfalls unabhängig sind; für diese ist die magnetische Quantenzahl $m = 0$, sie sind daher, abgesehen von einem konstanten Faktor, mit den *Legendre*schen Polynomen $P_l(\cos\vartheta)$ identisch. Unsere Reihenentwicklung gestaltet sich also folgendermaßen

$$\psi = \frac{1}{r} \sum_{l=0}^{\infty} C_l u_l(r) P_l(\cos\vartheta). \tag{49.1}$$

Nach Einsetzen dieses Ausdruckes von ψ in die Gl. (48.4) ergibt sich für $u_l(r)$ die Differentialgleichung

$$\frac{d^2u_l(r)}{dr^2} + \left[k^2 - U(r) - \frac{l(l+1)}{r^2}\right] u_l(r) = 0. \tag{49.2}$$

Die Lösung dieser Differentialgleichung zweiter Ordnung ist nur dann eindeutig festgelegt, wenn man zwei Anfangsbedingungen hinzufügt.

Zur Feststellung dieser Bedingungen wollen wir das Verhalten von $u_l(r)$ in der unmittelbaren Nähe des Kraftzentrums untersuchen. Für $r \to 0$ kann man in der Gl. (49.2) die Glieder k^2 und $U(r)$ neben dem Glied $l(l+1)/r^2$ vernachlässigen, womit sich für die Differentialgleichung die folgende asymptotische Form ergibt

$$\frac{d^2u_l(r)}{dr^2} = \frac{l(l+1)}{r^2} u_l(r) \quad \text{für} \quad r \to 0. \tag{49.3}$$

Diese Gleichung läßt sich mit dem Ansatz $u_l(r) = r^p$ lösen. Nach Einsetzen in die Gl. (49.3) ergibt sich nämlich die Gleichung

$$p(p-1) = l(l+1),$$

woraus man für p die beiden Werte

$$p_1 = l + 1 \quad \text{und} \quad p_2 = -l$$

erhält. Die allgemeine Lösung von (49.3) lautet also

$$u_l(r) \approx K_1 r^{l+1} + K_2 \frac{1}{r^l} \quad \text{für} \quad r \to 0. \tag{49.4}$$

Die Wellenfunktion ψ darf nirgends unendlich werden; diese Bedingung wird für $r = 0$ nur dann erfüllt, wenn $u_l(0) = 0$ ist. In (49.4) muß daher $K_2 = 0$ sein. Hiernach kann man in $u_l(r)$ die Konstante K_1 als eine Normierungskonstante betrachten, die wir gleich $+1$ setzen können. Aus der Randbedingung folgt also für u_l

$$u_l(r) \approx r^{l+1} \quad \text{für } r \to 0, \tag{49.5}$$

womit u_l eindeutig festgelegt ist.

Im folgenden betrachten wir die Funktion $u_l(r)$ als bekannt. Ihre Bestimmung geschieht durch die Lösung der Differentialgleichung (49.2), die, abgesehen von den einfachsten Funktionen $U(r)$, nur durch numerische Integration durchgeführt werden kann.

Im Besitz der Funktionen $u_l(r)$ kann man die Eigenfunktion ψ des Streuungsproblemes nach (49.1) aufbauen. Die in diesem Ausdruck stehenden Entwicklungskoeffizienten C_l werden aus der Randbedingung (48.5) für ψ bestimmt.

Zur Berechnung der Koeffizienten C_l wollen wir zunächst untersuchen, wie sich $u_l(r)$ im Falle sehr großer Werte von r verhält. In sehr großer Entfernung vom Streuzentrum kann man in der Gl. (49.2) $U(r)$ sowie das Glied $l(l+1)/r^2$ im Verhältnis zu k^2 als verschwindend klein betrachten. Für sehr große Werte von r gestaltet sich also (49.2) folgendermaßen

$$\frac{d^2u_l(r)}{dr^2} + k^2u_l(r) = 0 \qquad \text{für } r \to \infty. \tag{49.6}$$

Die allgemeine Lösung dieser Gleichung lautet

$$u_l(r) \approx \frac{1}{k} A_l \sin\left(kr - \frac{l\pi}{2} + \delta_l\right) \qquad \text{für } r \to \infty. \tag{49.7}$$

Die hier auftretenden Integrationskonstanten

$$A_l = A_l(k) \quad \text{und} \quad \delta_l = \delta_l(k)$$

kann man natürlich nicht frei wählen, da der Verlauf von $u_l(r)$ durch (49.2) und (49.5) eindeutig festgelegt ist; die Bestimmung dieser Konstanten geschieht aus einem Vergleich der als bekannt vorausgesetzten (numerischen) Lösung $u_l(r)$ mit (49.7), woraus sich die Werte der Konstanten A_l und δ_l einfach feststellen lassen. Man kann also im folgenden A_l und δ_l als bekannt betrachten.

Wenn man den Ausdruck (49.7) in die Reihenentwicklung (49.1) der Eigenfunktion ψ einsetzt, dann gibt sich für ψ das folgende asymptotische Verhalten

$$\psi \approx \frac{1}{kr} \sum_{l=0}^{\infty} C_l A_l \left[\cos\delta_l \sin\left(kr - \frac{l\pi}{2}\right) + \sin\delta_l \cos\left(kr - \frac{l\pi}{2}\right)\right] P_l(\cos\vartheta) \tag{49.8}$$

$$\text{für } r \to \infty.$$

Damit wir diesen Ausdruck mit dem für ψ vorgeschriebenen Ausdruck (48.5) vergleichen können, müssen wir auch diesen nach den *Legendre*schen Polynomen in eine Reihe entwickeln.

Nach der Theorie der *Bessel*-Funktionen gilt für die Entwicklung der in Richtung der positiven z-Achse fortschreitenden ebenen Welle

$$e^{ikz} = e^{ikr\cos\vartheta} = \sum_{l=0}^{\infty} (2l+1) i^l \left(\frac{\pi}{2kr}\right)^{\frac{1}{2}} J_{l+\frac{1}{2}}(kr) P_l(\cos\vartheta).$$

Aus der Theorie der *Bessel*-Funktionen ist auch das für $r \to \infty$ gültige asymptotische Verhalten der *Bessel*-Funktion $J_{l+\frac{1}{2}}$ bekannt, und zwar gilt

$$J_{l+\frac{1}{2}}(kr) \approx \left(\frac{2}{\pi kr}\right)^{\frac{1}{2}} \sin\left(kr - \frac{l\pi}{2}\right) \qquad \text{für } r \to \infty.$$

Man erhält also für die Reihenentwicklung unserer ebenen Welle den folgenden asymptotischen Ausdruck

$$e^{ikz} \approx \frac{1}{kr} \sum_{l=0}^{\infty} (2l+1) i^l \sin\left(kr - \frac{l\pi}{2}\right) P_l(\cos\vartheta). \tag{49.9}$$

Für ein zentrales Potentialfeld wird die Amplitude f der gestreuten Kugelwelle unabhängig vom Azimut φ und eine Funktion des Polarwinkels ϑ allein. Die Amplitude $f(\vartheta)$ kann man ebenfalls nach *Legendre*schen Polynomen in eine Reihe entwickeln:

$$f(\vartheta) = \sum_{l=0}^{\infty} B_l P_l(\cos\vartheta). \tag{49.10}$$

Somit können wir nun die gesuchte Reihenentwicklung von (48.5) angeben. Nach (49.9) und (49.10) erhält man

$$\begin{aligned} \psi &\approx N \sum_{l=0}^{\infty} \left[(2l+1) i^l \frac{\sin\left(kr - \frac{l\pi}{2}\right)}{kr} + B_l \frac{e^{ikr}}{r} \right] P_l(\cos\vartheta) = \\ &= \frac{N}{kr} \sum_{l=1}^{\infty} i^l \left[(2l+1+ikB_l) \sin\left(kr - \frac{l\pi}{2}\right) + kB_l \cos\left(kr - \frac{l\pi}{2}\right) \right] P_l(\cos\vartheta)\,. \end{aligned} \tag{49.11}$$

Die asymptotische Entwicklung (49.8) wird mit der von (49.11) als Randbedingung vorgeschriebenen Entwicklung übereinstimmen, wenn in beiden Entwicklungen sowohl die Koeffizienten von $\sin\left(kr - \frac{l\pi}{2}\right)$ als auch die von $\cos\left(kr - \frac{l\pi}{2}\right)$ bzw. übereinstimmen. Hieraus ergeben sich die Gleichungen

$$\begin{aligned} C_l A_l \cos\delta_l &= N i^l (2l+1+ikB_l), \\ C_l A_l \sin\delta_l &= N i^l k B_l\,. \end{aligned} \tag{49.12}$$

Wie wir schon erwähnt haben, werden die Größen A_l und δ_l durch (49.2) und (49.5) festgelegt und können als bekannt betrachtet werden. Im Gleichungssystem (49.12) sind also nur die Entwicklungskoeffizienten C_l und B_l als unbekannt anzusehen, für die sich aus der Lösung dieses Gleichungssystems die Werte

$$\begin{aligned} C_l &= \frac{(2l+1) N i^l}{A_l} e^{i\delta_l}, \\ B_l &= \frac{2l+1}{2ik} (e^{i\delta_l} - 1) \end{aligned} \tag{49.13}$$

ergeben.

Uns interessieren in erster Linie die Entwicklungskoeffizienten B_l der Streuamplitude $f(\vartheta)$. Durch Einsetzen des Ausdruckes von B_l in (49.10) erhält man

$$f(\vartheta) = \frac{1}{2ik} \sum_{l=0}^{\infty} (2l+1)(e^{2i\delta_l} - 1)\, P_l(\cos\vartheta). \tag{49.14}$$

Diese Formel gibt die Lösung des Streuproblems; es ist uns somit gelungen, die Streuamplitude $f(\vartheta)$ mit Hilfe der Phasenkonstanten δ_l auszudrücken· die sich aus den Lösungen $u_l(r)$ der Differentialgleichung (49.2) ergeben. Für den differentiellen Wirkungsquerschnitt der Streuung erhält man nach (48.6)

$$\sigma(\vartheta) = \frac{1}{4k^2} \left| \sum_{l=0}^{\infty} (2l+1)(e^{2i\delta_l} - 1)\, P_l(\cos\vartheta) \right|^2 . \tag{49.15}$$

Der totale Wirkungsquerschnitt ergibt sich hieraus durch Integration über ϑ Mit Hilfe der nach der Theorie der *Legendre*schen Polynome gültigen beiden folgenden Relationen

$$\int_0^{\pi} P_{l'}(\cos\vartheta)\, P_l(\cos\vartheta) \sin\vartheta\, d\vartheta = 0 \qquad (\text{für } l' \neq l)$$

und

$$\int_0^{\pi} P_l^2(\cos\vartheta) \sin\vartheta\, d\vartheta = \frac{2}{2l+1}$$

erhält man für den totalen Wirkungsquerschnitt

$$\sigma = \int_0^{\pi} \sigma(\vartheta) 2\pi \sin\vartheta\, d\vartheta = \frac{4\pi}{k^2} \sum_{l=0}^{\infty} (2l+1) \sin^2\delta_l\, . \tag{49.16}$$

Die Formeln (49.15) und (49.16) für die Wirkungsquerschnitte können besonders in den Fällen angewendet werden, in denen die Summation nach l rasch konvergiert, so daß es genügt, in den Reihenentwicklungen nur einige der ersten Glieder in Betracht zu ziehen. Dies ist der Fall, wenn die einfallenden Teilchen von kleiner Energie sind.

Es sei noch erwähnt, daß die für Atomterme gebräuchliche Terminologie auch bei Streuproblemen angewendet wird. Die in (49.14) und (49.16) den Werten $l = 0, 1, 2, 3, \ldots$ entsprechenden Glieder nennt man die s-, p-, d-, f-, ... Streuamplituden bzw. Wirkungsquerschnitte.

Der totale Wirkungsquerschnitt steht in einem sehr interessanten Zusammenhang mit dem zu $\vartheta = 0$ gehörenden Wert der Streuamplitude. Für diesen Wert erhält man aus (49.14) mit Rücksicht darauf, daß $P_l(1) = 1$ ist,

$$f(0) = \frac{1}{2ik} \sum_{l=0}^{\infty} (2l+1)(e^{2i\delta_l} - 1) = \frac{1}{k} \sum_{l=0}^{\infty} (2l+1) \sin\delta_l\, (\cos\delta_l + i \sin\delta_l)\, .$$

Der totale Wirkungsquerschnitt ist nach (49.16) das $4\pi/k$-fache des imaginären Anteils dieses Ausdruckes, es ist also

$$\sigma = \frac{4\pi}{k} \operatorname{Im} f(0)\,. \tag{49.17}$$

Diesen wichtigen Zusammenhang nennt man »optisches Theorem«. Der physikalische Inhalt dieses Theorems ist der folgende: Vom einfallenden Strahl mit der Stromdichte s_0 werden $n = \sigma s_0$ Teilchen in verschiedene Richtungen des Raumes gestreut; um diesen Betrag vermindert sich also hinter dem Streuzentrum, d. h. in Richtung $\vartheta = 0$ die Intensität des Strahles. Diese Intensitätsverminderung kommt durch die Interferenz der beiden Glieder des asymptotischen Ausdruckes (48.5) – der einfallenden ebenen Welle und der gestreuten Kugelwelle – zustande. Dieses Interferenzglied ist zur Amplitude $f(0)$ der Vorwärtsstreuung proportional und muß die mit dem Wirkungsquerschnitt ausgedrückte Intensitätsverminderung des Strahles hinter dem Streuzentrum darstellen. Das optische Theorem gibt den Zusammenhang zwischen $f(0)$ und σ.

§ 50. Streuung an einer dreidimensionalen Potentialmulde

Als einfaches Beispiel wollen wir die Streuung von Teilchen an einer dreidimensionalen kugelförmigen Potentialmulde untersuchen. Die potentielle Energie eines Teilchens in der Potentialmulde sei durch (40.1) gegeben, wo a den Radius der kugelförmigen Mulde der potentiellen Energie des Teilchens und V_0 deren Tiefe bezeichnen.

Die Differentialgleichung (49.2) der partiellen Wellen $u_l(r)$ gestaltet sich nun folgendermaßen

$$\begin{aligned} &\frac{d^2u_l}{dr^2} + \left(\alpha^2 - \frac{l(l+1)}{r^2}\right) u_l = 0 \qquad \text{für } r < a\,, \\ &\frac{d^2u_l}{dr^2} + \left(k^2 - \frac{l(l+1)}{r^2}\right) u_l = 0 \qquad \text{für } r > a\,, \end{aligned} \tag{50.1}$$

wo

$$\alpha^2 = \frac{8\pi^2 m_0}{h^2}(E + V_0) = k^2 + \frac{8\pi^2 m_0}{h^2} V_0 \tag{50.2}$$

ist. Die Differentialgleichungen (50.1) stehen mit den Differentialgleichungen der *Bessel*schen Funktionen mit dem Index $l + \frac{1}{2}$ in engem Zusammenhang.

Die beiden voneinander linear unabhängigen Lösungen der zweiten, für $r > a$ gültigen Gleichung sind

$$j_l(kr) = \left(\frac{\pi kr}{2}\right)^{\frac{1}{2}} J_{l+\frac{1}{2}}(kr) \text{ und } n_l(kr) = \left(\frac{\pi kr}{2}\right)^{\frac{1}{2}} N_{l+\frac{1}{2}}(kr) , \qquad (50.3)$$

wo $J_{l+\frac{1}{2}}$ und $N_{l+\frac{1}{2}}$ die *Bessel*schen Funktionen erster bzw. zweiter Gattung bezeichnen[1]. Die allgemeine Lösung der zweiten Gl. (50.1) ist die Linearkombination dieser beiden Lösungen:

$$u_l(r) = b_1 j_l(kr) + c_1 n_l(kr) \qquad \text{für } r > a . \qquad (50.4)$$

Ganz ähnlich gestaltet sich die Lösung der für $r < a$ gültigen ersten Gl. (50.1) mit dem Unterschied, daß jetzt α statt k steht; man hat also

$$u_l(r) = b_2 j_l(\alpha r) + c_2 n_l(\alpha r) \qquad \text{für } r < a . \qquad (50.5)$$

Die Konstanten b_1, c_1 sowie b_2, c_2 werden durch die Randbedingungen festgelegt. Wir wollen zunächst die Anfangsbedingungen (49.5) erfüllen. Für sehr kleine Werte des Argumentes gelten für die *Bessel*schen Funktionen die folgenden asymptotischen Ausdrücke[2]

$$\left.\begin{aligned} J_{l+\frac{1}{2}}(x) &\approx \left(\frac{2}{\pi}\right) \frac{x^{l+\frac{1}{2}}}{(2l+1)!!} . \\ N_{l+\frac{1}{2}}(x) &\approx -\left(\frac{2}{\pi}\right)^{\frac{1}{2}} \frac{(2l-1)!!}{x^{l+\frac{1}{2}}} \end{aligned}\right\} \text{für } x \to 0 . \qquad (50.6)$$

Damit ergibt sich für das asymptotische Verhalten der Lösung (50.5)

$$u_l(r) \approx b_2 \frac{(\alpha r)^{l+1}}{(2l+1)!!} - c_2 \frac{(2l-1)!!}{(\alpha r)^l} .$$

Aus einem Vergleich dieses Ausdruckes mit der Anfangsbedingung (49.5) folgen für die Konstanten b_2 und c_2 die Werte

$$b_2 = \frac{(2l+1)!!}{\alpha^{l+1}} \text{ und } c_2 = 0 . \qquad (50.7)$$

Die Konstanten b_1 und c_1 werden aus der Forderung bestimmt, daß sich u_l sowie $\frac{du_l}{dr}$ bei $r = a$ stetig verhalten, woraus man die beiden folgenden

[1] In der matematischen Literatur werden die Funktionen $j_l(x)/x$, $n_l(x)/x$ sphärische Besselfunktionen genannt und mit $j_l(x)$ und $n_l(x)$ bezeichnet.

[2] Das Produkt $(2l + 1)!!$ ist wie üblich folgendermaßen definiert $(2l + 1)!! = 1 \cdot 3 \cdot 5 \cdot \ldots \cdot (2l+1)$.

Gleichungen erhält

$$\begin{aligned} \frac{(2l+1)!!}{\alpha^{l+1}} j_l(\alpha a) &= b_1 j_l(ka) + c_1 n_l(ka)\,, \\ \frac{(2l+1)!!}{k\alpha^l} j_l'(\alpha a) &= b_1 j'_l(ka) + c_1 n'_l(ka)\,, \end{aligned} \tag{50.8}$$

wo wir mit j'_l und n'_l die Ableitungen von j_l bzw. n_l bezeichnet haben. Aus der Lösung dieses Gleichungssystems erhält man

$$\begin{aligned} b_1 &= -\frac{(2l+1)!!}{\alpha^{l+1} k} \cdot \frac{\alpha j_l'(\alpha a)\, n_l(ka) - k j_l(\alpha a)\, n_l'(ka)}{j_l(ka)\, n_l'(ka) - j_l'(ka)\, n_l(ka)}\,, \\ c_1 &= +\frac{(2l+1)!!}{\alpha^{l+1} k} \cdot \frac{\alpha j_l'(\alpha a)\, j_l(ka) - k j_l(\alpha a)\, j_l'(ka)}{j_l(ka)\, n_l'(ka) - j_l'(ka)\, n_l(ka)}\,. \end{aligned} \tag{50.9}$$

Damit haben wir die partiellen Wellen $u_l(r)$ vollständig bestimmt.

Wir wollen nun feststellen, wie sich u_l in sehr großer Entfernung vom Kern verhält, und hieraus die Phasenkonstante δ_l bestimmen. Für das asymptotische Verhalten der *Bessel*schen Funktionen für $|x| \to \infty$ gilt

$$\left.\begin{aligned} J_{l+\frac{1}{2}}(x) &\approx \left(\frac{2}{\pi x}\right)^{\frac{1}{2}} \sin\left(x - \frac{l\pi}{2}\right), \\ N_{l+\frac{1}{2}}(x) &\approx -\left(\frac{2}{\pi x}\right)^{\frac{1}{2}} \cos\left(x - \frac{l\pi}{2}\right) \end{aligned}\right\} \text{ für } \quad |x| \to \infty\,. \tag{50.10}$$

Nach Einsetzen dieser Ausdrücke in (50.4) ergeben sich für u_l die folgenden asymptotischen Ausdrücke

$$\left.\begin{aligned} u_l(r) &\approx b_1 \sin\left(kr - \frac{l\pi}{2}\right) - c_1 \cos\left(kr - \frac{l\pi}{2}\right) = \\ &= (b_1^2 + c_1^2)^{\frac{1}{2}} \sin\left(kr - \frac{l\pi}{2} - \operatorname{arc\,tg} \frac{c_1}{b_1}\right) \end{aligned}\right\} \text{ für } \quad r \to \infty. \tag{50.11}$$

Wenn man den zweiten dieser Ausdrücke mit (49.7) vergleicht, so folgt

$$A_l = k(b_1^2 + c_1^2)^{\frac{1}{2}} \quad \text{und} \quad \operatorname{tg} \delta_l = -\frac{c_1}{b_1}\,, \tag{50.12}$$

womit man mit Rücksicht auf (50.9) das folgende Resultat erhält

$$\operatorname{tg} \delta_l = \frac{\alpha j_l'(\alpha a)\, j_l(ka) - k j_l(\alpha a)\, j_l'(ka)}{\alpha j_l'(\alpha a)\, n_l(ka) - k j_l(\alpha a) n_l'(ka)}\,. \tag{50.13}$$

In Abb. 23 sind die den partiellen Wellen mit $l = 0$, 1 und 2 entsprechenden Phasenkonstanten als Funktionen von k dargestellt. Der hieraus berechnete totale Wirkungsquerschnitt, ebenfalls als Funktion von k, wird in Abb. 24 veranschaulicht. Für sehr kleine Energien der einfallenden Teilchen ($ka \ll 1$) ist für eine p-Welle ($l = 1$) sowie für alle Wellen, die zu größeren Werten der Nebenquantenzahl l als $l = 1$ gehören, der Wirkungsquer-

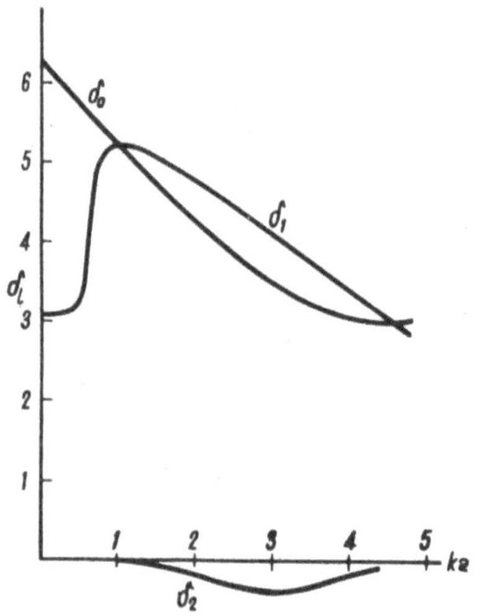

Abb. 23. Die Phasenkonstanten der partiellen Wellen s, p und d als Funktionen von k für den Fall, daß $8\pi^2 m_0 a^2 V_0/h^2 = 6{,}2$ ist. (Nach E. MERZBACHER: Quantum Mechanics, New York, Wiley, 1961)

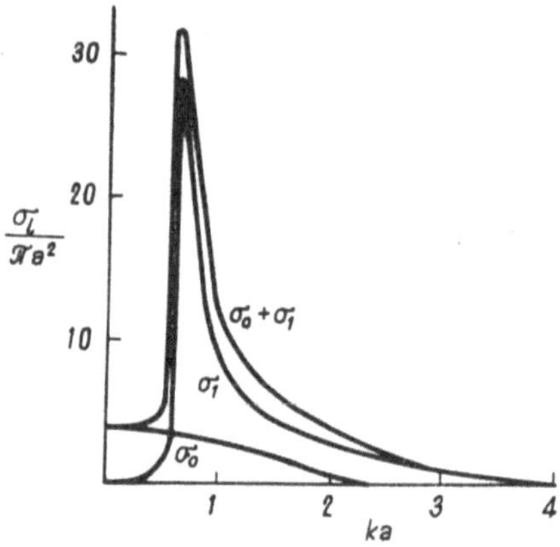

Abb. 24. Die den partiellen Wellen s und p entsprechenden vollständigen Wirkungsquerschnitte als Funktionen von k für den Fall, daß $8\pi^2 m_0 a^2 V_0/h^2 = 6{,}2$ ist. (Nach E. MERZBACHER: Quantum Mechanics, New York, Wiley, 1961)

schnitt im Verhältnis zu dem der s-Welle sehr klein und kann neben dem letzteren vernachlässigt werden. Für sehr große Energien der einfallenden Teilchen $ka \gg 1$ gehen die Wirkungsquerschnitte aller partiellen Wellen gegen Null. Im Bereich mittlerer Werte der Energien der einfallenden Teilchen entsteht ein sehr interessantes Phänomen. Aus den Abb. 23 und 24 ist ersichtlich, daß im Falle der Streuung an der von uns gewählten speziellen Potentialmulde die Phasenkonstante der p-Welle in der Nähe des Wertes $ka = 0{,}7$ plötzlich sehr steil und sprungartig anwächst, wobei sie den Wert $\frac{3\pi}{2}$ durchläuft und später langsam abfällt. Der den p-Wellen entsprechende totale Wirkungsquerschnitt

$$\sigma_1 = \frac{12\pi}{k^2} \sin^2\delta_1$$

durchläuft hierbei, wie man aus Abb. 24 sieht, ebenfalls mit einem sehr steilen Maximum den maximalen Wert $\frac{12\pi}{k^2}$. Dieses Phänomen nennt man Streuungsresonanz. Solche Streuungsresonanzen können natürlich in einer partiellen Welle mit jedem beliebigen Wert von l vorkommen; die Werte von k, bei denen die Streuungsresonanzen liegen, hängen von den Parameterwerten der für die Streuung maßgebenden Potentialmulde ab. Die allgemeine Theorie der Streuungsresonanzen behandeln wir im folgenden Paragraphen.

§ 51. Einheitliche Theorie der Streuungs- und der gebundenen Zustände. Streuungsresonanzen

Mit den gebundenen Zuständen in einem zentralen Kraftfeld haben wir uns im § 37 ausführlich befasst; wir haben gesehen, daß man die Eigenwerte aus der radialen *Schrödinger*-Gleichung (37.17) bestimmen kann, die hier noch einmal angegeben sei

$$\frac{d^2R}{dr^2} + \frac{2}{r}\frac{dR}{dr} - \frac{l(l+1)}{r^2} R + \frac{8\pi^2 m_0}{h^2}[E - V(r)]R = 0 .$$

Wenn wir in dieser Gleichung zur Abkürzung

$$\varkappa = \sqrt{-\frac{8\pi^2 m_0}{h^2} E} \qquad \text{und} \qquad U(r) = \frac{8\pi^2 m_0}{h^2} V(r), \tag{51.1}$$

weiterhin statt R die Funktion $u_l(r) = rR$ setzen, dann erhält diese Differentialgleichung folgende Gestalt:

$$\frac{d^2 u_l(r)}{dr^2} + \left[-\varkappa^2 - U(r) - \frac{l(l+1)}{r^2}\right] u_l(r) = 0 . \tag{51.2}$$

Diese Gleichung geht durch die Substitution $\varkappa \to ik$ in die Differentialgleichung (49.2) des Streuproblems über. Weiterhin können wir feststellen, daß die für die Funktion u_l gültigen Anfangsbedingungen für Streuungs- und gebundene Zustände identisch sind. In beiden Fällen muß man nämlich für das asymptotische Verhalten von u_l für $r \to 0$ den Ausdruck $u_l(r) \approx r^{l+1}$ vorschreiben, da sonst die Eigenfunktion ψ bei $r = 0$ nicht endlich bleiben würde. Das Problem der Streuungs- und gebundenen Zustände ist also, vom mathematischen Gesichtspunkt aus betrachtet, nahe verwandt, wodurch die Behandlung der beiden Probleme in einer einheitlichen Theorie ermöglicht wird. Unsere Grundgleichung bildet also die Differentialgleichung

$$\frac{d^2 u_l}{dr^2} + \left[q^2 - U(r) - \frac{l(l+1)}{r^2}\right] u_l = 0 , \tag{51.3}$$

wo q eine komplexe Zahl bedeutet. Für die Funktion u_l besteht die Anfangsbedingung

$$u_l(r) \approx r^{l+1} \quad \text{für} \quad r \to 0\,, \tag{51.4}$$

durch die die Lösung eindeutig festgelegt wird. Diejenige Lösung der Differentialgleichung (51.3), welche die Anfangsbedingung (51.4) erfüllt, werden wir im folgenden die »physikalische Lösung« der Gl. (51.3) nennen und durch $u_l = u_l(q, r)$ bezeichnen.

Wir wollen nun das asymptotische Verhalten von u_l für $r \to \infty$ untersuchen. Da in diesem Fall in (51.3) die Glieder $U(r)$ und $l(l+1)/r^2$ im Verhältnis zu q^2 vernachlässigt werden können, ergibt sich für die asymptotische Form unserer Differentialgleichung

$$\frac{d^2u_l}{dr^2} + q^2 u_l = 0\,. \tag{51.5}$$

Diese asymptotische Gleichung besitzt bekanntlich die beiden partikulären Lösungen e^{iqr} und e^{-iqr}, alle weiteren Lösungen dieser Differentialgleichung sind Linearkombinationen dieser beiden Lösungen. Das asymptotische Verhalten der physikalischen Lösung für $r \to \infty$ wird also durch folgenden Ausdruck dargestellt

$$u_l(q, r) \approx \frac{1}{2iq}\,[F_l(q)\, e^{iqr} + H_l(q) e^{-iqr}] \quad \text{für}\, r \to \infty, \tag{51.6}$$

wo man zur Bestimmung der Koeffizienten $F_l(q)$ und $H_l(q)$ vorerst die Differentialgleichung (51.3) mit der Anfangsbedingung (51.4) (z. B. auf numerischem Wege) zu lösen hat. Dies läßt sich für ein vorgegebenes Potential, d. h. für eine vorgegebene Funktion $U(r)$ immer durchführen, man kann daher im weiteren $F_l(q)$ und $H_l(q)$ als bekannt voraussetzen.

Im folgenden wollen wir uns mit einigen wichtigen Eigenschaften von $F_l(q)$ und $H_l(q)$ befassen. Die Gln. (51.3) und (51.4) bleiben bei der Substitution $q \to -q$ unverändert, daher sind die zu q und $-q$ gehörenden physikalischen Lösungen identisch; es ist also

$$u_l(q, r) = u_l(-q, r)\,. \tag{51.7}$$

Dies muß natürlich auch für $r \to \infty$ gelten, woraus die Gleichung

$$\frac{1}{2iq}\,[F_l(q)e^{iqr} + H_l(q)e^{-iqr}] = -\frac{1}{2iq}\,[F_l(-q)e^{-iqr} + H_l(-q)e^{iqr}]$$

folgt. Diese Gleichung kann nur dann bestehen, wenn

$$H_l(q) = -F_l(-q) \tag{51.8}$$

ist. Statt der zwei Koeffizienten in der Linearkombination (51.6) genügt es nur einen, z. B. $F_l(q)$, für alle Werte von q zu kennen, da nach (51.8) dann auch $H_l(q)$ bekannt ist. Dies bedeutet mit anderen Worten, daß sich das asymptotische Verhalten der physikalischen Lösung statt durch (51.6) durch die speziellere Formel

$$u_l(q, r) \approx \frac{1}{2iq}\,[F_l(q) e^{iqr} - F_l(-q) e^{-iqr}] \tag{51.9}$$

darstellen läßt.

Wir wollen nun die der Grundgleichung (51.3) und der Anfangsbedingung (51.4) entsprechende, konjugiert komplexe Gleichung bzw. Formel bilden. Aus dieser ist zu sehen, daß $[u_l(q, r)]^*$ sowohl die q^* entsprechende Differentialgleichung als auch die Anfangsbedingung erfüllt. Es ist also

$$[u_l(q, r)]^* = u_l(q^*, r)\,. \tag{51.10}$$

Hieraus ergibt sich unmittelbar, daß im Falle eines reellen oder rein imaginären Wertes von q die Funktion $u_l(q, r)$ reell ist, was sich bei der konkreten Berechnung von u_l als sehr wichtig erweist.

Auf Grund des Zusammenhanges (51.10) läßt sich weiterhin für den komplexen Wert von $F_l(q)$ eine wichtige Relation herleiten. Der Zusammenhang (51.10) kann nämlich für $r \to \infty$ nur dann bestehen, wenn

$$[F_l(q)]^* = F_l(-q^*) \tag{51.11}$$

ist. Diese Relation erweist sich bei konkreten Berechnungen ebenfalls als sehr wichtig. Zur Bestimmung von $F_l(q)$ genügt es nämlich, die Differentialgleichung (51.3) nur für die rechte Hälfte der komplexen q-Ebene, d. h. für $\operatorname{Re} q \geq 0$ zu lösen, auf der linken Seite der q-Ebene kann man den Wert von $F_l(q)$ aus (51.11) feststellen.

Wir geben den Zusammenhang (51.11) für zwei spezielle Fälle an. Wenn q eine reelle Zahl k ist, so folgt aus (51.11)

$$[F_l(k)]^* = F_l(-k)$$

und wenn q mit der rein imaginären Zahl $i\varkappa$ gleich ist, so erhält man aus (51.11)

$$[F_l(i\varkappa)]^* = F_l(i\varkappa)\,.$$

Für rein imaginäre Werte von q ergibt sich also für F_l eine reelle Zahl.

Im folgenden werden die Nullstellen der Funktion $F_l(q)$ eine wichtige Rolle spielen. Es sei q eine Wurzel der Gleichung

$$F_l(q) = 0. \tag{51.12}$$

Nach (51.11) ist dann

$$F_l(-q^*) = [F_l(q)]^* = 0\,,$$

d. h. es ist $-q^*$ ebenfalls eine Wurzel der Gl. (51.12). Die Wurzeln der Gl. (51.12) verteilen sich also auf der komplexen q-Ebene hinsichtlich der imaginären Achse symmetrisch.

Wenn $q = k - i\varkappa$, $(\varkappa > 0)$ eine auf die untere Hälfte der komplexen q-Ebene fallende Wurzel ist, läßt sich noch mehr feststellen. Es ergibt sich dann nach (51.9) für das asymptotische Verhalten der diesem q-Wert entsprechenden Funktion $u_l(q, r)$

$$u_l(q, r) \approx -\frac{1}{2iq} F_l(-k + i\varkappa) e^{-ikr} e^{-\varkappa r} \quad \text{für} \quad r \to \infty. \tag{51.13}$$

Da $\varkappa$ eine positive Zahl ist, verschwindet in diesem Fall die Funktion u für $r \to \infty$ exponentiell.

Wir multiplizieren nun die Differentialgleichung (51.3) mit $[u_l(q, r)]^*$ und die konjugiert komplexe Differentialgleichung (51.3) mit $u_l(q, r)$ und bilden die Differenz der so gewonnenen beiden Gleichungen. Es ergibt sich

$$\frac{d}{dr}\left[u_l(q, r) \frac{d}{dr}[u_l(q, r)]^* - [u_l(q, r)]^* \frac{d}{dr} u_l(q, r)\right] = (q^2 - q^{*2}) \, |u_l(q, r)|^2 .$$

Wenn wir die beiden Seiten nach r von 0 bis ∞ integrieren, so folgt

$$\left[u_l(q, r) \frac{d}{dr}[u_l(q, r)]^* - [u_l(q, r)]^* \frac{d}{dr} u_l(q, r)\right]_0^\infty = (q^2 - q^{*2}) \int_0^\infty |u_l(q, r)|^2 \, dr .$$

Der auf der linken Seite dieser Gleichung stehende Ausdruck geht für $r \to 0$ wegen (51.4) wie r^{2l+1} und für $r \to \infty$ wegen (51.13) wie $e^{-2\varkappa r}$ gegen Null, während das auf der rechten Seite stehende Integral einen von Null verschiedenen endlichen Wert hat. Die Gleichung kann also nur dann bestehen, wenn $q^2 = q^{*2}$, d. h. $q = \pm q^*$ ist. Für einen von Null verschiedenen positiven Wert von $\varkappa$ ist das nur dann möglich, wenn $q = -q^*$ ist; es muß also $k = 0$ und $q = -i\varkappa$ sein.

Zusammenfassend können wir also folgendes feststellen. Die Wurzeln der Gleichung $F_l(q) = 0$ liegen auf der Halbebene $\operatorname{Im} q > 0$ hinsichtlich der imaginären Achse symmetrisch verteilt und auf der Halbebene $\operatorname{Im} q < 0$ auf der imaginären Achse. Über die Verteilung der Wurzeln gibt Abb. 25 ein qualitatives Bild.

Wir können nun die physikalischen Lösungen $u_l(q, r)$ folgendermaßen klassifizieren:

1. *Streuungszustände.* Für diese ist q eine reelle positive Zahl k. Die diesem k-Wert entsprechende Funktion $u_l(k, r)$ ist mit der Lösung der Grundgleichung (49.2) des Streuungsproblems identisch. Das asymptotische Verhalten von $u_l(k, r)$ für $r \to \infty$ läßt sich leicht feststellen. Für einen reellen Wert der Wellenzahl k gestaltet sich $u_l(k, r)$ nach (51.9) folgendermaßen

$$\left.\begin{aligned} u_l(k, r) &\approx \frac{1}{2ik}[F_l(k) e^{ikr} - F_l(-k) e^{-ikr}] = \\ &= \frac{1}{2ik}[F_l(k) e^{ikr} - F_l^*(k) e^{-ikr}], \quad \text{für } r \to \infty . \end{aligned}\right\} \tag{51.14}$$

Mit Hilfe dieses Ausdruckes wollen wir nun den Zusammenhang bestimmen, der zwischen den Phasenkonstanten δ_l der Streuung und zwischen den Koeffizienten $F_l(k)$, die das asymptotische Verhalten von $u_l(k, r)$ determinieren, besteht. Hierzu schreiben wir die Formel (49.7), welche die Phasenkonstante definiert, mit Hilfe der Eulerschen Relationen in folgender Form

$$u_l(k, r) \approx \frac{1}{2ik} \left[A_l e^{i\left(\delta_l - \frac{l\pi}{2}\right)} e^{ikr} - A_l e^{-i\left(\delta_l - \frac{l\pi}{2}\right)} e^{-ikr}\right]. \quad (51.15)$$

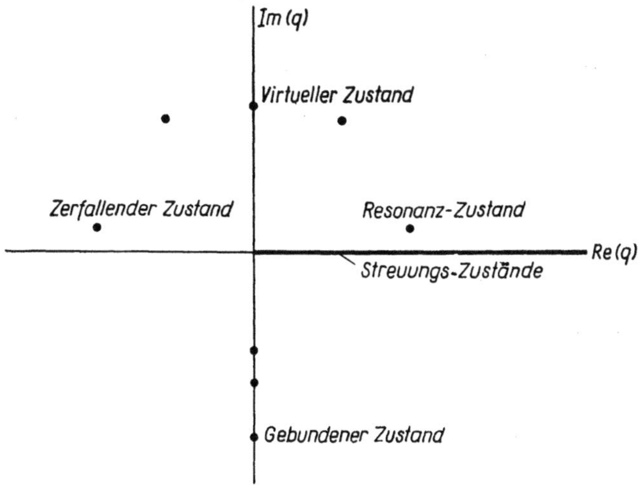

Abb. 25. Zur Klassifizierung der Lösungen der radialen *Schrödinger*-Gleichung. Die Punkte bezeichnen die Wurzeln der Gleichung $F_l(q) = 0$ auf der komplexen q-Ebene

Aus einem Vergleich von (51.14) und (51.15) folgt

$$F_l(k) = A_l(k) e^{i\left[\delta_l(k) - \frac{l\pi}{2}\right]}, \quad (51.16)$$

also

$$A_l(k) = |F_l(k)| \qquad \text{und} \qquad \delta_l(k) = \frac{l\pi}{2} + \arg F_l(k). \quad (51.17)$$

Den Werten der komplexen Funktion $F_l(k)$, die den reellen Werten von k, d. h. den Punkten auf der reellen k-Achse entsprechen, kommt eine wichtige physikalische Bedeutung zu: Nach (51.17) determinieren sie die Phasenkonstante der Streuung.

2. *Gebundene Zustände.* Für diese ist $q = -i\varkappa$ eine auf die negative imaginäre Achse fallende Wurzel der Gleichung $F_l(q) = 0$. Die Funktion $u_l(-i\varkappa, r)$ ist eine Lösung der Gl. (51.2), die überall endlich bleibt: Für $r \to 0$ verschwindet sie wie r^{l+1} und für $r \to \infty$ wie $e^{-\varkappa r}$. Eine solche Lösung der radialen *Schrödinger*-Gleichung entspricht einem gebundenen Zustand,

dessen Energieeigenwert nach (51.1)

$$E = -\frac{h^2 \varkappa^2}{8\pi^2 m_0} \tag{51.18}$$

beträgt. Die auf die negative imaginäre Achse fallenden Wurzeln der Gleichung $F_l(q) = 0$ determinieren also die Energieeigenwerte der gebundenen Zustände.

3. *Virtuelle Zustände.* In diesem Fall ist $q = \pm k_0 + i\varkappa$ eine auf die obere Hälfte der komplexen q-Ebene fallende Wurzel. Eine anschauliche physikalische Bedeutung kommt denjenigen virtuellen Zuständen zu, für die q sehr nahe zur reellen Achse liegt; im folgenden befassen wir uns nur mit diesen. Wir untersuchen zunächst einen virtuellen Zustand, der in das zweite Viertel der komplexen q-Ebene fällt, für den also $q = -k_0 + i\varkappa$ ist, wo k_0 und $\varkappa$ positive Zahlen bezeichnen.

Der Ausdruck (51.9), der das asymptotische Verhalten von u_l für $r \to \infty$ beschreibt, gestaltet sich jetzt wegen $F_l(q) = 0$ folgendermaßen

$$u_l(q, r) \approx -\frac{1}{2iq} F_l(-q)\, e^{-iqr} = -\frac{1}{2iq} F_l(-q) e^{ik_0 r} e^{\varkappa r} = \text{konst.} \cdot e^{\varkappa r} e^{ik_0 r}. \tag{51.19}$$

Der Faktor $e^{ik_0 r}$ beschreibt eine sich vom Streuzentrum entfernende Kugelwelle, deren Amplitude durch $e^{\varkappa r}$ moduliert ist. (Natürlich ist es nur dann gerechtfertigt, von einer modulierten Welle zu sprechen, wenn $e^{ik_0 r}$ viel schneller oszilliert, als sich $e^{\varkappa r}$ ändert, d. h. wenn $k_0 \gg \varkappa$ ist. Dies ist jedoch immer der Fall, wenn die Wurzel $q = -k_0 + i\varkappa$ in die Nähe der reellen Achse fällt.)

Wir bilden nun die der Funktion (51.19) entsprechende vollständige Wellenfunktion. Hierzu müssen wir den nur von r abhängigen Anteil u_l/r der Wellenfunktion einerseits mit dem nur von den Winkeln abhängigen Anteil $Y_l^m(\vartheta, \varphi)$ und andererseits mit dem von der Zeit abhängigen Anteil $e^{-\frac{2\pi i}{h}\varepsilon t}$ ergänzen, wo der Energieparameter ε jetzt folgende Form hat

$$\varepsilon = q^2 \frac{h^2}{8\pi^2 m_0}.$$

Die vollständige Wellenfunktion wird also

$$\Psi(x, y, z, t) = \frac{1}{r} u_l(q, r)\, Y_l^m(\vartheta, \varphi)\, e^{-\frac{2\pi i}{h}\varepsilon t} =$$

$$= \frac{1}{r} u_l(q, r)\, Y_l^m(\vartheta, \varphi)\, e^{-\frac{ih}{4\pi m_0}(k_0^2 - \varkappa^2 - 2ik_0\varkappa)t}.$$

In sehr großer Entfernung vom Streuzentrum gilt für $u_l(q, r)$ der Ausdruck (51.19); das asymptotische Verhalten von Ψ in sehr großer Entfernung vom Kern läßt sich also folgendermaßen darstellen

$$\Psi(x, y, z, t) \approx -\frac{1}{2iqr} F_l(-q)\, e^{\left[\varkappa r - \frac{hk_0\varkappa}{2\pi m_0} t\right]} e^{i\left[k_0 r - \frac{h}{4\pi m_0}(k_0 - \varkappa^2)t\right]} Y_l^m(\vartheta, \varphi)\,. \qquad (51.20)$$

Nach § 27 ergibt sich mit dieser Eigenfunktion für die Teilchendichte sowie für die radiale Stromdichte

$$\varrho(x, y, z, t) = \Psi^*\Psi \approx \left|\frac{F_l(-q)}{2q}\right|^2 \cdot \frac{e^{2\left[\varkappa r - \frac{hk_0\varkappa}{2\pi m_0} t\right]}}{r^2} \left| Y_l^m \right|^2,$$

$$s_r(x, y, z, t) = \frac{h}{4\pi i m_0}\left(\Psi^* \frac{\partial \Psi}{\partial r} - \Psi \frac{\partial \Psi^*}{\partial r}\right) \approx$$

$$\approx \frac{hk_0}{2\pi m_0}\left|\frac{F_l(-q)}{2q}\right|^2 \frac{e^{2\left[\varkappa r - \frac{hk_0\varkappa}{2\pi m_0} t\right]}}{r^2} \left| Y_l^m \right|^2.$$

Aus diesen Formeln kann man die wichtigsten physikalischen Eigenschaften des Zustandes Ψ ablesen. Unsere Formeln beschreiben das Feld der vom Streuzentrum (das sich im Ursprung des Koordinatensystems befindet) gestreuten Teilchen.

Für die radiale Geschwindigkeit v dieser Teilchen folgt auf Grund des Zusammenhanges $s_r = v\varrho$

$$v = \frac{s_r}{\varrho} = \frac{hk_0}{2\pi m_0}\,. \qquad (51.21)$$

Da k_0 und somit auch v positiv ist, entfernen sich die Teilchen vom Ursprung des Koordinatensystems (d. h. vom Streuzentrum) in radialer Richtung.

Für die radiale kinetische Energie eines Teilchens ergibt sich

$$E_0 = \frac{1}{2} m_0 v^2 = \frac{h^2 k_0^2}{8\pi^2 m_0}\,. \qquad (51.22)$$

Für die Gesamtintensität des durch die Kugelfläche mit dem Radius r hindurchtretenden Teilchenstromes erhält man

$$I(r, t) = \int s_r(x, y, z, t) r^2 \sin\vartheta \, d\vartheta \, d\varphi = I_0 e^{-\frac{2\pi}{h}\Gamma\left(t - \frac{r}{v}\right)}, \qquad (51.23)$$

wo I_0 eine vom Ort und von der Zeit unabhängige Konstante bezeichnet und

$$\Gamma = \frac{h^2 k_0 \varkappa}{2\pi^2 m_0} \qquad (51.24)$$

ist.

Die Eigenfunktion Ψ beschreibt also einen Zustand, bei dem sich die Teilchen mit der radialen Geschwindigkeit v von einer im Ursprung des Koordinatensystems befindlichen Quelle entfernen, deren Intensität mit der

Zeit exponentiell abnimmt. Einen solchen Zustand nennt man einen (radioaktiv) zerfallenden Zustand. Die Halbwertszeit des Zerfalles, d. h. die Zeit T, in der sich die Intensität I auf die Hälfte vermindert, läßt sich aus der Gleichung

$$e^{-\frac{2\pi}{h}\Gamma T} = \frac{1}{2}$$

feststellen, aus der

$$T = \frac{h \ln 2}{2\pi\Gamma} = \frac{m_0 \pi \ln 2}{h k_0 \varkappa} \tag{51.25}$$

folgt.

Wir wollen nun solche virtuelle Zustände untersuchen, die auf das erste Viertel der komplexen q-Ebene fallen. In diesem Falle ist $q = k_0 + i\,\varkappa$, wo k_0 und $\varkappa$ positive Zahlen bezeichnen. Da es sich um einen virtuellen Zustand handelt, ist q eine Wurzel der Gleichung $F_l(q) = 0$. Wir fassen nun die Ableitung von $F_l(q)$ nach q, die wir mit $F_l'(q)$ bezeichnen, näher ins Auge. $F_l'(q)$ ist eine komplexe Zahl, deren Betrag wir mit B_l und deren Argument wir mit $\left(\Phi_l - \frac{l\pi}{2}\right)$ bezeichnen; wir setzen also

$$F_l'(q) = B_l e^{i\left(\Phi_l - \frac{l\pi}{2}\right)}. \tag{51.26}$$

Gemäß unserer Voraussetzung liegt die Wurzel q sehr nahe zur reellen Achse, d. h. es ist

$$\varkappa \ll k_0 .$$

Wir betrachten nun auf der reellen Achse die unmittelbare Umgebung von k_0 näher (vgl. Abb. 26) und berechnen in diesem Bereich die Phasenkonstante $\delta_l(k)$ der Streuung. Hierzu entwickeln wir zunächst F_l in eine *Taylor*sche Reihe nach Potenzen von $k - q$:

$$F_l(k) = F_l(q) + F_l'(q)(k - q) + \cdots.$$

Da k und q voraussetzungsgemäß nahe zueinander liegen, kann man die höheren Potenzen von $k - q$ vernachlässigen und die Reihe nach dem zweiten Glied abbrechen. Mit Rücksicht auf (51.12) und (51.26) gestaltet sich dann der Ausdruck für $F_l(k)$ folgendermaßen

$$F_l(k) = B_l e^{i\left(\Phi_l - \frac{l\pi}{2}\right)}(k - k_0 - i\varkappa), \tag{51.27}$$

woraus man die zur Wellenzahl k gehörende Phasenkonstante aus (51.17) bestimmen kann. Man erhält

$$\delta_l(k) = \Phi_l - \operatorname{arctg}\frac{\varkappa}{k - k_0}. \tag{51.28}$$

Die Phasenkonstante setzt sich also aus zwei Gliedern zusammen: Das eine ist die von k unabhängige Konstante Φ_l, das andere, sogenannte Resonanzglied, ist von k abhängig und hat folgende Gestalt

$$\delta_l^{\text{Rez.}}(k) = -\operatorname{arctg}\frac{\varkappa}{k - k_0}. \tag{51.29}$$

Das Resonanzglied erreicht für $k = k_0$ den sogenannten Resonanzwert $\pi/2$. Für den Wirkungsquerschnitt der Resonanzstreuung ergibt sich also

$$\sigma_l^{\text{Rez.}} = \frac{4\pi(2l+1)}{k^2}\sin^2\delta_l \approx \frac{4\pi(2l+1)}{k_0^2}\,\frac{\varkappa^2}{(k-k_0)^2+\varkappa^2}, \tag{51.30}$$

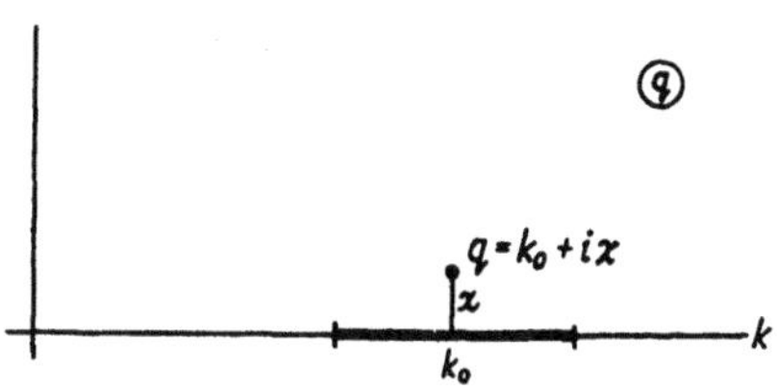

Abb. 26. Der Bereich der Resonanzstreuung

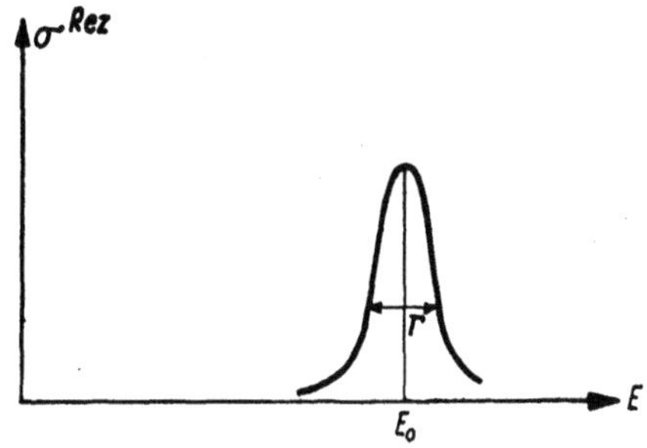

Abb. 27. Der Wirkungsquerschnitt der Resonanzstreuung als Funktion der Energie des einfallenden Teilchens. E_0 ist die Resonanzenergie und Γ die Resonanzbreite

wobei wir im ersten Glied k_0 statt k setzen, was auf Grund unserer Annahmen in guter Näherung gerechtfertigt ist.

Wir wollen nun den Wirkungsquerschnitt mit Hilfe der Energie $E = h^2k^2/8\pi^2m_0$ der einfallenden Teilchen ausdrücken. Mit den Bezeichnungen (51.22) und (51.24) läßt sich bei Vernachlässigung von Gliedern höherer Ordnung der Energiedifferenz $E - E_0$, (51.30) in folgender Form darstellen

$$\sigma_l^{\text{Rez.}} \approx \frac{\text{konst.}}{(E-E_0)^2+\Gamma^2}, \tag{51.31}$$

wo der Faktor konst. eine von der Energie E unabhängige Konstante bezeichnet. Die Formel (51.31) nennt man die *Wigner—Breit*sche Formel. Der daraus berechnete Resonanzquerschnitt ist in Abb. 27 dargestellt. Die Resonanzstreuung besitzt bei $E = E_0$ ein sehr ausgeprägtes, steiles Maximum, für dessen Breite die Konstante Γ maßgebend ist, die man Resonanzbreite nennt.

Wir haben weiter oben gesehen, daß sich die Wurzeln der Gl. (51.12) auf der q-Ebene in bezug auf die imaginäre Achse symmetrisch verteilen. Dies bedeutet, daß jedem zerfallenden Zustand eine Streuungsresonanz entspricht und umgekehrt. Die kinetische Energie E_0 des aus dem zerfallenden Zustand entweichenden Teilchens ist mit der Resonanzenergie der Streuung gleich und die Halbwertszeit T des zerfallenden Zustandes steht nach (51.25) mit der Resonanzbreite in dem Zusammenhang $T = h \ln 2/(2\pi\Gamma)$. Durch Beobachtung der zerfallenden Zustände kann man auf die Lage und Breite der Streuungsresonanzen schließen und umgekehrt: Wenn in der Streuung ein Resonanzmaximum beobachtet wird, so existiert immer ein zerfallender Zustand.

§ 52. Der radioaktive α-Zerfall

Beim α-Zerfall eines α-radioaktiven Kerns treten aus dem Kern α-Teilchen, d. h. He-Kerne aus. Einen natürlichen α-Zerfall weisen, abgesehen von einem Isotop des Samariums, nur die schwersten Elemente auf. Die Grenze ist dort sehr scharf: Das schwerste stabile Element ist das Isotop mit der Massenzahl 209 des Bismuts, während das leichteste Element, das α-Teilchen emittiert, das Polonium mit der Massenzahl 210 ist. Für die verschiedenen Elemente, die α-Teilchen emittieren, sind die kinetische Energie der α-Teilchen sowie die Halbwertszeit im allgemeinen verschieden. Zwischen der Energie der α-Teilchen und der Halbwertszeit besteht ein wichtiger Zusammenhang, den Geiger und Nuttal entdeckt haben. Dieser Zusammenhang besagt, daß die kinetische Energie der α-Teilchen um so kleiner ist, je größer die Halbwertszeit des betreffenden α-aktiven Elementes ist. Diese Regel konnte nur auf Grund der Quantenmechanik begründet werden, und zwar erstmalig von Gamow[1]. Im folgenden werden wir uns mit der Theorie von Gamow befassen.

Ein Atomkern übt infolge seiner positiven elektrischen Ladung auf eine andere positive Ladung, z. B. auf ein α-Teilchen – abgesehen von der unmittelbaren Umgebung und dem Inneren des Kerns – eine Abstoßung aus, die um so größer ist, je näher zum Kern sich das α-Teilchen befindet. Die in Richtung zum Kern hin wachsende Abstoßung einer positiven Ladung wird durch die elektrostatische *Coulomb*sche potentielle Wechselwirkungsenergie des Kerns mit der betreffenden Ladung beschrieben. Diese Wechselwirkungsenergie ist für ein α-Teilchen $2\,Ze^2/r$, wo Z die Kernladungszahl bezeichnet. Im § 2 haben wir jedoch gesehen, daß bei sehr kleinen Entfernungen vom Kern, von der Größenordnung 10^{-12} cm, die Abstoßung des Kerns in eine starke Anziehung übergeht. Von dort an steigt also die potentielle Energie des α-Teilchens in Richtung auf den Kern zu nicht mehr weiter an, sondern fällt plötzlich ab, wodurch sich im Kern eine Potentialenergiemulde bildet, die von den außerhalb des Kerns liegenden Gebieten durch einen Potentialenergiewall getrennt ist, wie dies Abb. 28a veranschaulicht. Der Einfachheit halber werden wir im folgenden diesen Wall der potentiellen Energie nähe-

[1] G. *Gamow*, Z. Phys. *51*, 204 (1928).

rungsweise durch einen in Abb. 28b dargestellten rechteckigen Potentialenergiewall ersetzen.

Für $l = 0$, d. h. für eine s-Welle, die wir zuerst betrachten wollen, lautet die radiale *Schrödinger*-Gleichung unseres Problems

$$\frac{d^2u_0}{dr^2} + q^2u_0 = 0 \qquad \text{für } r < a_1,$$

$$\frac{d^2u_0}{dr^2} - p^2u_0 = 0 \qquad \text{für } a_1 < r < a_2, \tag{52.1}$$

$$\frac{d^2u_0}{dr^2} + q^2u_0 = 0 \qquad \text{für } r > a_2,$$

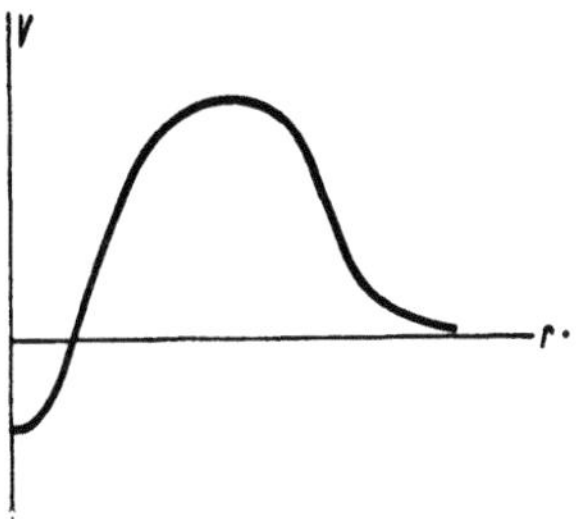

Abb. 28a. Verlauf der potentiellen Energie eines α-Teilchens im Kern. Potentialenergiemulde und Potentialenergiewall

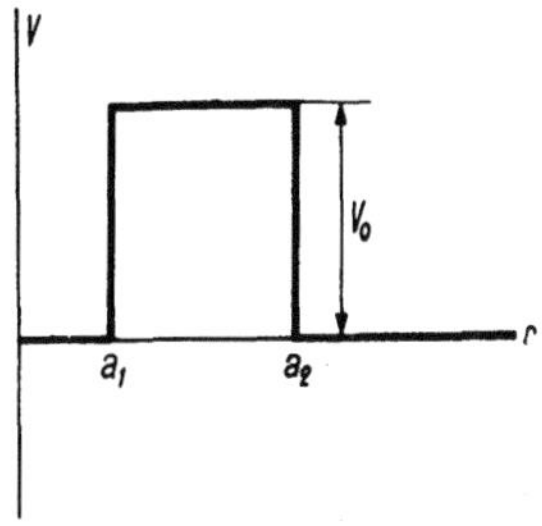

Abb. 28b. Rechteckiger Potentialenergiewall

wo die Bedeutung von a_1 und a_2 aus Abb. 28b ersichtlich ist und wir zur Abkürzung die Bezeichnung

$$p = p(q) = \sqrt{\frac{8\pi^2 m_0}{h^2} V_0 - q^2} \tag{52.2}$$

eingeführt haben.

Die allgemeinen Lösungen der Differentialgleichungen (52.1) sind bekanntlich

$$u_0 = b_1 \sin(qr) + c_1 \cos(qr) \qquad \text{für } r < a_1,$$

$$u_0 = b_2 e^{p(r - a_1)} + c_2 e^{-p(r - a_1)} \qquad \text{für } a_1 < r < a_2, \tag{52.3}$$

$$u_0 = b_3 e^{iq(r - a_2)} + c_3 e^{-iq(r - a_2)} \qquad \text{für } r > a_2 .$$

Unsere erste Aufgabe besteht in der Bestimmung der Integrationskonstanten. Aus der für die physikalische Lösung vorgeschriebenen Anfangsbedingung (51.4) folgt

$$b_1 = \frac{1}{q} \text{ und } c_1 = 0 . \tag{52.4}$$

Die Konstanten b_2 und c_2 werden durch die Forderung festgelegt, daß u_0 und ihre Ableitung nach r bei $r = a_1$ stetig verlaufen, woraus

$$
\begin{aligned}
b_2 &= \frac{1}{2q}\left(\sin(qa_1) + \frac{q}{p}\cos(qa_1)\right), \\
c_2 &= \frac{1}{2q}\left(\sin(qa_1) - \frac{q}{p}\cos(qa_1)\right)
\end{aligned}
\tag{52.5}
$$

folgt. Die Konstanten b_3 und c_3 werden aus der für $r = a_2$ gültigen analogen Stetigkeitsforderung bestimmt, aus der man die Werte

$$
\begin{aligned}
b_3 = \frac{1}{4q}\Bigg[&\left(1 - \frac{ip}{q}\right)\left(\sin(qa_1) + \frac{q}{p}\cos(qa_1)\right)e^{pd} + \\
&+ \left(1 + \frac{ip}{q}\right)\left(\sin(qa_1) - \frac{q}{p}\cos(qa_1)\right)e^{-pd}\Bigg], \\
c_3 = \frac{1}{4q}\Bigg[&\left(1 + \frac{ip}{q}\right)\left(\sin(qa_1) + \frac{q}{p}\cos(qa_1)\right)e^{pd} + \\
&+ \left(1 - \frac{ip}{q}\right)\left(\sin(qa_1) - \frac{q}{p}\cos(qa_1)\right)e^{-pd}\Bigg]
\end{aligned}
\tag{52.6}
$$

erhält, wobei wir zur Abkürzung $a_2 - a_1 = d$ setzten.

Wir wollen nun das Verhalten von u_0 für $r \to \infty$ untersuchen. Der letzte Ausdruck in (52.3) entspricht gerade der asymptotischen Formel (51.9). Aus dem Vergleich der beiden Ausdrücke folgt

$$
\frac{1}{2iq}F_0(q) = b_3 e^{-iqa_2} \quad \text{und} \quad -\frac{1}{2iq}F_0(-q) = c_3 e^{iqa_2}.
$$

Wenn man in diese Ausdrücke die Werte (52.6) der Konstanten einsetzt, so ergibt sich folgendes Endresultat

$$
\begin{aligned}
F_0(q) = \frac{i}{2}e^{-iqa_2}\Bigg[&\left(1 - \frac{ip}{q}\right)\left(\sin(qa_1) + \frac{q}{p}\cos(qa_1)\right)e^{pd} + \\
&+ \left(1 + \frac{ip}{q}\right)\left(\sin(qa_1) - \frac{q}{p}\cos(qa_1)\right)e^{-pd}\Bigg].
\end{aligned}
\tag{52.7}
$$

Nach den in den vorhergehenden Paragraphen hergeleiteten Resultaten lassen sich alle physikalischen Eigenschaften der s-Zustände aus der Form für $F_0(q)$ entnehmen. Z. B. hat man zur Bestimmung der Halbwertszeit und der Geschwindigkeit der emittierten α-Teilchen die Wurzeln der Gleichung $F_0(q) = 0$ zu berechnen, die sich nach einer Umformung von (52.7) in folgender Form schreiben läßt

$$
\frac{p\sin(qa_1) + q\cos(qa_1)}{p\sin(qa_1) - q\cos(qa_1)} = -\frac{q + ip}{q - ip}e^{-2pd}. \tag{52.8}
$$

Diese Gleichung beschreibt die zerfallenden Zustände. Die Wurzeln dieser transzendenten Gleichung kann man nur mit numerischen oder graphischen Methoden bestimmen. Die Verteilung der Wurzeln auf der komplexen q-Ebene wird für verschiedene Werte von V_0 in Abb. 29 veranschaulicht. Aus dieser ist zu sehen, daß mit wachsendem V_0 die Wurzel $q = -k_0 + i\,\varkappa$ sich dem Ursprung des Koordinatensystems ständig nähert; die Werte von k_0

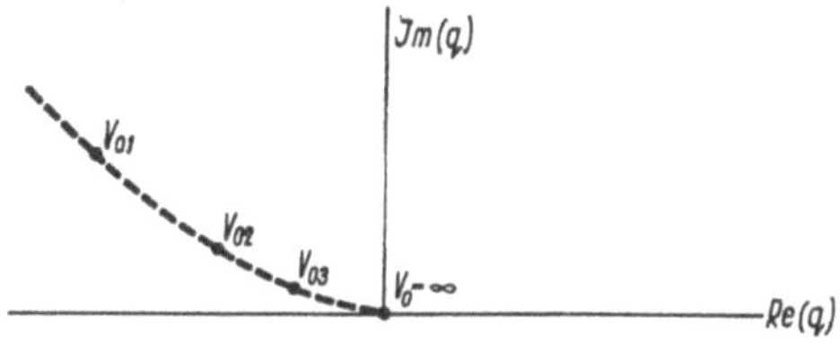

Abb. 29. Zerfallende Zustände im Falle eines rechteckigen Walls der potentiellen Energie. Die Werte $V_{01} < V_{02} < V_{03} < \ldots$ bezeichnen die wachsenden Werte des Potentialenergiewalls

und $\varkappa$ nehmen also ständig ab. Aus (51.22) und (51.25) folgt dann, daß mit wachsendem V_0 die kinetische Energie der α-Teilchen kleiner und die Halbwertszeit größer wird. Dies bedeutet, daß einer größeren Halbwertszeit eine kleinere kinetische Energie der α-Teilchen entspricht und umgekehrt, im besten Einklang mit dem *Geiger–Nuttal*schen Gesetz.

§ 53. Die Integralgleichungsmethode

Nach dem im § 51 Gesagten ist die wesentliche Aufgabe bei der Berechnung der Streuung in einem zentralen Potentialfeld die Lösung der radialen *Schrödinger*-Gleichung (51.3) und die Bestimmung des Koeffizienten $F_l(q)$, der für das asymptotische Verhalten der physikalischen Lösung maßgebend ist. Mit Hilfe von $F_l(q)$ kann man sowohl die Energie der gebundenen Zustände als auch die Wirkungsquerschnitte einfach berechnen. Die Lösung der radialen *Schrödinger*-Gleichung läßt sich mit der sogenannten Integralgleichungsmethode sehr beschleunigen, insbesondere wenn elektronische Rechenmaschinen zur Verfügung stehen. Im folgenden befassen wir uns mit dieser Methode.

Wir machen für die physikalische Lösung folgenden Ansatz

$$u_l\,(q, r) = \xi(r) j_l(qr) + \eta(r)\, n_l(qr)\,; \tag{53.1}$$

hier bedeuten ξ und η zwei einstweilen unbekannte Funktionen und j_l und n_l die beiden durch (50.3) definierten Funktionen. Da wir statt der unbekannten Funktion u_l die beiden Funktionen ξ und η einführen, können wir zwischen diesen noch einen Zusammenhang vorschreiben, den wir folgendermaßen wählen

$$\frac{d\xi}{dr} j_l(qr) + \frac{d\eta}{dr} n_l(qr) = 0. \tag{53.2}$$

Wir wollen nun den Ausdruck (53.1) für $u_l(q, r)$ in die *Schrödinger*-Gleichung (51.3) einsetzen. Hierzu bilden wir zunächst die erste und zweite Ableitung von $u_l(q, r)$ nach r, für die sich mit Berücksichtigung von (53.2)

$$\frac{du_l(q,r)}{dr} = \xi(r) \frac{dj_l(qr)}{dr} + \eta(r) \frac{dn_l(qr)}{dr} \tag{53.3}$$

und

$$\frac{d^2u_l(q,r)}{dr^2} = \xi(r) \frac{d^2j_l(qr)}{dr^2} + \eta(r) \frac{d^2n_l(qr)}{dr^2} + \frac{d\xi}{dr} \frac{dj_l(qr)}{dr} + \frac{d\eta}{dr} \frac{dn_l(qr)}{dr} \tag{53.4}$$

ergibt. Nach Einsetzen von (53.4) in die radiale *Schrödinger*-Gleichung (51.3) folgt die Gleichung

$$\begin{aligned} \frac{d\xi}{dr} \frac{dj_l(qr)}{dr} + \frac{d\eta}{dr} \frac{dn_l(qr)}{dr} = \\ = -\xi(r) \left[\frac{d^2j_l(qr)}{dr^2} + \left(q^2 - U(r) - \frac{l(l+1)}{r^2}\right) j_l(qr)\right] - \\ -\eta(r) \left[\frac{d^2n_l(qr)}{dr^2} + \left(q^2 - U(r) - \frac{l(l+1)}{r^2}\right) n_l(qr)\right]. \end{aligned} \tag{53.5}$$

Die Funktionen $j_l(qr)$ und $n_l(qr)$ erfüllen die Differentialgleichung (50.1), die sich auf den kräftefreien Fall bezieht. Es ist also

$$\begin{aligned} \frac{d^2j_l(qr)}{dr^2} + \left(q^2 - \frac{l(l+1)}{r^2}\right) j_l(qr) = 0\,, \\ \frac{d^2n_l(qr)}{dr^2} + \left(q^2 - \frac{l(l+1)}{r^2}\right) n_l(qr) = 0\,. \end{aligned} \tag{53.6}$$

Demzufolge gestaltet sich die Gl. (53.5) folgendermaßen

$$\frac{d\xi}{dr} \frac{dj_l(qr)}{dr} + \frac{d\eta}{dr} \frac{dn_l(qr)}{dr} = U(r) u_l(q, r)\,. \tag{53.7}$$

Die Gln. (53.2) und (53.7) kann man als ein Gleichungssystem mit den beiden Unbekannten $\frac{d\xi}{dr}$ und $\frac{d\eta}{dr}$ betrachten, aus dem diese Größen berechnet werden können. Wir benutzen bei der Lösung dieses Gleichungssystems die zwischen den *Bessel*schen Funktionen (50.3) bestehende Relation

$$\frac{dn_l(qr)}{dr} j_l(qr) - \frac{dj_l(qr)}{dr} n_l(qr) = q. \tag{53.8}$$

Mit deren Hilfe ergibt sich

$$\begin{aligned} \frac{d\xi}{dr} &= -\frac{1}{q} n_l(qr) U(r) u_l(q, r) , \\ \frac{d\eta}{dr} &= \frac{1}{q} j_l(qr)\, U(r) u_l(q, r) . \end{aligned} \tag{53.9}$$

Durch Integration dieser Gleichungen erhält man ξ und η.

Hierzu müssen wir jedoch die für die Funktionen ξ und η gültigen Anfangsbedingungen kennen. Das Verhalten der Funktionen j_l und n_l für $r \to 0$ läßt sich mit Hilfe von (50.6) feststellen; es ergibt sich

$$j_l(qr) \approx \frac{(qr)^{l+1}}{(2l+1)!!} \quad \text{und} \quad n_l(qr) \approx -\frac{(2l-1)!!}{(qr)^l} \quad \text{für}\, r \to 0 . \tag{53.10}$$

Der Ansatz (53.1) erfüllt die für die physikalische Lösung bestehende Bedingung (51.4), wenn

$$\xi(0) = \frac{(2l+1)!!}{q^{l+1}} \quad \text{und} \quad \eta(0) = 0 \tag{53.11}$$

ist.

Mit Rücksicht auf diese Bedingungen führt die Integration der Gln. (53.9) zu folgendem Resultat

$$\left.\begin{aligned} \xi(r) &= \frac{1}{q}\left[\frac{(2l+1)!!}{q^l} - \int_0^r n_l(qr')\, U(r')\, u_l(q, r') dr'\right], \\ \eta(r) &= \frac{1}{q}\int_0^r j_l(qr')\, U(r') u_l(q, r') dr' . \end{aligned}\right\} \tag{53.12}$$

Nach Einsetzen dieser Ausdrücke in (53.1) ergibt sich die gesuchte Integralgleichung

$$u_l(q, r) = \frac{1}{q}\left[\frac{(2l+1)!!}{q^l} j_l(qr) + \int^r \{n_l(qr) j_l(qr') - j_l(qr) n_l(qr')\}\, U(r') u_l(q, r') dr'\right]. \tag{53.13}$$

Dies ist eine inhomogene Integralgleichung vom *Volterra*schen Typ, durch die $u_l(q\ r)$ eindeutig bestimmt wird.

Wir, untersuchen nun das Verhalten von u_l für den Grenzfall $r \to \infty$. Das asymptotische Verhalten der Funktionen j_l und n_l für diesen Fall wird durch (50.10) bestimmt und führt zu folgendem Resultat

$$\left.\begin{aligned} j_l(qr) &\approx \sin\left(qr - \frac{l\pi}{2}\right), \\ n_l(qr) &\approx -\cos\left(qr - \frac{l\pi}{2}\right) \end{aligned}\right\} \text{ für } r \to \infty. \tag{53.14}$$

Im Integral von (53.13) kann man für die obere Grenze des Integrals ∞ setzen, da für sehr große Werte von r die Funktion $U(r)$ verschwindend klein wird. Man erhält daher aus (53.13) den für $r \to \infty$ gültigen asymptotischen Ausdruck von $u_l(q, r)$

$$\left.\begin{aligned} u_l(q,r) \approx &\frac{1}{q}\left[\frac{(2l+1)!!}{q^l} - \int_0^\infty n_l(qr')\,U(r')u_l(q,r')\,dr'\right]\sin\left(qr - \frac{l\pi}{2}\right) - \\ &-\frac{1}{q}\int_0^\infty j_l(qr')\,U(r')u_l(q,r')\,dr' \cdot \cos\left(qr - \frac{l\pi}{2}\right), \text{ für } r \to \infty, \end{aligned}\right\} \tag{53.15}$$

den man mit Hilfe der *Euler*schen Relationen auch in folgender Form schreiben kann

$$\begin{aligned} u_l(q,r) \approx &\frac{1}{2iq}\left[\frac{(2l+1)!!}{q^l} - \int_0^\infty (ij_l(qr') + n_l(qr'))\,U(r')u_l(q,r')dr'\right] e^{i\left(qr - \frac{l\pi}{2}\right)} - \\ &-\frac{1}{2iq}\left[\frac{(2l+1)!!}{q^l} + \int_0^\infty (ij_l(qr') - n_l(qr'))\,U(r')\,u_l(q,r')dr'\right] e^{-i\left(qr - \frac{l\pi}{2}\right)} \\ &\text{für } r \to \infty. \end{aligned} \tag{53.16}$$

Dieser asymptotische Ausdruck entspricht durchaus dem Ausdruck (51.9). Aus einem Vergleich mit diesem erhält man für $F_l(q)$

$$F_l(q) = e^{-\frac{il\pi}{2}}\left[\frac{(2l+1)!!}{q^l} - \int_0^\infty (ij_l(qr) + n_l(qr))\,U(r)\,u_l(q,r)\,dr\right]. \tag{53.17}$$

Damit haben wir unser Ziel erreicht: Es ist uns hiermit gelungen, für $F_l(q)$ einen Integralausdruck herzuleiten.

Die Anwendung der Integralgleichungsmethode gestaltet sich also folgendermaßen: Zunächst wird die Lösung $u_l(q, r)$ der *Volterra*schen Integralgleichung (53.13) bestimmt und danach mit dieser Lösung aus (53.17) $F_l(q)$ berechnet. Es sei erwähnt, daß man in (53.17) das Integral mit den Grenzen $r = 0$ und $r = \infty$ in der Praxis nur auf diejenigen Gebiete zu erstrecken hat, für welche $U(r)$ von Null verschieden ist. Der Ausdruck (53.17) enthält natürlich auch die Lösung des Streuproblems; für die Phasenkonstante δ erhält man nach (51.17)

$$\delta_l(k) = -\operatorname{arctg} \frac{\int\limits_0^\infty j_l(kr)\, U(r)\, u_l(k, r) dr}{\frac{(2l+1)!!}{k^l} - \int\limits_0^\infty n_l(kr) U(r) u_l(k,r) dr} . \tag{53.18}$$

Die Integralgleichungsmethode findet bei der Berechnung von Streuproblemen häufig Anwendung.

§ 54. Streuung an einer starren Kugel

In den vorhergehenden Paragraphen haben wir uns mit der allgemeinen Theorie der Streuung befaßt und durchwegs stillschweigend vorausgesetzt, daß einerseits das Potential des für die Streuung maßgebenden Kraftfeldes keine wesentlichen Singularitäten aufweist und andererseits das Potential mit wachsender Entfernung vom Kraftzentrum rasch auf Null abfällt. Diese Voraussetzungen treffen für die meisten einfachen Kraftfelder zu, nur zwei in der Praxis wichtige Kraftfelder bilden eine Ausnahme. Das eine ist der Fall der starren Kugel und das andere das *Coulomb*sche Kraftfeld. In diesem Paragraph behandeln wir die Streuung an einer starren Kugel, mit der *Coulomb*schen Streuung befassen wir uns im nächsten Paragraphen.

Wir bezeichnen den Radius der Kugel mit a. Die potentielle Energie des gestreuten Teilchens ist dann im Falle einer starren, d. h. für die einfallenden Teilchen undurchdringlichen Kugel

$$\begin{aligned} V(r) &= +\infty \qquad \text{für } r < a, \\ V(r) &= 0 \qquad \text{für } r > a. \end{aligned} \tag{54.1}$$

Da das gestreute Teilchen in die Kugel nicht eindringen kann, muß die Eigenfunktion des Teilchens im Inneren der Kugel und an der Kugeloberfläche gleich Null sein. Diese Bedingung erfüllt die Eigenfunktion nur dann, wenn für jede partielle Welle die Bedingung

$$u_l(r) = 0 \qquad \text{für } r \leqq a \tag{54.2}$$

besteht. Dies steht im Widerspruch zu der für die physikalische Lösung gültigen Anfangsbedingung (49.5). Dieser Widerspruch ist eine natürliche Folge dessen, daß wir bei der Herleitung von (49.5) vorausgesetzt haben, daß in der radialen *Schrödinger*-Gleichung im Grenzfall $r \to 0$ die potentielle Energie neben dem Glied $l(l+1)/r^2$ vernachlässigt werden kann. Die Verhältnisse sind natürlich im Falle der potentiellen Energie (54.1) vollkommen verschieden. In diesem Falle übernimmt die Bedingung (54.2) die Rolle von (49.5).

Außerhalb der Kugel, wo die potentielle Energie gleich Null ist, hat die radiale *Schrödinger*-Gleichung folgende Gestalt

$$\frac{d^2 u_l}{dr^2} + \left(k^2 - \frac{l(l+1)}{r^2}\right) u_l = 0 \qquad \text{für } r \geq a\,. \tag{54.3}$$

Diese Gleichung ist mit der zweiten Gleichung von (50.1) identisch, deren allgemeine Lösung durch (50.4) gegeben ist und folgendermaßen lautet

$$u_l(r) = b j_l(kr) + c n_l(kr) \qquad \text{für } r \geq a\,. \tag{54.4}$$

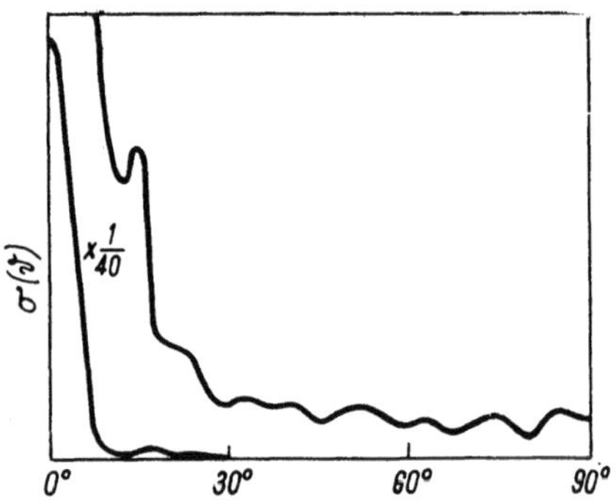

Abb. 30. Der differentielle Wirkungsquerschnitt im Falle einer starren Kugel für $ka = 20$. (Nach N. F. MOTT und H. S. W. MASSEY: The Theory of Atomic Collisions, Oxford, Clarendon Press, 1949)

Gemäß dem weiter oben Gesagten muß diese Lösung auf der Kugeloberfläche, d. h. für $r = a$ verschwinden, woraus sich für das Verhältnis der Integrationskonstanten b und c der Wert

$$\frac{c}{b} = -\frac{j_l(ka)}{n_l(ka)} \tag{54.5}$$

ergibt.

Zur Bestimmung der Phasenkonstante δ_l müssen wir das asymptotische Verhalten von (54.4) für $r \to \infty$ untersuchen. Mit Hilfe der asymptotischen Formeln (53.14) erhält man für $u_l(r)$ den asymptotischen Ausdruck

$$u_l(r) \approx b \sin\left(kr - \frac{l\pi}{2}\right) - c \cos\left(kr - \frac{l\pi}{2}\right) \qquad \text{für } r \to \infty\,, \tag{54.6}$$

der sich auch in folgender Form schreiben läßt

$$u_l(r) \approx (b^2 + c^2)^{\frac{1}{2}} \sin\left(kr - \frac{l\pi}{2} - \operatorname{arc\,tg}\frac{c}{b}\right) \qquad \text{für } r \to \infty\,. \tag{54.7}$$

Aus einem Vergleich mit (49.7) ergibt sich für die Phasenkonstante $\delta_l = -\operatorname{arc\,tg}\frac{c}{b}$ bzw. mit Rücksicht auf (54.5)

$$\delta_l = \operatorname{arc\,tg}\frac{j_l(ka)}{n_l(ka)}\,. \tag{54.8}$$

Durch die Bestimmung der Phasenkonstante haben wir das Streuproblem im wesentlichen gelöst. In Abb. 30 ist der differentielle Wirkungsquerschnitt für den Fall $ka = 20$, d. h. für die Energie $E = 50\, h^2/\pi^2\, m_0 a^2$ des einfallenden Teilchens von der Masse m_0 graphisch dargestellt.

Für den totalen Wirkungsquerschnitt erhält man aus (49.16) durch Einsetzen der Phasenkonstanten (54.8) den Wert

$$\sigma = \frac{4\pi}{k^2} \sum_{l=0}^{\infty} \frac{(2l+1) j_l^2(ka)}{j_l^2(ka) + n_l^2(ka)}. \tag{54.9}$$

Für sehr kleine Energien der einfallenden Teilchen, d. h. für $ka \ll 1$, wird das Streuproblem außerordentlich einfach. Für sehr kleine Argumente ka kann man die Näherungsformeln (53.10) benützen, mit denen sich für die Phasenkonstante der Streuung folgender Wert ergibt

$$\delta_l \approx -\operatorname{arc\,tg} \frac{(ka)^{2l+1}}{(2l-1)!!\,(2l+1)!!}. \tag{54.10}$$

In diesem Fall fällt also die Phasenkonstante der Streuung mit wachsendem l sehr rasch auf Null ab. Die der s-Welle entsprechende Phasenkonstante

$$\delta_0 \approx -\operatorname{arc\,tg}(ka) \approx -ka \tag{54.11}$$

wird daher dominieren.

Für den gesamten Wirkungsquerschnitt erhält man in diesem Fall den Wert

$$\sigma = 4\pi a^2, \tag{54.12}$$

der mit dem vierfachen Wert des geometrischen Querschnittes der Kugel gleich ist.

§ 55. Die Coulombsche Streuung

Von einer *Coulomb*schen Streuung spricht man, wenn die potentielle Wechselwirkungsenergie zwischen dem Streuzentrum und dem gestreuten Teilchen durch die *Coulomb*sche Wechselwirkungsenergie

$$V = \frac{Z_1 Z_2 e^2}{r} \tag{55.1}$$

dargestellt wird, wo $Z_1 e$ die elektrische Ladung des Streuzentrums und $Z_2 e$ die des gestreuten Teilchens bezeichnen. Die *Coulomb*sche Wechselwirkungsenergie geht mit wachsendem r sehr langsam gegen Null, man kann daher ihren Wirkungsradius als unendlich groß betrachten. Aus diesem Grunde bildet unter den bisher betrachteten Streuproblemen die *Coulomb*sche Streuung einen Ausnahmefall, auf den sich die in den vorhergehenden Abschnitten entwickelte Theorie der Streuung nicht unmittelbar anwenden läßt. Im Falle der *Coulomb*-Streuung verliert der Begriff des totalen Wirkungsquerschnittes seinen Sinn, denn in diesem Falle erfährt das einfallende Teilchen auch dann eine Ablenkung, wenn es sich in beliebiger Entfernung vom Streuzentrum bewegt; der totale Wirkungsquerschnitt wäre daher unendlich groß. Demzufolge kann man im Falle der *Coulomb*-Streuung nur den differentiellen Wirkungsquerschnitt $\sigma(\vartheta)$ zur Beschreibung der Streuung benutzen, der für die Richtungsverteilung der gestreuten Teilchen maßgebend ist.

Die *Coulomb*sche Streuung spielt sowohl in der Atomphysik als auch in der Kernphysik eine sehr wichtige Rolle. Zur Lösung des Problems sind verschiedene Methoden bekannt, von denen wir hier nur eine spezielle Methode behandeln, die sich nicht an die Methode der partiellen Wellen anschließt und nur dann angewendet werden kann, wenn für alle r-Werte die potentielle Wechselwirkungsenergie zwischen dem Streuzentrum und dem gestreuten Teilchen durch das *Coulomb*sche Gesetz (55.1) dargestellt wird[1]. (Mit der Theorie der anomalen *Coulomb*-Streuung befassen wir uns nicht.)

Die *Schrödinger*-Gleichung des Problems lautet

$$\Delta\psi + \left(k^2 - \frac{2nk}{r}\right)\psi = 0\,, \tag{55.2}$$

wo k die durch (48.3) definierte Wellenzahl bezeichnet und

$$n = \frac{4\pi^2 Z_1 Z_2 e^2 m_0}{h^2 k} \tag{55.3}$$

ist. Die dimensionslose Größe n erweist sich also proportional zum Produkt $Z_1 Z_2$, das für die Stärke der *Coulomb*schen Wechselwirkung maßgebend ist, und umgekehrt proportional zu k, d. h. zur Anfangsgeschwindigkeit $v_0 = hk/2\pi m_0$ der einfallenden Teilchen.

Zur Lösung der *Schrödinger*-Gleichung (55.2) machen wir folgenden Ansatz

$$\psi = e^{ikz}\, g(r - z)\,, \tag{55.4}$$

mit dem sich für die Funktion g die folgende Differentialgleichung ergibt

$$t\frac{d^2g}{dt^2} + (1 - ikt)\frac{dg}{dt} - n\,k\,g = 0\,, \tag{55.5}$$

wo $t = r - z$ gesetzt wurde.

Zur Lösung dieser Gleichung setzen wir g in Form der Potenzreihe

$$g(t) = \sum_{p=0}^{\infty} a_p \frac{t^p}{p!}$$

[1] Es sei jedoch erwähnt, daß sich die Methode der partiellen Wellen in einer Weise verallgemeinern läßt, daß man sie auch auf die *Coulomb*-Streuung mit großer Reichweite anwenden kann.

an. Nach Einsetzen in (55.5) und Ordnen der Glieder nach Potenzen von t folgt hieraus die Gleichung

$$\sum_{p=0}^{\infty} [(p+1)a_{p+1} - k(n+ip)a_p] \frac{t^p}{p!} = 0,$$

die nur dann für jeden Wert von t bestehen kann, wenn alle Koeffizienten der Potenzen von t verschwinden. Hieraus erhält man für die Koeffizienten a_p folgende Rekursionsformel

$$a_{p+1} = k \frac{n+ip}{p+1} a_p, \tag{55.6}$$

woraus für a_p der Wert

$$a_p = \frac{n(n+i)(n+2i)\ldots[n+(p-1)i]}{p!} k^p a_0 \tag{55.7}$$

folgt. Die Lösung der Differentialgleichung (55.5) gestaltet sich also folgendermaßen

$$g(t) = a_0 \left[1 + \frac{n}{1!}\frac{kt}{1!} + \frac{n(n+i)}{2!}\frac{(kt)^2}{2!} + \frac{n(n+i)(n+2i)}{3!}\frac{(kt)^3}{3!} + \ldots\right], \tag{55.8}$$

wo a_0 eine Normierungskonstante bezeichnet. Die in der eckigen Klammer stehende Potenzreihe ist mit einem Spezialfall der bekannten konfluenten hypergeometrischen Reihe

$$F(a,b;x) = 1 + \frac{a}{b}\frac{x}{1!} + \frac{a(a+1)}{b(b+1)}\frac{x^2}{2!} + \frac{a(a+1)(a+2)}{b(b+1)(b+2)}\frac{x^3}{3!} + \ldots \tag{55.9}$$

identisch, und zwar steht im Ausdruck (55.8) die Reihe $F(-in, 1; ikt)$.

Für die Eigenfunktion ψ ergibt sich also

$$\psi = a_0 e^{ikz} F(-in, 1; ik(r-z)). \tag{55.10}$$

Wir wollen nun untersuchen, wie sich ψ in sehr großer Entfernung vom Streuzentrum verhält. Nach der Theorie der konfluenten hypergeometrischen Funktionen wird die Summe der Reihe (55.9) für den Fall $|x| \to \infty$ durch den asymptotischen Ausdruck

$$F(a,b;x) \approx \frac{\Gamma(b)}{\Gamma(b-a)}(-x)^{-a} + \frac{\Gamma(b)}{\Gamma(a)} e^x x^{a-b}$$

dargestellt, der sich in unserem speziellen Fall folgendermaßen gestaltet

$$F(-in, 1; ikt) \approx \frac{e^{\frac{n\pi}{2}}}{\Gamma(1+in)} \left\{(kt)^{in} - n e^{i(kt+2\eta_0)}(kt)^{-(1+in)}\right\}, \tag{55.11}$$

wo $e^{2i\eta_0} = \Gamma(1 + in)/\Gamma(1 - in)$ ist. Mit Hilfe dieses Ausdruckes ergibt sich für die Eigenfunktion ψ für $|r - z| \to \infty$ (also mit Ausnahme der z-Achse) in großer Entfernung vom Ursprung des Koordinatensystems der Ausdruck

$$\left.\begin{aligned}\psi \approx \frac{a_0 e^{\frac{n\pi}{2}}}{\Gamma(1+in)}\left\{e^{i[kz+n\ln k(r-z)]} - \frac{n}{k(r-z)}\, e^{i[kr-n\ln k(r-z)+2\eta_0]}\right\} = \\ = \frac{a_0 e^{\frac{n\pi}{2}}}{\Gamma(1+in)}\left\{e^{i[kz+n\ln k(r-z)]} + f_{coul}(\vartheta)\,\frac{e^{i[kr-n\ln kr]}}{r}\right\}\end{aligned}\right\} \tag{55.12}$$

mit

$$f_{\text{coul}}(\vartheta) = -\frac{n\, e^{i[-n\ln(1-\cos\vartheta)+2\eta_0]}}{k(1-\cos\vartheta)}. \tag{55.13}$$

Das asymptotische Verhalten unserer Eigenfunktion entspricht der im § 48 dargestellten Forderung: Sie setzt sich aus einer einfallenden Welle und aus einer gestreuten Welle zusammen. Aus einem Vergleich von (55.12) mit (48.5) läßt sich eine sehr interessante Erscheinung feststellen: Durch die *Coulomb*sche Kraft mit großer Reichweite wird sowohl die einfallende als auch die gestreute Welle mit einem Phasenfaktor modifiziert, der eine logarithmische Abhängigkeit aufweist.

Auf diese Modifikation erhält man schon in der klassischen Mechanik einen Hinweis. Wir wollen hierzu von den klassischen Hyperbelbahnen diejenigen betrachten, deren eine Asymptote zur Bewegungsrichtung der einfallenden Teilchen, d. h. zur negativen z-Achse des Koordinatensystems parallel verläuft. Die auf die Teilchenbahnen senkrechten Flächen, die den Wellenfronten der Materiewellen entsprechen, gehen auch im Falle $z \to -\infty$ nicht in die Ebenen $z =$ konst., sondern in die Flächen

$$z + \frac{Z_1 Z_2 e^2}{m_0 v_0^2} \ln k(r-z) = \text{konst.}$$

über. Dementsprechend hat die Wellenfunktion der einfallenden Teilchen folgende Gestalt

$$e^{ik[z + \frac{Z_1 Z_2 e^2}{m_0 v_0^2}\ln k(r-z)]},$$

die mit Rücksicht auf (55.3) dem ersten Glied im Ausdruck (55.12) entspricht.

Die Amplitude der gestreuten Kugelwelle repräsentiert der Ausdruck (55.13), womit man für den differentiellen Wirkungsquerschnitt nach (48.6)

$$\sigma(\vartheta) = |f_{\text{coul}}(\vartheta)|^2 = \frac{n^2}{k^2(1-\cos\vartheta)^2}$$

erhält. Wenn man in dieser Formel die im Vorhergehenden gegebenen Ausdrücke für n und k einsetzt, so ergibt sich für den differentiellen Wirkungsquerschnitt folgendes Endresultat

$$\sigma(\vartheta) = \frac{Z_1^2 Z_2^2 e^4}{4 m_0^2 v_0^4 \sin^4(\vartheta/2)}. \tag{55.14}$$

Diesen Ausdruck nennt man den *Rutherford*schen Wirkungsquerschnitt. Es ist interessant, daß in diesem die für die Quantenmechanik charakteristische *Planck*sche Konstante h nicht vorkommt. Dies hängt damit zusammen, daß der *Rutherford*sche Wirkungsquerschnitt auch auf Grund der klassischen Mechanik hergeleitet werden kann, wie dies noch vor der Quantenmechanik RUTHERFORD bei der Untersuchung der Streuung von α-Teilchen an Atomkernen getan hat. Die für die Streuung der α-Teilchen maßgebende Formel (2.1) ist eine direkte Folge des hier hergeleiteten *Rutherford*schen Wirkungsquer-schnittes.

Wir wollen nun untersuchen, mit welcher Wahrscheinlichkeit ein durch ein *Coulomb*sches Kraftfeld gestreutes Teilchen in das Zentrum des Kraftfeldes einzudringen vermag. Definitionsgemäß ist diese Wahrscheinlichkeit durch $|\psi(0)|^2$ gegeben. Nach (55.10) ist der Wert der Eigenfunktion im Koordinatenursprung mit der Normierungskonstante a_0 identisch, da ja der Wert der hypergeometrischen Reihe F im Koordinatenursprung gleich 1 ist; man hat also

$$\psi(0) = a_0 .$$

Der Wert der Konstante a_0 läßt sich aus der asymptotischen Form der Eigenfunktion feststellen. Aus einem Vergleich der Formeln (55.12) und (48.5) folgt

$$\frac{a_0 e^{\frac{n\pi}{2}}}{\Gamma(1+in)} = N = \sqrt{\frac{2\pi m_0 s_0}{hk}} .$$

Hieraus ergibt sich mit Rücksicht auf den Zusammenhang $k = 2\pi m_0 v_0/h$ für a_0 der Wert

$$a_0 = \sqrt{\frac{s_0}{v_0}}\, e^{-\frac{n\pi}{2}}\, \Gamma(1+in) . \tag{55.15}$$

Damit erhält man für die gesuchte Wahrscheinlichkeit

$$|\psi(0)|^2 = \frac{s_0}{v_0} \frac{2\pi n}{e^{2\pi n} - 1} . \tag{55.16}$$

Falls die elektrische Ladung des Streuzentrums und somit auch n gleich Null ist, so findet natürlich keinerlei Streuung statt. In diesem Falle verteilen sich die einfallenden Teilchen mit der konstanten mittleren Dichte $\varrho_0 = s_0/v_0$ gleichmäßig im Raum.

Der im Falle einer elektrischen Ladung des Streuzentrums und einer infolge dieser Ladung entstehenden Streuung in der Formel (55.16) auftretende Faktor

$$G(n) = \frac{2\pi n}{e^{2\pi n} - 1}$$

zeigt, in welchem Maße im Kraftzentrum die durch die *Coulomb*sche Wechselwirkung entstehende Dichte der gestreuten Teilchen von der konstanten mittleren Dichte ϱ_0 der Teilchen abweicht.

Für $n \ll 1$, d. h. für eine sehr kleine *Coulomb*sche Wechselwirkung oder im Falle einer sehr großen Geschwindigkeit der einfallenden Teilchen ist

$$G(n) \approx 1 - \pi n ,$$

dies bedeutet, daß der G-Faktor für eine zwischen dem Kraftzentrum udn dem Teilchen bestehende gegenseitige Abstoßung ($n > 0$) etwas kleiner als 1 und für eine gegenseitige Anziehung ($n < 0$) etwas größer als 1 ist.

Für eine sehr kleine Geschwindigkeit der einfallenden Teilchen und eine sehr starke Wechselwirkung zwischen dem Kraftzentrum und dem Teilchen, d. h. im Grenzfall $|n| \gg 1$, ergeben sich für G die folgenden Formeln

$$G(n) \approx 2\pi n e^{-2\pi n} \quad \text{für } n > 0 ,$$

$$G(n) \approx 2\pi |n| \quad \text{für } n < 0 .$$

Aus der zweiten Formel ist zu sehen, daß im Falle einer anziehenden Wechselwirkung der Faktor G mit $|n|$ proportional wächst. Die erste Formel, die für eine abstoßende Wechselwirkung gültig ist, enthält den sogenannten *Gamow*schen Faktor

$$e^{-2\pi n} = e^{-\frac{4\pi^2 Z_1 Z_2 e^2}{h v_0}} . \tag{55.17}$$

Die Reaktion von zwei Atomkernen mit positiver elektrischer Ladung findet nur dann statt (vorausgesetzt daß wir die Kernradien als genügend klein betrachten), wenn die Entfernung der beiden Kerne auf Null absinkt. Wie wir gesehen haben, ist die Wahrscheinlichkeit hierfür zu $G(n)$ proportional. Im Falle kleiner Energien der einfallenden Teilchen wird die Größenordnung der Wahrscheinlichkeit der Kernreaktion in erster Linie durch den *Gamow*schen Faktor (55.17) determiniert.

VI. Die einfachsten Näherungsverfahren und ihre Anwendungen

A. Das Störungsverfahren

§ 56. Die Grundlagen der Störungstheorie

Die *Schrödinger*-Gleichung atomarer Systeme kann in den meisten Fällen wegen mathematischer Schwierigkeiten nicht exakt gelöst werden. Die *Schrödinger*-Gleichung komplizierterer Systeme ist nämlich eine partielle Differentialgleichung, zu deren Lösung die in der mathematischen Analysis entwickelten speziellen Funktionen nicht ausreichen. In diesen Fällen sind die zur näherungsweisen Lösung der *Schrödinger*-Gleichung ausgearbeiteten Näherungsverfahren von großer Bedeutung. In diesem Abschnitt werden wir uns mit dem einfachsten dieser Verfahren, mit der Störungsrechnung, befassen. Diese kann man in dem Falle anwenden, wenn sich die Lösung der *Schrödinger*-Gleichung des zu untersuchenden Systems nur wenig von einer *Schrödinger*-Gleichung unterscheidet, deren Lösung man kennt.

Der *Hamilton*sche Operator unseres Systems sei

$$H = H_0 + \mathcal{H}, \tag{56.1}$$

wo H_0 denjenigen Hauptanteil des Operators darstellt, für den wir die Lösung der entsprechenden *Schrödinger*-Gleichung

$$H_0 \psi_k^0 = E_k^0 \psi_k^0, \tag{56.2}$$

d. h. die Energieeigenwerte E_k^0 und die Eigenfunktionen ψ_k^0 kennen, und $\mathcal{H}$ eine im Verhältnis zu H_0 kleine Störung bezeichnet. Die zu lösende *Schrödinger*-Gleichung unseres Systems hat also folgende Form

$$H\psi \equiv (H_0 + \mathcal{H})\psi = E\psi\,. \tag{56.3}$$

Da voraussetzungsgemäß $\mathcal{H}$ im Verhältnis zu H_0 klein ist, können wir erwarten, daß sich die Energieeigenwerte E nur wenig von den Eigenwerten E_k^0 des ungestörten Operators unterscheiden werden. Dementsprechend setzen wir

$$E = E_k^0 + w\,, \tag{56.4}$$

wo w die infolge der Störung entstehende, im Verhältnis zu E_k^0 kleine Energieänderung bezeichnet.

Von der zum Eigenwert E gehörenden Eigenfunktion ψ setzen wir ebenfalls voraus, daß sich diese nur wenig von der zum ungestörten Eigenwert E_k^0 gehörenden Eigenfunktion unterscheiden wird. Hier müssen wir jedoch zwischen zwei Fällen unterscheiden, je nachdem, ob der ungestörte Eigenwert E_k^0 ein einfacher Eigenwert ist, d. h. zu diesem nur eine einzige Eigenfunktion gehört, oder aber ob es sich um einen entarteten Eigenwert handelt, zu dem mehrere Eigenfunktionen gehören.

Wir befassen uns zunächst mit den einfachen Eigenwerten. In diesem Falle wird sich ψ von ψ_k^0 nur durch eine kleine Korrektion φ unterscheiden, wir können also

$$\psi = \psi_k^0 + \varphi \tag{56.5}$$

setzen.

Wir setzen nun die Ausdrücke (56.4) und (56.5) in die *Schrödinger*-Gleichung (56.3) ein. Mit Rücksicht darauf, daß ψ_k^0 die dem ungestörten Operator H_0 entsprechende *Schrödinger*-Gleichung (56.2) befriedigt, ergibt sich die Gleichung

$$H_0\varphi + \mathcal{H}\psi_k^0 + \mathcal{H}\varphi = E_k^0\varphi + w\psi_k^0 + w\varphi\,. \tag{56.6}$$

Wenn wir die Korrektion φ nach den als bekannt vorausgesetzten Eigenfunktionen ψ_k^0 des ungestörten Systems in eine Reihe entwickeln, also

$$\varphi = \sum_n a_n\psi_n^0 \tag{56.7}$$

setzen und diesen Ausdruck für φ in die Gl. (56.6) einsetzen, so folgt

$$\sum_n a_n E_n^0\psi_n^0 + \mathcal{H}\,\psi_k^0 + \sum_n a_n\mathcal{H}\,\psi_n^0 = w\psi_k^0 + (E_k^0 + w)\sum_n a_n\psi_n^0\,, \tag{56.8}$$

wobei wir im ersten Glied auf der linken Seite wieder die *Schrödinger*-Gleichung (56.2) des ungestörten Systems verwendet haben. Wir multiplizieren nun die Gl. (56.8) mit ψ_k^{0*} und integrieren beide Seiten auf den ganzen Koordinatenraum. Mit Rücksicht auf die Normierungsbedingung (26.7) und auf die Orthogonalitätsrelationen (26.8) ergibt sich, wenn wir zur Abkürzung die Bezeichnung

$$\mathcal{H}_{kn} = \int \psi_k^{0*}\mathcal{H}\,\psi_n^0 dv \tag{56.9}$$

einführen, das Resultat

$$\mathcal{H}_{kk} + \sum_n a_n\mathcal{H}_{kn} = (1 + a_k)w\,. \tag{56.10}$$

Mit Hilfe dieser Gleichung ist es möglich, die Energiekorrektion w durch die Matrixelemente (56,9) und durch die Koeffizienten der Reihe (56.7) auszudrücken. Wenn man statt a_n die Konstante

$$b_n = \frac{a_n}{1 + a_k} \tag{56.11}$$

einführt, erhält man aus (56.10) für die Energiekorrektion den Ausdruck

$$w = \mathcal{H}_{kk} + \sum_n{}'\,\mathcal{H}_{kn}\,b_n\,, \tag{56.12}$$

wo der Strich oben neben den Σ-Zeichen bedeutet, daß aus der Summe das Glied mit $n = k$ auszuschließen ist. Durch den Ausdruck (56.12) haben wir die Bestimmung der Energiekorrektion auf die Berechnung der Koeffizienten a_n, oder, was dasselbe bedeutet, auf die Berechnung der Eigenfunktion-Korrektion φ zurückgeführt.

Zur Berechnung der Koeffizienten a_n multiplizieren wir die Gl. (56.8) mit ψ_m^{0*} $(m \neq k)$ und integrieren beide Seiten, woraus man den Zusammenhang

$$a_m E_m^0 + \mathcal{H}_{mk} + \sum_n{}' a_n \mathcal{H}_{mn} = (E_k^0 + w) a_m$$

erhält. Aus diesem kann man durch einfache Umformung für die Konstanten b_m die folgende Gleichung herleiten

$$b_m = \frac{\mathcal{H}_{mk}}{E_k^0 - E_m^0 + w} + \sum_n{}' \frac{\mathcal{H}_{mn}}{E_k^0 - E_m^0 + w} b_n, \tag{56.13}$$

die sich mit der Methode der sukzessiven Approximation leicht lösen läßt. Beim ersten Schritt dieses Verfahrens setzen wir in (56.13) $b_n = 0$, womit sich für b_m der Ausdruck

$$b_m = \frac{\mathcal{H}_{mk}}{E_k^0 - E_m^0 + w}$$

ergibt, den man als eine erste Näherung betrachten kann. Wenn man nun im zweiten Schritt diesen Näherungswert für b_n in die Gl. (56.13) einsetzt, so folgt für b_m in zweiter Näherung der Ausdruck

$$b_m = \frac{\mathcal{H}_{mk}}{E_k^0 - E_m^0 + w} + \sum_n{}' \frac{\mathcal{H}_{mn}\mathcal{H}_{nk}}{(E_k^0 - E_m^0 + w)(E_k^0 - E_n^0 + w)}.$$

Dieses Verfahren läßt sich beliebig oft wiederholen und man erhält schließlich als Endresultat für b_m die folgende unendliche Reihe

$$\left.\begin{aligned} b_m = {} & \frac{\mathcal{H}_{mk}}{E_k^0 - E_m^0 + w} + \sum_n{}' \frac{\mathcal{H}_{mn}\mathcal{H}_{nk}}{(E_k^0 - E_m^0 + w)(E_k^0 - E_n^0 + w)} + \\ & + \sum_{n,l}{}' \frac{\mathcal{H}_{mn}\mathcal{H}_{nl}\mathcal{H}_{lk}}{(E_k^0 - E_m^0 + w)(E_k^0 - E_n + w)(E_k^0 - E^0_l + w)} + \cdots . \end{aligned}\right\} \tag{56.14}$$

Wenn wir diesen Ausdruck für b_n in (56.12) einsetzen, so ergibt sich für die Energiekorrektion die folgende transzendente Gleichung[1]

$$\left.\begin{aligned} w = S(w) \equiv {} & \mathcal{H}_{kk} + \sum_m{}' \frac{\mathcal{H}_{km}\mathcal{H}_{mk}}{E_k^0 - E_m^0 + w} + \\ & + \sum_{m,n}{}' \frac{\mathcal{H}_{km}\mathcal{H}_{mn}\mathcal{H}_{nk}}{(E_k^0 - E_m^0 + w)(E_k^0 - E_n^0 + w)} + \cdots . \end{aligned}\right\} \tag{56.15}$$

[1] E. *Wigner*, Math. u. naturw. Anz. der ungar. Akad. d. Wiss. *53*, 477 (1935).

Es sei betont, daß wir bisher keinerlei Näherung angewendet haben, man würde also durch Lösung dieser transzendenten Gleichung die exakte Energiekorrektion w bzw. die exakten Energieeigenwerte der Grundgleichung (56.3) erhalten. Im Falle einer kleinen Störung $\mathcal{H}$ kann man jedoch die auf der rechten Seite von (56.15) stehende unendliche Reihe in guter Näherung durch die ersten Glieder dieser Reihe ersetzen; das N-te Glied dieser Reihe enthält nämlich das Produkt von N der zur Störung $\mathcal{H}$ proportionalen Matrixelemente $\mathcal{H}_{ik}$ und erweist sich somit für größere N-Werte als sehr klein.

In erster Näherung ziehen wir nur das erste Glied der Reihe (56.15) in Betracht und erhalten dann für die Störungsenergie in erster Näherung (Störungsenergie erster Ordnung)

$$w = \mathcal{H}_{kk} = \int \psi_k^{0*} \mathcal{H} \psi_k^0 dv \,. \tag{56.16}$$

In erster Näherung ist also die Energiekorrektion der quantenmechanische Mittelwert der Störung $\mathcal{H}$, bezogen auf den ungestörten Zustand.

In der zweiten Näherung behalten wir in der Reihe (56.15) neben dem ersten auch noch das zweite Glied, wobei wir im Nenner des letzteren w neben $E_k^0 - E_m^0$ vernachlässigen können. Man erhält so für die Störungsenergie in zweiter Näherung

$$w = \mathcal{H}_{kk} + \sum_m{}' \frac{\mathcal{H}_{km}\mathcal{H}_{mk}}{E_k^0 - E_m^0} \,. \tag{56.17}$$

Es sei erwähnt, daß man das zweite Glied auf der rechten Seite als Störungsenergie zweiter Ordnung bezeichnet, da in diesen das Matrixelement der Störung quadratisch eingeht.

Wir wollen uns nun mit der Korrektion φ der Eigenfunktion befassen. In der ersten Näherung berücksichtigen wir in der Reihe (56.14) nur das erste Glied und setzen im Nenner $w = 0$; es ergibt sich so

$$b_m = \frac{\mathcal{H}_{mk}}{E_k^0 - E_m^0} \,. \tag{56.18}$$

Nach (56.11) ist $a_m = (1 + a_k) b_m$, womit für die Korrektion der Eigenfunktion der Ausdruck

$$\varphi = \sum_m a_m \psi_m^0 = a_k \psi_k^0 + (1 + a_k) \sum_m{}' b_m \psi_m^0$$

folgt. Wenn man hier für b_m den Näherungsausdruck (56.18) einsetzt, so erhält man für die Eigenfunktion $\psi = \psi_k^0 + \varphi$ in erster Näherung

$$\psi = (1 + a_k) \left[\psi_k^0 + \sum_m{}' \frac{\mathcal{H}_{mk}}{E_k^0 - E_m^0} \psi_m^0 \right] . \tag{56.19}$$

Der numerische Faktor $1 + a_k$ läßt sich aus der Normierungsbedingung (26.7) bestimmen. Wenn wir uns jedoch mit nicht normierten Eigenfunktionen begnügen, so kann man $a_k = 0$ setzen und erhält dann für ψ den in der eckigen Klammer stehenden Ausdruck auf der rechten Seite von (56.19).

Wir kommen nun auf den Fall entarteter Zustände, d. h. mehrfacher Eigenwerte zu sprechen. Wenn zum Eigenwert E_k^0 die f voneinander linear unabhängigen Eigenfunktionen

$$\psi_{k1}^0, \psi_{k2}^0, \ldots, \psi_{kf}^0 \tag{56.20}$$

gehören, dann muß man besonders untersuchen, welche Linearkombination dieser Eigenfunktionen die nullte Näherung der Eigenfunktion des Operators $H = H_0 + \mathcal{H}$ sein wird. Offenbar hat man jetzt anstelle von (56.5) den Ausdruck

$$\psi = \sum_{\alpha=1}^{f} c_\alpha \psi_{k\alpha}^0 + \varphi \tag{56.21}$$

zu setzen, wo die Konstanten c_α vorläufig unbekannt sind.

Durch Einsetzen dieses Ausdruckes in die *Schrödinger*-Gleichung (56.3) erhält man jetzt mit Rücksicht auf die Gleichung

$$H_0\varphi + \sum_{\alpha=1}^{f} c_\alpha \mathcal{H} \psi_{k\alpha}^0 + \mathcal{H}\varphi = E_k^0 \varphi + w \sum_{\alpha=1}^{f} c_\alpha \psi_{k\alpha}^0 + w\varphi\,. \tag{56.22}$$

Der Einfachheit halber bestimmen wir hier die Energiekorrektion w nur mit der ersten Näherung der Störungsrechnung, d. h. wir bestimmen nur die Störung erster Ordnung der Energie. Man kann dann in (56.22) die Glieder $\mathcal{H}\varphi$ und $w\varphi$, die von zweiter Ordnung klein sind, vernachlässigen. Die so erhaltene Gleichung multiplizieren wir mit $\psi_{k\beta}^{0*}$ und integrieren beide Seiten auf den ganzen Raum. Wenn wir einerseits die (56.9) ähnliche Bezeichnung

$$\mathcal{H}_{\beta\alpha}^{(k)} = \int \psi_{k\beta}^{0*} \mathcal{H} \psi_{k\alpha}^0 dv \tag{56.23}$$

einführen und andererseits berücksichtigen, daß die Relationen (26.7) und (26.8) auch für die Eigenfunktionen (56.20) bestehen[1], daß also

$$\int \psi_{k\alpha}^{0*} \psi_{k\alpha}^0 dv = 1 \quad \text{und} \quad \int \psi_{k\beta}^{0*} \psi_{k\alpha}^0 dv = 0 \qquad \text{für} \quad \beta \neq \alpha\,,$$

ist, dann ergibt sich folgendes Resultat:

$$\sum_{\alpha=1}^{f} (\mathcal{H}_{\beta\alpha}^{(k)} - w\delta_{\beta\alpha}) c_\alpha = 0\,, \tag{56.24}$$

wo $\delta_{\beta\alpha}$ das *Kronecker*sche Symbol bedeutet, daß für $\beta = \alpha$ gleich 1 und für $\beta \neq \alpha$ gleich Null ist. (56.24) ist für die unbekannten Konstanten c_α ein homogenes lineares Gleichungssystem. Die Bedingung dafür, daß eine Lösung existiere, ist, daß die Determinante des Gleichungssystems ver-

[1] Das man auch im Falle glecher Eigenwert ohne Einschränkung immer erreichen kann.

schwinde, daß also

$$\begin{vmatrix} \mathcal{H}_{11}^{(k)} - w & \mathcal{H}_{12}^{(k)} & \dots & \mathcal{H}_{1f}^{(k)} \\ \mathcal{H}_{21}^{(k)} & \mathcal{H}_{22}^{(k)} - w & \dots & \mathcal{H}_{2f}^{(k)} \\ \cdot & \cdot & & \cdot \\ \cdot & \cdot & & \cdot \\ \cdot & \cdot & & \cdot \\ \mathcal{H}_{f1}^{(k)} & \mathcal{H}_{f2}^{(k)} & \dots & \mathcal{H}_{ff}^{(k)} - w \end{vmatrix} = 0 \tag{56.25}$$

sei. Durch Entwicklung der Determinante erhält man hieraus für w eine Gleichung f-ten Grades, die man säkulare Gleichung nennt.

Die Wurzeln dieser Gleichung $w_1, w_2, \dots, w_f$ geben die Korrektionen des Energieeigenwertes E_k^0. Wenn alle f Wurzeln voneinander verschieden sind, wird die Entartung des Eigenwertes aufgehoben. Da die Matrixelemente $\mathcal{H}_{\beta\alpha}^{(k)}$ voraussetzungsgemäß kleine Größen sind, werden auch die Wurzeln der säkularen Gleichung im Verhältnis zum ungestörten Energieeigenwert E_k^0 klein sein. Demzufolge spaltet sich der ungestörte, entartete Energieeigenwert E_k^0 in die folgenden, nahe zueinander liegenden Energieniveaus auf

$$E_k^0 + w_1, \qquad E_k^0 + w_2, \dots, \qquad E_k^0 + w_f. \tag{56.26}$$

Wenn nicht alle Wurzeln $w_1, w_2, \dots, w_f$ voneinander verschieden sind, so ist die Aufspaltung nur eine teilweise.

Zu jedem Wert der Energiekorrektion w gehört ein Lösungssystem der Koeffizienten c_α. Mit diesen Werten der Koeffizienten c_α wird es möglich, das erste Glied auf der rechten Weite von (56.21), d. h. die zum betreffenden Energieeigenwert $E_k = E_k^0 + w$ gehörende richtige Ausgangseigenfunktion

$$\psi^0 = \sum_{\alpha=1}^{f} c_\alpha \psi_{k\alpha}^0 \tag{56.27}$$

zu bestimmen.

In den folgenden Paragraphen bringen wir einige einfache Beispiele für die Störungsrechnung.

§ 57. Der anharmonische lineare Oszillator

Die potentielle Energie eines entlang einer Geraden, z. B. der Koordinatenachse x, oszillierenden Massenpunktes kann man nur im idealen Fall durch die potentielle Energie des harmonischen Oszillators $V = \frac{1}{2} kx^2$ darstellen. In den meisten Fällen hat man zur genaueren Beschreibung der Oszillation im Ausdruck von V auch noch ein Glied vierten Grades in x zu berücksichtigen, das der Anharmonizität der Oszillation Rechnung trägt. Die poten tielle Energie des anharmonischen Oszillators hat also folgende Gestalt

$$V = \frac{1}{2} kx^2 + \lambda x^4 . \tag{57.1}$$

Wenn λ klein ist, was wir voraussetzen wollen, so kann man das Glied $\mathcal{H} = \lambda x^4$ im Energieausdruck als kleine Störung und den harmonischen Oszillator als das ungestörte System betrachten. Den harmonischen Oszillator haben wir im § 32 behandelt, die Resultate für die Energieeigenwerte und die Eigenfunktionen sind durch die Formeln (32.22) bzw. (32.25) gegeben.

Wir wollen nun die durch die Anharmonizität bewirkte Energiekorrektion w des Energieniveaus $E_n^0 = h\nu \left(n + \frac{1}{2}\right)$ des harmonischen Oszillators mit der Störungsenergie in erster Näherung berechnen. Nach der Formel (56.16) ergibt sich

$$w = \int_{-\infty}^{\infty} \psi_n^{0*} \mathcal{H} \psi_n^0 dx = \lambda \frac{A_n^2}{\alpha^{5/2}} \int_{-\infty}^{\infty} e^{-\xi^2} H_n^2(\xi) \xi^4 d\xi , \tag{57.2}$$

wobei wir in dem rechts stehenden zweiten Ausdruck die Bezeichnungen des Paragraphen 32 benutzt haben. Das auf der rechten Seite stehende Integral läßt sich mit Hilfe der Formel (32.24) der *Hermite*schen Polynome berechnen, und zwar ergibt sich $3\sqrt{\pi} 2^{n-2} n! (2n^2 + 2n + 1)$. Wenn wir für die Normierungskonstante A_n noch den Ausdruck (32.26) einsetzen, so folgt mit Rücksicht auf (32.5) für die Energiekorrektion w das Resultat

$$w = \frac{3h^2\lambda}{64\pi^4 m_0^2 \nu^2} (2n^2 + 2n + 1) . \tag{57.3}$$

Die Anwendung der Störungsrechnung ist nur dann berechtigt, wenn w sich als eine im Verhältnis zu E_n^0 kleine Korrektion erweist, d. h. wenn $w \ll h\nu \left(n + \frac{1}{2}\right)$ ist, woraus man für λ die Bedingung erhält, daß

$$\lambda \ll \frac{32\pi^4 m_0^2 \nu^3}{3h} \frac{2n + 1}{2n^2 + 2n + 1} \tag{57.4}$$

sei. Für den Grundzustand ($n = 0$) besteht also die Forderung, daß $\lambda \ll$ $\ll 32\pi^4 m_0^2 \nu^3 / 3h$ sein soll. Im Falle angeregter Zustände muß man die rechte Seite mit dem Faktor $\frac{2n + 1}{2n^2 + 2n + 1}$ multiplizieren, der für diese Zustände kleiner als 1 ist und für große Werte von n sehr klein wird. Deswegen kann man die Energiekorrektion (57.3) nur für den Grundzustand und die tiefliegenden angeregten Niveaus anwenden.

§ 58. Der Rotator in der Ebene in einem elektrischen Feld

Wir lassen auf einen Rotator, bei dem ein Massenpunkt von der Masse m_0 auf einer Kreisbahn mit dem Radius a rotiert, ein homogenes elektrisches Feld wirken. Wenn wir die Feldstärke mit $\mathfrak{E}$ bezeichnen und voraussetzen, daß der Massenpunkt eine elektrische Ladung e besitzt, so ergibt sich für die potentielle Energie des Rotators

$$\mathcal{H} = - e\mathfrak{E}\, a \cos\varphi\,, \tag{58.1}$$

wo das Azimut φ dieselbe Bedeutung hat wie im § 31. Wenn die Feldstärke $\mathfrak{E}$ klein ist, so kann man $\mathcal{H}$ neben der kinetischen Energie des Rotators als eine kleine Störung betrachten.

Die *Schrödinger*-Gleichung des ungestörten Rotators haben wir im § 31 gelöst; für die Eigenfunktion und die Energie haben wir die folgenden Resultate erhalten

$$\psi_n^0 = \frac{1}{\sqrt{2\pi}}\, e^{in\varphi}\,, \quad E_n^0 = \frac{h^2 n^2}{8\pi^2\Theta}\,, \tag{58.2}$$

wo $\Theta = m_0 a^2$ das Trägheitsmoment des Rotators in bezug auf die im Kreismittelpunkt auf die Kreisebene senkrecht stehende Achse bezeichnet.

Wir berechnen nun die Matrixelemente (56.9) der Störungsenergie $\mathcal{H}$; man erhält

$$\mathcal{H}_{nm} = -\frac{e\mathfrak{E}a}{2\pi}\int_0^{2\pi} e^{-in\varphi}\cos\varphi\, e^{im\varphi}\, d\varphi = -\frac{1}{2}\, e\mathfrak{E}a(\delta_{m,n-1} + \delta_{m,n+1})\,, \tag{58.3}$$

wo δ_{ik} wieder das *Kronecker*sche Symbol bezeichnet. Mit Hilfe der Matrixelemente $\mathcal{H}_{nm}$ läßt sich die Störungsenergie w einfach berechnen.

Für die erste Näherung der Störungsenergie ergibt sich der Wert $w = \mathcal{H}_{nn}$, der nach (58.3) gleich Null ist; in erster Näherung stimmt also die Energie des perturbierten Rotators mit der Energie des nicht-perturbierten überein.

In zweiter Näherung erhält man für die Störungsenergie, wenn man in (56.17) die Matrixelemente (58.3) einsetzt,

$$w = \frac{e^2\mathfrak{E}^2 a^2}{4}\left(\frac{1}{E_n^0 - E_{n-1}^0} + \frac{1}{E_n^0 - E_{n+1}^0}\right)$$

und hieraus nach Einsetzen der ungestörten Energieeigenwerte (58.2) das Endresultat

$$w = \frac{4\pi^2\Theta e^2\mathfrak{E}^2 a^2}{h^2}\cdot\frac{1}{4n^2 - 1} \tag{58.4}$$

Demnach ist für den Grundzustand ($n = 0$) die Energiekorrektion negativ, das äußere elektrische Feld vermindert also die Energie des Rotators; für die angeregten Zustände ($n \geq 1$) ist die Energiekorrektion positiv, die Energie des Oszillators wird also in diesen Zuständen vergrößert.

§ 59. Einfluß der endlichen Ausdehnung des Kerns auf die Energieniveaus des Atoms

In der Atomphysik betrachtet man den Atomkern im allgemeinen als einen Massenpunkt mit der elektrischen Ladung Ze. Dies ist jedoch ein idealisierter Grenzfall, denn die Atomkerne besitzen eine endliche Ausdehnung.

Im folgenden setzen wir voraus, daß der Atomkern eine Kugel vom Radius R mit homogener Ladungsverteilung sei. Die potentielle Energie eines Elektrons in der Entfernung r vom Kernzentrum ist dann

$$\left.\begin{aligned} V(r) &= -\frac{Ze^2}{R}\left(\frac{3}{2}-\frac{1}{2}\frac{r^2}{R^2}\right) && \text{für} \quad r \leq R, \\ V(r) &= -\frac{Ze^2}{r} && \text{für} \quad r \geq R. \end{aligned}\right\} \qquad (59.1)$$

Wenn man hiervon die potentielle Energie des Elektrons im Feld des punktförmigen Kerns, d. h. die Energie $V_0 = -\dfrac{Ze^2}{r}$ abzieht, so erhält man die aus der endlichen Ausdehnung des Kerns resultierende Störungsenergie

$$\left.\begin{aligned} \mathcal{H} &= \frac{Ze^2}{R}\left(\frac{R}{r}-\frac{3}{2}+\frac{1}{2}\frac{r^2}{R^2}\right) && \text{für } r \leq R, \\ \mathcal{H} &= 0 && \text{für } r \geq R. \end{aligned}\right\} \qquad (59.2)$$

Die Energiekorrektion in erster Näherung berechnen wir für die $1s$-, d. h. für die innerste Elektronenbahn im Atom, und zwar mit der Wasserstoffeigenfunktion (44.23), die sich für $n=1$, $l=m=0$ folgendermaßen gestaltet

$$\psi^0 = \left(\frac{Z^3}{\pi a_H^3}\right)^{\frac{1}{2}} e^{-\frac{Zr}{a_H}}.$$

Mit dieser Eigenfunktion ergibt sich nach der Störungsrechnung für die Energiekorrektion in erster Näherung

$$w = \int \psi^{0*}\mathcal{H}\psi^0 dv = \frac{Z^4e^2}{\pi a_H^3 R}\int_0^R \left(\frac{R}{r}-\frac{3}{2}+\frac{1}{2}\frac{r^2}{R^2}\right) e^{-\frac{2Zr}{a_H}}\, 4\pi r^2 dr.$$

Das Integral läßt sich auf elementarem Wege auswerten und man erhält

$$w = \frac{Z^2e^2}{a_H}\left[1 - 3\,\frac{(4+4x+x^2)e^{-x}-(4-x^2)}{x^3}\right]. \qquad (59.3)$$

wo

$$x = \frac{2ZR}{a_{\mathrm{H}}} = \frac{8\pi^2 Z m_0 e^2 R}{h^2} \tag{59.4}$$

ist.

Mit Rücksicht darauf, daß nach (44.18) die ungestörte Energie des $1s$-Elektrons $E_{1s}^0 = -Z^2e^2/2a_{\mathrm{H}}$ beträgt, folgt für die relative Energieänderung, die sich aus der endlichen Ausdehnung des Kerns ergibt,

$$\eta = \frac{w}{|E_{1s}^0|} = 2\left[1 - 3\,\frac{(4 + 4x + x^2)e^{-x} - (4 - x^2)}{x^3}\right]. \tag{59.5}$$

Wir wollen nun dieses Resultat auf den Fall des Pb-Atoms anwenden. Für diesen ist $Z = 82$ und $R = 7{,}1 \cdot 10^{-13}$ cm, womit man für x den Wert $x = 0{,}022$ erhält. (Für leichtere Atome als Pb würden sich für x noch bedeutend kleinere, für leichte Atome um mehrere Größenordnungen kleinere Werte ergeben.) Für einen so kleinen Wert von x kann man den auf der rechten Seite von (59.5) stehenden Ausdruck durch das erste Glied der Potenzreihe nach x ersetzen und erhält

$$\eta = \frac{1}{5}\,x^2. \tag{59.6}$$

In unserem Beispiel des Pb-Atoms beträgt die relative Energieänderung $\eta = 0{,}97 \cdot 10^{-4}$. Die Abweichung von der ungestörten Energie, die man mit einer punktförmigen Kernladung erhält, beträgt also nur rund 1 Zehntausendstel der ungestörten Energie.

Trotz ihrer Kleinheit kann man diese Energiekorrektion auf spektroskopischem Wege beobachten: Für Atome mit gleicher Ordnungszahl Z und verschiedener Massenzahl M und demzufolge auch von verschiedenem Kernradius R, d. h. für verschiedene Isotope, wird die Energiekorrektion verschieden sein. Hierzu kommt noch die im § 47 behandelte Korrektion infolge der Mitbewegung des Kerns, die in dem Faktor $\dfrac{1}{1 + \dfrac{m_0}{M}}$ in Erscheinung tritt, mit dem der Energieterm zu multiplizieren ist. Diese beiden Korrektionen bewirken, daß die Spektrallinien der verschiedenen Isotope nicht zusammenfallen, sondern sich im Spektrum in verschiedenem Maße verschieben. Dies nennt man Isotopieverschiebung.

Ganz anders gestalten sich die Verhältnisse in einem Myon-Atom. Falls ein negatives Myon kosmischen Ursprungs oder ein aus einem künstlich beschleunigtem Strahl stammendes negatives Myon durch Bremsstrahlung seine kinetische Energie verliert, so kann es für die Zeit seiner Lebensdauer auf eine Bahn um einen Atomkern eingefangen werden. Die Quantentheorie des so entstandenen Myon-Atoms gestaltet sich ganz ähnlich der der gewöhnlichen Atome mit dem einzigen, jedoch wesentlichen Unterschied, daß die Masse des Myons 207-mal größer ist als die des Elektrons. Im Falle des Pb-Kerns erhält man jetzt nach (59.4) für x den Wert $x = 0{,}022 \cdot 207 = 4{,}6$, womit sich aus (59.5) für die relative Energiekorrektion $\eta = 0{,}90$ ergibt. Die relative Korrektion der Energie beträgt also 90%. Dies bedeutet natürlich, daß man die aus der endlichen Ausdehnung des Kerns resultierenden Effekte nicht mehr als Störung betrachten kann, sondern man hat in der Theorie des Myon-Atoms die *Schrödinger*-Gleichung mit dem Potential (59.1) exakt zu lösen. Daß die endliche Ausdehnung des Kerns auf das Myon einen so beträchtlichen Einfluß ausübt, ist sofort verständlich, wenn wir in Betracht ziehen, daß als Folge der im Verhältnis zur Elektronenmasse 207-mal größeren Myon-Masse die Radien der *Bohr*schen Myon-Bahnen 207-mal kleiner sind als die der entsprechenden Elektronenbahnen.

§ 60. Die Spin-Bahn-Wechselwirkung

Die sich im Atom bewegenden Elektronen stehen infolge ihres mit dem Spin gekoppelten magnetischen Momentes in einer Wechselwirkung mit dem elektrischen Feld im Atom. Dies nennt man Spin-Bahn-Wechselwirkung. Aus der Elektrodynamik ist bekannt, daß die Energie eines Elektrons mit einem magnetischen Moment $\boldsymbol{\mu}_s$, wenn es sich in einem elektrostatischen Feld von der Feldstärke $\mathfrak{E}$ mit der Geschwindigkeit $\mathbf{v}$ bewegt, durch folgenden Ausdruck dargestellt wird

$$\frac{1}{c}\,\boldsymbol{\mu}_s(\mathbf{v} \times \mathfrak{E}), \tag{60.1}$$

wo c die Lichtgeschwindigkeit bezeichnet.

Für die elektrische Feldstärke $\mathfrak{E}$ im Atom hat man

$$\mathfrak{E} = -\operatorname{grad} \Phi = \frac{1}{e}\,\frac{\mathbf{r}}{r}\,\frac{dV}{dr}, \tag{60.2}$$

wo Φ das aus dem Atomkern und den Elektronen resultierende elektrostatische Potential im Atom und $V = -e\Phi$ die elektrostatische potentielle Energie des Elektrons in diesem Kraftfeld bezeichnen.

Wenn man den Ausdruck (60.2) der elektrischen Feldstärke in (60.1) einsetzt, so folgt für die Energie der Spin-Bahn-Wechselwirkung der Ausdruck

$$\frac{1}{ec}\,\frac{1}{r}\,\frac{dV}{dr}\,\boldsymbol{\mu}_s(\mathbf{v} \times \mathbf{r}) = \frac{1}{m_0^2 c^2}\,\frac{1}{r}\,\frac{dV}{dr}\,\mathbf{N}\mathbf{S}, \tag{60.3}$$

in dem $\mathbf{N} = \mathbf{r} \times m_0 \mathbf{v}$ den Drehimpuls der Bahnbewegung des Elektrons und $\mathbf{S}$ den Elektronenspin bezeichnen. Wenn man die Bewegung des Elektrons im elektrostatischen Potentialfeld Φ auf Grund der relativistischen Gleichungen behandelt, dann kommt nach den Resultaten von THOMAS zum Ausdruck (60.3) noch der Faktor $1/2$ hinzu. Der endgültige Ausdruck für die Energie der Spin-Bahn-Wechselwirkung lautet also

$$\mathcal{H} = \frac{1}{2m_0^2c^2}\,\frac{1}{r}\,\frac{dV}{dr}\,\mathbf{NS}. \tag{60.4}$$

Diese Energie ist im Verhältnis zur elektrostatischen Energie V des Elektrons im Atom sehr klein und kann daher als Störung betrachtet werden.

Wie wir gesehen haben, sind die Elektronenzustände in einem Atom entartet: Einem mit einer Hauptquantenzahl n und einer Nebenquantenzahl l gekennzeichneten Term entsprechen $2(2l+1)$ Zustände. Zur Unterscheidung dieser Zustände haben wir zwei Möglichkeiten kennengelernt: Man kann sie entweder durch die magnetische Quantenzahl m und die Spinquantenzahl m_s oder aber durch die innere Quantenzahl j und deren Projektion m_j unterscheiden bzw. charakterisieren. Im ersten Falle entsprechen den einzelnen Elektronenzuständen die Eigenfunktionen

$$\begin{gathered}\psi_{nlmm_s} = R_{nl}(r)\,Y_l^m(\vartheta,\varphi)\chi_{m_s}(s)\,,\\ m = 0, \pm 1, \pm 2, \ldots, \pm l \text{ und } m_s = \pm\frac{1}{2}\end{gathered} \tag{60.5}$$

und im zweiten die Eigenfunktionen

$$\begin{gathered}\psi_{nljm_j} = R_{nl}(r)F_{ljm_j}(\vartheta,\varphi,s)\,,\\ j = l \pm \frac{1}{2} \text{ und } m_j = \pm\frac{1}{2}, \pm\frac{3}{2}, \ldots, \pm j\,.\end{gathered} \tag{60.6}$$

Diese beiden Systeme der Eigenfunktionen sind natürlich vollkommen äquivalent; wir haben im § 38 erwähnt, daß das eine aus dem anderen durch eine Linearkombination gewonnen werden kann. Bei der Untersuchung eines konkreten Problems wählen wir immer das zweckmäßigere System.

Im vorliegenden Fall ist es vorteilhaft, von den Eigenfunktionen (60.6) auszugehen, die zugleich die Eigenfunktionen des gesamten Drehimpulses des Atoms sind, diese sind nämlich zugleich Eigenfunktionen des in die Energie der Spin-Bahn-Wechselwirkung eingehenden Operators **NS**. Es besteht nämlich die Gleichung

$$\begin{aligned}(\mathbf{NS})\,R_{nl}\,F_{ljm_j} &= \frac{1}{2}\left[J^2 - N^2 - S^2\right]R_{nl}F_{ljm_j} =\\ &= \frac{h}{8\pi^2}\left[j(j+1) - l(l+1) - \frac{3}{4}\right]R_{nl}F_{ljm_j}\end{aligned}$$

und wenn man den *Landé*schen g_L Faktor (39.6) einführt, so folgt

$$(\mathbf{NS}) R_{nl} F_{ljm_j} = \frac{h^2}{16\pi^2} \frac{2 - g_L}{g_L - 1} R_{nl} F_{ljm_j} . \tag{60.7}$$

Wir berechnen nun die Matrixelemente der Störungsenergie $\mathcal{H}$ gemäß (56.23). Mit Rücksicht auf (60.7) und auf die Orthogonalität der Eigenfunktionen F_{ljm_j} ergibt sich

$$\mathcal{H}^{(nl)}_{jm_j, j'm'_j} = \frac{1}{2} \frac{2 - g_L}{g_L - 1} \zeta_{nl} \delta_{jj'} \delta_{m_j m'_j} , \tag{60.8}$$

wo wir zur Abkürzung

$$\zeta_{nl} = \frac{h^2}{16\pi^2 m_0^2 c^2} \int_0^\infty \frac{1}{r} \frac{dV}{dr} R_{nl}^2(r) r^2 dr \tag{60.9}$$

setzen. Aus (60.8) ist zu sehen, daß die Störungsmatrix diagonal ist: Nur die Elemente mit $j = j'$ und $m_j = m'_j$ sind von Null verschieden. In diesem Falle erhält man die Lösung der säkularen Gleichung unmittelbar, indem man alle diagonalen Matrixelemente gleich Null setzt. Es ergibt sich so für die Energiekorrektion

$$w = \frac{1}{2} \frac{2 - g_L}{g_L - 1} \zeta_{nl} . \tag{60.10}$$

Da g_L von der inneren Quantenzahl j abhängt, erhält man für die beiden Werte $j = l + 1/2$ und $j = l - 1/2$ der inneren Quantenzahl zwei verschiedene Werte der Energiekorrektion w. Da g_L von der Quantenzahl m_j unabhängig ist, bleiben die Werte von w $(2j + 1)$-fach entartet. Wenn man den Ausdruck für g_L in (60.10) einsetzt, so ergibt sich folgendes Endresultat:

$$\left.\begin{aligned} & w = l\zeta_{nl} && \text{für } j = l + \frac{1}{2} && [(2l+2)\text{-fache Wurzel}], \\ & \text{und} \\ & w = -(l+1)\zeta_{nl} && \text{für } j = l - \frac{1}{2} && [2l\text{-fache Wurzel}] . \end{aligned}\right\} \tag{60.11}$$

Zusammenfassend können wir also feststellen, daß infolge der Spin-Bahn-Wechselwirkung der ursprünglich $2(2l + 1)$-fache Energieterm in zwei Niveaus aufspaltet, die durch die beiden verschiedenen Werte der inneren Quantenzahl j gekennzeichnet sind. Beide Niveaus sind $(2j + 1)$-fach entartet. Der mit den Multiplizitäten der Niveaus als Gewichtsfaktoren gebildete Mittelwert der beiden Niveaus ist

$$\frac{(2l + 2) l\zeta_{nl} - 2l(l + 1)\zeta_{nl}}{2(2l + 1)} = 0 .$$

Der »Schwerpunkt« der beiden Terme fällt also mit dem ungestörten Term zusammen. Aus (60.9) folgt, daß im Falle eines Anziehungspotentials ζ_{nl} positiv ist, und es liegt dann das zur inneren Quantenzahl $j = l - 1/2$ gehörende Niveau tiefer als das zu $j = l + 1/2$ gehörende.

§ 61. Quantentheorie des Zeeman-Effektes

Den *Zeeman*-Effekt, wonach sich in einem magnetischen Feld die von einem Atom ausgestrahlten Spektrallinien aufspalten, haben wir im § 12 kennengelernt. Wir wollen uns hier nun mit der quantenmechanischen Interpretation dieses Effektes befassen.

Die magnetische Energie eines Elektrons mit dem magnetischen Moment $\boldsymbol{\mu}$ in einem äußeren homogenen magnetischen Feld von der Feldstärke $\mathfrak{H}$ beträgt $-\boldsymbol{\mu}\mathfrak{H}$, wo $\boldsymbol{\mu}$ das gesamte magnetische Moment des Elektrons bedeutet, das sich aus dem Moment der Bahnbewegung und dem Spinmoment zusammensetzt. Wenn wir die z-Achse unseres Koordinatensystems in die Richtung der magnetischen Feldstärke legen, dann hat man für die magnetische Energie des Elektrons

$$\mathcal{H} = -\mathfrak{H}\mu_z = \frac{e\mathfrak{H}}{2m_0c}(N_z + 2S_z)\,, \tag{61.1}$$

wo $\mathfrak{H}$ den Betrag der magnetischen Feldstärke bezeichnet. Die magnetische Energie des Elektrons werden wir im Verhältnis zur Gesamtenergie des Elektrons als kleine Störung betrachten.

Bei der Behandlung der *Zeeman*-Aufspaltung erweist es sich als zweckmäßig, die durch die Quantenzahlen n und l charakterisierten Zustände durch die Eigenfunktionen (60.5) zu beschreiben. Diese sind nämlich zugleich auch Eigenfunktionen der Störung (61.1); demzufolge wird die durch (56.23) definierte Matrix $\mathcal{H}^{(nl)}_{mm_s m'm'_s}$ eine diagonale Matrix. Indem man alle diagonalen Elemente dieser Matrix gleich Null setzt, erhält man sofort die Lösung der säkularen Gleichung, also die Eigenwerte der Störung. Diese sind die folgenden:

$$\left.\begin{aligned} w &= \frac{e\mathfrak{H}}{2m_0c}\frac{h}{2\pi}(m + 2m_s) = \mu_B\mathfrak{H}(m + 2m_s)\,,\\ m &= 0, \pm 1, \pm 2, \ldots, \pm l \text{ und } m_s = \pm\frac{1}{2}\,. \end{aligned}\right\} \tag{61.2}$$

Die Energiekorrektion erweist sich also als eine Funktion der magnetischen Quantenzahl m und der Spinquantenzahl m_s und führt somit zu einer Aufspaltung der Terme. Da $m + 2m_s$ nur ganzzahlige Werte annehmen kann, erfolgt die Aufspaltung der Terme in gleich große Intervalle $\mu_B\mathfrak{H}$. Die Aufspaltung wirkt sich nur im Falle von s-Termen, d. h. wenn $l = 0$ ist, voll aus, dieser Doublett-Term spaltet nämlich nach (61.2) gemäß den beiden möglichen Werten von m_s in zwei Niveaus auf. Für $l > 0$ ist die *Zeeman*-Aufspaltung nur eine teilweise, die Entartung der Terme wird also nur zum Teil aufgehoben. Wenn man in (61.2) alle möglichen Werte von m und m_s einsetzt, ergeben sich nämlich nur die folgenden $2l + 3$ verschiedenen Werte

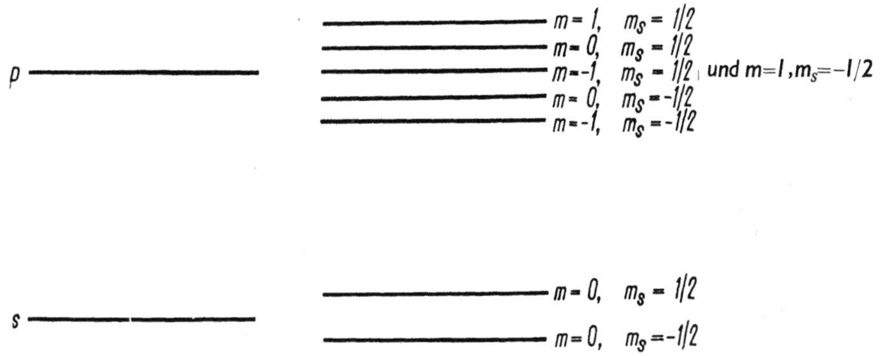

Abb. 31. Die *Zeeman*-Aufspaltung der s- und p-Terme

der Störungsenergie:

$$w = 0\,,\ \pm \mu_B \mathfrak{H},\ \pm 2\mu_B\mathfrak{H}\,, \ldots,\ \pm(l+1)\,\mu_B\mathfrak{H}\,.$$

Die Aufspaltung der s- und p-Terme veranschaulicht Abb. 31.

In der oben dargestellten Form kommt der *Zeeman*-Effekt nur in verhältnismäßig starken magnetischen Feldern ($\mathfrak{H} \geqq 5 \cdot 10^4$ Gauß) zustande. In diesem Falle spricht man von einem normalen *Zeeman*-Effekt. In schwächeren magnetischen Feldern entsteht der sogenannte anomale *Zeeman*-Effekt, bei dem für die Termaufspaltung ein bedeutend komplizierteres Gesetz gilt. Die Ursache dessen ist, daß im Falle kleinerer magnetischer Feldstärken neben der magnetischen Störungsenergie (61.1) die Spin-Bahn-Wechselwirkung nicht vernachlässigt werden kann. Der anomale *Zeeman*-Effekt kommt also durch die gleichzeitige Wirkung der Störungen (61.1) und (60.4) zustande. Die Störung gestaltet sich daher folgendermaßen

$$\mathcal{H} = \frac{1}{2m_0^2c^2}\,\frac{1}{r}\,\frac{dV}{dr}\,\mathbf{NS} + \frac{e\mathfrak{H}}{2m_0c}\,(N_z + 2S_z)\,. \tag{61.3}$$

Als Beispiel untersuchen wir die anomale *Zeeman*-Aufspaltung der p-Terme. Da ein p-Term ein $2(2 \cdot 1 + 1) = 6$-facher Term ist, ist die Determinante in der säkularen Gleichung von sechster Ordnung. Die Elemente dieser Determinante hat man nach (56.23) mit (61.3) zu berechnen, wobei man für die Eigenfunktionen ψ^0 sowohl die Funktionen (60.5) als auch (60.6) gebrauchen kann; es gibt jetzt keinen Grund, das eine Funktionensystem dem anderen vorzuziehen. Wir gehen von den Eigenfunktionen (60.5) aus. Die Wirkung des Operators **NS** auf die Funktionen $Y_1^m \chi_{m_s}$ kann man einerseits aus (38.7) und andererseits aus Tab. 1 (S. 95) feststellen. Nach Durchführung der elementaren Rechnungen erhält man für die säkulare Gleichung

$$\begin{vmatrix} \zeta + 2\mu_B\mathfrak{H} - w & 0 & 0 & 0 & 0 & 0 \\ 0 & -\zeta - w & \sqrt{2}\zeta & 0 & 0 & 0 \\ 0 & \sqrt{2}\zeta & \mu_B\mathfrak{H} - w & 0 & 0 & 0 \\ 0 & 0 & 0 & -\mu_B\mathfrak{H} - w & \sqrt{2}\zeta & 0 \\ 0 & 0 & 0 & \sqrt{2}\zeta & -\zeta - w & 0 \\ 0 & 0 & 0 & 0 & 0 & \zeta - 2\mu_B\mathfrak{H} - w \end{vmatrix} = 0,$$

wo ζ das Integral (60.9) bezeichnet.

Die Lösung der sekulären Gleichung führt zu verschiedenen Werten der Energiekorrektion w; die Entartung wird also vollkommen aufgehoben. Die Werte der Energiekorrektionen sind die folgenden

$$\begin{aligned} w &= \zeta + 2\mu_B\mathfrak{H}, \\ w &= \frac{1}{2}\left[-\zeta + \mu_B\mathfrak{H} + \sqrt{9\zeta^2 + 2\mu_B\mathfrak{H}\zeta + \mu_B^2\mathfrak{H}^2}\right], \\ w &= \frac{1}{2}\left[-\zeta + \mu_B\mathfrak{H} - \sqrt{9\zeta^2 + 2\mu_B\mathfrak{H}\zeta + \mu_B^2\mathfrak{H}^2}\right], \\ w &= \frac{1}{2}\left[-\zeta - \mu_B\mathfrak{H} + \sqrt{9\zeta^2 - 2\mu_B\mathfrak{H}\zeta + \mu_B^2\mathfrak{H}^2}\right], \\ w &= \frac{1}{2}\left[-\zeta - \mu_B\mathfrak{H} - \sqrt{9\zeta^2 - 2\mu_B\mathfrak{H}\zeta + \mu_B^2\mathfrak{H}_2}\right], \\ w &= \zeta - 2\mu_B\mathfrak{H}. \end{aligned} \tag{61.4}$$

Die Energiekorrektionen als Funktionen der magnetischen Feldstärke $\mathfrak{H}$ veranschaulicht Abb. 32. Für $\mathfrak{H} = 0$, also wenn kein äußeres magnetisches Feld vorhanden ist, erhält man die der Spin-Bahn-Wechselwirkung entsprechende Aufspaltung

$$w = \zeta \text{ (vierfache Wurzel)},$$

$$w = -2\zeta \text{ (zweifache Wurzel)}.$$

Für den Fall $\mu_b \mathfrak{H} \gg \zeta$ ergeben sich aus den Formeln (61.4) die für den normalen *Zeeman*-Effekt gültigen Energiekorrektionen

$$w = 2\mu_B \mathfrak{H},$$
$$w = \mu_B \mathfrak{H},$$
$$w = 0 \text{ (zweifache Wurzel)},$$
$$w = -\mu_B \mathfrak{H},$$
$$w = -2\mu_B \mathfrak{H}.$$

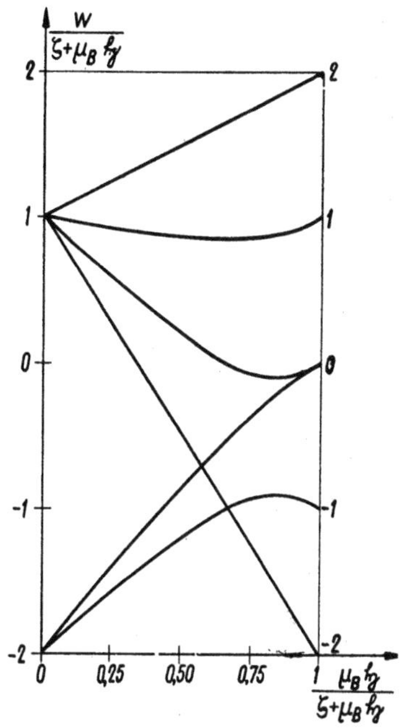

Abb. 32. Die anomale Aufspaltung der p-Terme

Zur Orientierung, bei welchen magnetischen Feldstärken der normale *Zeeman*-Effekt zustande kommt, berechnen wir ζ für den $2p$-Term des Wasserstoffatoms. Das Potential des Atoms ist im Falle des Wasserstoffatoms das Kernpotential; man hat also für die potentielle Energie des Elektrons im Wasserstoffatom $V = -e^2/r$ und für die radiale Eigenfunktion des $2p$-Zustandes nach (44.22)

$$R_{2p}(r) = (24 a_H^5)^{-\frac{1}{2}} r e^{-\frac{r}{2a_H}}.$$

Nach Einsetzen dieser Funktionen in (60.9) erhält man

$$\zeta = \frac{2\pi^4 e^8 m_0}{3h^4 c^2} = 6{,}04 \cdot 10^{-5}\,\text{eV}.$$

Der normale *Zeeman*-Effekt tritt auf, wenn $\mu_b \mathfrak{H}$ im Verhältnis zu ζ sehr groß ist, wenn also

$$\mathfrak{H} \gg \frac{\zeta}{\mu_B} = 1{,}04 \cdot 10^4\,\text{Gauß}$$

ist.

§ 62. Der Stark-Effekt des Wasserstoffatoms

Mit der quantenmechanischen Störungsrechnung läßt sich auch der im § 12 kurz behandelte *Stark*-Effekt interpretieren, wonach sich in einem elektrischen Feld die von einem Atom ausgestrahlten Spektrallinien aufspalten. Wir befassen uns hier nur mit dem einfachsten Fall, mit dem *Stark*-Effekt der wasserstoffähnlichen Terme in einem homogenen elektrischen Feld.

Die *Schrödinger*-Gleichung des ungestörten Atoms haben wir schon im § 44 gelöst. Wenn wir die z-Achse des Koordinatensystems in die Richtung der elektrischen Feldstärke $\mathfrak{E}$ legen, so erhält man für die Störungsenergie

$$\mathcal{H} = -e\mathfrak{E}z = -e\mathfrak{E}r\cos\vartheta, \tag{62.1}$$

wo $\mathfrak{E}$ den Betrag der elektrischen Feldstärke bezeichnet. Da weder die Energie des ungestörten Atoms noch die Störungsenergie vom Elektronenspin abhängige Größen enthält, kann man beim *Stark*-Effekt vom Spin absehen.

Dem Grundzustand (d. h. der Hauptquantenzahl $n = 1$) entspricht eine einzige Eigenfunktion

$$\psi_{100} = R_{10}(r)\, Y_0^0(\vartheta, \varphi) = \left(\frac{Z^3}{\pi a_H^3}\right)^{\frac{1}{2}} e^{-\frac{Zr}{a_H}} .$$

Mit dieser ergibt sich nach (56.16) in erster Näherung im Grundzustand für die Störungsenergie

$$w = \int \psi_{100}^* \mathcal{H} \psi_{100} dv = 0 , \tag{62.2}$$

da ψ_{100} eine kugelsymmetrische und $\mathcal{H}$ eine ungerade Funktion ist.

Wir wollen nun die Störungsenergie für den ersten angeregten Zustand ($n = 2$) berechnen. Die ungestörte Energie dieses Zustandes ist nach (44.18) $E_2 = -e^2/8a_H$ und es gehören zu diesem die folgenden vier Eigenfunktionen

$$\psi_{200} = R_{20}(r)\, Y_0^0(\vartheta, \varphi) = \left(\frac{Z^3}{8\pi a_H^3}\right)^{\frac{1}{2}} \left(1 - \frac{Zr}{2a_H}\right) e^{-\frac{Zr}{2a_H}} ,$$

$$\psi_{211} = R_{21}(r)\, Y_1^1(\vartheta, \varphi) = \left(\frac{Z^3}{8\pi a_H^3}\right)^{\frac{1}{2}} \frac{Zr}{2a_H} e^{-\frac{Zr}{2a}} \sin\vartheta \frac{e^{i\varphi}}{\sqrt{2}} ,$$

$$\psi_{210} = R_{21}(r)\, Y_1^0(\vartheta, \varphi) = \left(\frac{Z^3}{8\pi a_H^3}\right)^{\frac{1}{2}} \frac{Zr}{2a_H} e^{-\frac{Zr}{2a_H}} \cos\vartheta ,$$

$$\psi_{21-1} = R_{21}(r)\, Y_1^{-1}(\vartheta, \varphi) = \left(\frac{Z^3}{8\pi a_H^3}\right)^{\frac{1}{2}} \frac{Zr}{2a_H} e^{-\frac{Zr}{2a_H}} \sin\vartheta \frac{e^{-i\varphi}}{\sqrt{2}} .$$

Mit diesen Eigenfunktionen berechnen wir die Matrixelemente $\mathcal{H}^{(2)}_{lm,l'm'}$ nach (56.23). Von den Matrixelementen sind nur zwei, und zwar

$$\mathcal{H}^{(2)}_{10,00} = \mathcal{H}^{(2)}_{00,10} = \int \psi_{210}^* \mathcal{H} \psi_{200} dv \tag{62.3}$$

von Null verschieden, in den übrigen ist nämlich der Integrand eine ungerade Funktion der Koordinaten. Das Integral (62.3) läßt sich auf elementarem Wege berechnen und führt zu dem Resultat $-3e\mathfrak{E}a_H$. Für die Energiekorrektion w erhält man so die folgende säkulare Gleichung

$$\begin{vmatrix} -w & -3e\mathfrak{E}a_H & 0 & 0 \\ -3e\mathfrak{E}a_H & -w & 0 & 0 \\ 0 & 0 & -w & 0 \\ 0 & 0 & 0 & -w \end{vmatrix} = 0 , \tag{62.4}$$

die nach der Entwicklung der Determinante zu der Gleichung

$$w^2(w^2 - 9e^2\mathfrak{E}^2 a_H^2) = 0 \tag{62.5}$$

führt.

Diese Gleichung vierten Grades besitzt die folgenden Lösungen:

$$w = 3e\mathfrak{E}a_H,$$
$$w = 0 \text{ (zweifache Wurzel)}, \tag{62.6}$$
$$w = -3e\mathfrak{E}a_H.$$

Der Energieterm E_2 spaltet also im elektrischen Feld in die folgenden 3 Niveaus auf

$$-\frac{e^2}{8a_H} + 3e\mathfrak{E}a_H, \quad -\frac{e^2}{8a_H}, \quad -\frac{e^2}{8a_H} - 3e\mathfrak{E}a_H.$$

Statt einer Spektrallinie im ungestörten Atom erhält man nun für den Quantenübergang $n=2 \to n=1$ im Falle, daß sich das Atom in einem äußeren elektrischen Feld befindet, 3 Spektrallinien, was durch den experimentellen Befund bestätigt wird.

Die Aufspaltung der Energieniveaus infolge des *Stark*-Effektes ist im Verhältnis zur ungestörten Energie sehr klein. Für die relative Energiekorrektion im eben behandelten Fall erhält man

$$\eta = \frac{3e\mathfrak{E}a_H}{e^2/8a_H} = 0{,}466 \cdot 10^{-8}\,\mathfrak{E},$$

wenn man $\mathfrak{E}$ in $V\text{cm}^{-1}$-Einheiten mißt. Die relative Korrektion erreicht also auch bei Feldstärken von $\mathfrak{E} = 2 \cdot 10^4\ V\,\text{cm}^{-1}$ nicht den Wert 10^{-4}.

§ 63. Das Zweielektronenproblem

Wir gehen vom Falle eines konservativen Kraftfeldes aus, in dem ein Elektron die potentielle Energie $V(\mathbf{r})$ besitzt. Der *Hamilton*sche Operator gestaltet sich für ein Elektron mit der Masse m_0 folgendermaßen

$$H = -\frac{h^2}{8\pi^2 m_0}\Delta + V(\mathbf{r}). \tag{63.1}$$

Im folgenden setzen wir voraus, daß wir die diesem Operator entsprechende *Schrödinger*-Gleichung

$$H\psi_k = E_k\psi_k$$

gelöst haben, daß wir also die Energieeigenwerte E_k sowie die Eigenfunktionen $\psi_k(\mathbf{r})$ dieses Systems kennen.

Wir wollen uns nun mit dem Problem befassen, daß sich in diesem Kraftfeld statt einem 2 Elektronen bewegen, wie dies z. B. beim He-Atom oder beim H_2-Molekül der Fall ist.

Der *Hamilton*-Operator des aus den beiden Elektronen bestehenden Systems lautet

$$\mathsf{H} = -\frac{h^2}{8\pi^2 m_0}\Delta_1 - \frac{h^2}{8\pi^2 m_0}\Delta_2 + V(\mathbf{r}_1) + V(\mathbf{r}_2) + v(\mathbf{r}_1, \mathbf{r}_2)\,, \tag{63.2}$$

wo $v(\mathbf{r}_1, \mathbf{r}_2)$ die gegenseitige Wechselwirkungsenergie der beiden Elektronen bezeichnet. Den Operator H kann man in folgender Form schreiben

$$\mathsf{H} = H^0 + \mathcal{H}, \tag{63.3}$$

$$H^0 = H(1) + H(2), \tag{63.4}$$

$$\mathcal{H} = v(\mathbf{r}_1, \mathbf{r}_2), \tag{63.5}$$

wo $H(1)$ und $H(2)$ die auf die Elektronen 1 bzw. 2 bezogenen *Hamilton*-Operatoren (63.1) bezeichnen. Die Energieeigenwerte und Eigenfunktionen des Operators H werden wir mit Hilfe der Störungsrechnung bestimmen, wobei wir die Wechselwirkungsenergie v der beiden Elektronen als Störung betrachten.

Die Lösung der dem Operator H^0 entsprechenden *Schrödinger*-Gleichung

$$H^0\psi^0 = E_0^0\psi^0 \tag{63.6}$$

setzen wir als bekannt voraus. Es läßt sich leicht zeigen, daß die Funktion

$$\psi_{kl}^0(\mathbf{r}_1, \mathbf{r}_2) = \psi_k(\mathbf{r}_1)\psi_l(\mathbf{r}_2) \tag{63.7}$$

eine Lösung der *Schrödinger*-Gleichung (63.6) ist. Nach Einsetzen in diese ergibt sich nämlich

$$H^0\psi_{kl}^0(\mathbf{r}_1, \mathbf{r}_2) = \psi_l(\mathbf{r}_2)\, H(1)\, \psi_k(\mathbf{r}_1) + \psi_k(\mathbf{r}_1)\, H(2)\, \psi_l(\mathbf{r}_2) =$$
$$= (E_k + E_l)\psi_k(\mathbf{r}_1)\, \psi_l(\mathbf{r}_2) = (E_k + E_l)\psi_{kl}^0(\mathbf{r}_1, \mathbf{r}_2)\,,$$

woraus man sieht, daß man für die entsprechenden Energieeigenwerte

$$E_{kl}^0 = E_k + E_l \tag{63.8}$$

erhält. Diese Eigenwerte sind entartet, denn außer der Eigenfunktion ψ_{kl}^0 gehört zu demselben Eigenwert auch die Eigenfunktion

$$\psi_{lk}^0(\mathbf{r}_1, \mathbf{r}_2) = \psi_l(\mathbf{r}_1)\, \psi_k(\mathbf{r}_2). \tag{63.9}$$

Eine Ausnahme bildet nur der Fall $l = k$, da dann die Eigenfunktionen (63.7) und (63.9) identisch sind. Zum Energieeigenwert $E_{kk}^0 = 2E_k$ gehört also nur eine Eigenfunktion, und zwar

$$\psi_{kk}^0(\mathbf{r}_1, \mathbf{r}_2) = \psi_k(\mathbf{r}_1)\, \psi_k(\mathbf{r}_2). \tag{63.10}$$

Wir wollen uns nun mit der Berechnung der aus der Wechselwirkung der beiden Elektronen resultierenden Energiekorrektion w befassen, und zwar behandeln wir zunächst den Fall $l = k$. In diesem Falle kann man die für die einfachen Eigenwerte gültige Formel (56.16) anwenden, wobei man natürlich die Integration auf alle im Integrand vorkommenden Veränderlichen auszudehnen hat. Es ergibt sich

$$w = \int \psi_{kk}^{0*} \mathcal{H} \psi_{kk}^{0} dv = \int\int \psi_k^*(\mathbf{r}_1)\, \psi_k^*(\mathbf{r}_2)\, v(\mathbf{r}_1, \mathbf{r}_2)\, \psi_k(\mathbf{r}_1)\, \psi_k(\mathbf{r}_2)\, dv_1 dv_2 . \quad (63.11)$$

Wir betrachten nun den Fall $l \neq k$. Es gehören dann zu demselben Eigenwert zwei Eigenfunktionen ψ_{kl}^0 und ψ_{lk}^0. Nach dem im § 56 erhaltenen Resultat ist dann die säkulare Gleichung vom zweiten Grad und hat folgende Form

$$\begin{vmatrix} J_1 - w & K_1 \\ K_2 & J_2 - w \end{vmatrix} = 0 . \quad (63.12)$$

Die Matrixelemente gestalten sich folgendermaßen

$$\left.\begin{aligned} J_1 &= \int \psi_{kl}^{0*} \mathcal{H} \psi_{kl}^{0} dv = \int\int \psi_k^*(\mathbf{r}_1)\, \psi_l^*(\mathbf{r}_2)\, v(\mathbf{r}_1, \mathbf{r}_2)\, \psi_k(\mathbf{r}_1)\, \psi_l(\mathbf{r}_2)\, dv_1 dv_2 , \\ K_1 &= \int \psi_{kl}^{0*} \mathcal{H} \psi_{lk}^{0} dv = \int\int \psi_k^*(\mathbf{r}_1)\, \psi_l^*(\mathbf{r}_2)\, v(\mathbf{r}_1, \mathbf{r}_2)\, \psi_l(\mathbf{r}_1)\, \psi_k(\mathbf{r}_2)\, dv_1 dv_2 , \\ K_2 &= \int \psi_{lk}^{0*} \mathcal{H} \psi_{kl}^{0} dv = \int\int \psi_l^*(\mathbf{r}_1)\, \psi_k^*(\mathbf{r}_2)\, v(\mathbf{r}_1, \mathbf{r}_2)\, \psi_k(\mathbf{r}_1)\, \psi_l(\mathbf{r}_2)\, dv_1 dv_2 , \\ J_2 &= \int \psi_{lk}^{0*} \mathcal{H} \psi_{lk}^{0} dv = \int\int \psi_l^*(\mathbf{r}_1)\, \psi_k^*(\mathbf{r}_2)\, v(\mathbf{r}_1, \mathbf{r}_2)\, \psi_l(\mathbf{r}_1)\, \psi_k(\mathbf{r}_2)\, dv_1 dv_2 . \end{aligned}\right\} \quad (63.13)$$

Die Wechselwirkungsenergie von zwei identischen, also nicht unterscheidbaren Teilchen, in unserem Falle von zwei Elektronen, bleibt bei Vertauschung der Teilchen unverändert, es ist also

$$v(\mathbf{r}_1, \mathbf{r}_2) = v(\mathbf{r}_2, \mathbf{r}_1) .$$

Diese Eigenschaft der Wechselwirkungsenergie führt im folgenden zu sehr wichtigen Konsequenzen. Wenn wir in den ersten beiden Formeln in (63.13) die Substitution $\mathbf{r}_1 \rightleftarrows \mathbf{r}_2$ durchführen und die Symmetrie v in bezug auf die Vertauschung der beiden Teilchen in Betracht ziehen, so ist unmittelbar zu sehen, daß $J_1 = J_2$ und $K_1 = K_2$ ist.

Die säkulare Gleichung vereinfacht sich also folgendermaßen

$$\begin{vmatrix} J - w & K \\ K & J - w \end{vmatrix} = 0, \quad (63.14)$$

wo wir $J_1 = J_2 = J$ und $K_1 = K_2 = K$ setzen. Man pflegt J die gewöhnliche klassische und K die Austausch-Wechselwirkungsenergie der beiden Teilchen zu nennen. Durch Entwicklung der Determinante (63.14) ergibt sich zur Bestimmung von w die Gleichung zweiten Grades

$$w^2 - 2Jw + J^2 - K^2 = 0,$$

deren Lösungen

$$w = J \pm K \quad (63.15)$$

sind.

Für die Energieeigenwerte des *Hamilton*-Operators H erhält man demnach

$$E = E_k + E_l + J \pm K\,. \qquad (63.16)$$

Die Eigenwerte setzen sich also aus der ungestörten Energie $E_k + E_l$ und aus der Störungsenergie $J \pm K$ zusammen. Infolge der gegenseitigen Wechselwirkung der beiden Teilchen verschiebt sich somit das gestörte Energieniveau um den Energiebetrag J und spaltet in zwei Niveaus mit dem Abstand $2K$ auf.

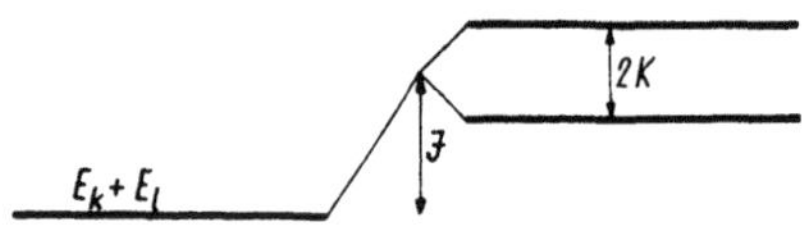

Abb. 33. Die infolge der gegenseitigen Wechselwirkung der beiden Elektronen entstehende Störung der Energie

Wir bestimmen nun zunächst die zu den Eigenwerten (63.16) gehörenden Eigenfunktionen. In nullter Näherung ergibt sich nach (56.27)

$$\psi^0 = c_1 \psi^0_{kl} + c_2 \psi^0_{lk}\,, \qquad (63.17)$$

wo die Konstanten c_1 und c_2 Lösungen des folgenden linearen homogenen Gleichungssystems sind

$$\begin{aligned} (J - w)c_1 + K c_2 &= 0\,, \\ K c_1 + (J - w) c_2 &= 0\,. \end{aligned} \qquad (63.18)$$

Wir wollen zunächst den Fall mit der Wurzel $w = J + K$ der säkularen Gleichung betrachten, für den sich aus (63.18) $c_1 = c_2$ ergibt. Der Wert der in diesem Falle gleichen Konstanten wird durch die Normierungsforderung der Eigenfunktion festgelegt, aus der man $1/\sqrt{2}$ erhält. Für die normierte Eigenfunktion hat man also

$$\psi^0(\mathbf{r}_1, \mathbf{r}_2) = \frac{1}{\sqrt{2}} [\psi_k(\mathbf{r}_1)\, \psi_l(\mathbf{r}_2) + \psi_l(\mathbf{r}_1)\, \psi_k(\mathbf{r}_2)]\,. \qquad (63.19)$$

Diese Eigenfunktion ist eine symmetrische Funktion der Koordinaten der beiden Teilchen, es ist somit

$$\psi^0(\mathbf{r}_1, \mathbf{r}_2) = \psi^0(\mathbf{r}_2, \mathbf{r}_1)\,.$$

Im Falle, daß die Wurzel der säkularen Gleichung $w = J - K$ ist, erhält man aus (63.18) $c_1 = -c_2$. Man hat dann für die normierte Eigenfunktion

$$\psi^0(\mathbf{r}_1, \mathbf{r}_2) = \frac{1}{\sqrt{2}} [\psi_k(\mathbf{r}_1)\, \psi_l(\mathbf{r}_2) - \psi_l(\mathbf{r}_1)\, \psi_k(\mathbf{r}_2)]\,. \qquad (63.20)$$

Diese Eigenfunktion ist eine antisymmetrische Funktion der Koordinaten der beiden Teilchen, es ist also

$$\psi^0(\mathbf{r}_1, \mathbf{r}_2) = -\,\psi^0(\mathbf{r}_2, \mathbf{r}_1)\,.$$

Wir werden nun die hier erhaltenen Resultate auf das He-Atom und auf die He-ähnlichen Ionen anwenden, in denen sich um einen Kern mit der Kernladung Ze zwei Elektronen befinden. Der dem Operator (63.1) entsprechende Einteilchen-Operator ist jetzt

$$H = -\frac{h^2}{8\pi^2 m_0}\Delta - \frac{Ze^2}{r},$$

und entspricht den wasserstoffähnlichen Ionen. Die Eigenwerte und Eigenfunktionen dieses Operators haben wir im § 44 bestimmt.

Wir befassen uns zunächst mit dem Grundzustand des He-Atoms. In diesem befinden sich die beiden Elektronen in einem $1s$-Zustand und man erhält für den Energieeigenwert des wechselwirkungsfreien Operators

$$E_{11}^0 = 2E_1 = -\frac{4\pi^2 m_0 Z^2 e^4}{h^2} = -\frac{Z^2 e^2}{a_H}, \tag{63.21}$$

d. h. das Doppelte der Ionisierungsenergie des Wasserstoffatoms. Die zu diesem Eigenwert gehörende ungestörte Eigenfunktion ist

$$\psi^0(\mathbf{r}_1, \mathbf{r}_2) = \psi_{100}(\mathbf{r}_1)\,\psi_{100}(\mathbf{r}_2) = \frac{Z^3}{\pi a_H^3} e^{-\frac{Z}{a_H}(r_1+r_2)}. \tag{63.22}$$

Wir berechnen nun die aus der gegenseitigen Wechselwirkung der beiden Teilchen entstehende Energiekorrektion (63.11). v ist jetzt die *Coulomb*sche Wechselwirkungsenergie der beiden Teilchen: $v(r_1, r_2) = e^2/r_{12}$, wo wir zur Abkürzung die Bezeichnung $r_{12} = |\,\mathbf{r}_1 - \mathbf{r}_2\,|$ einführten. Mit dieser Wechselwirkungsenergie und der Eigenfunktion (63.22) ergibt sich

$$w = \frac{Z^6 e^2}{\pi^2 a_H^6}\iint \frac{e^{-\frac{2Z}{a_H}(r_1+r_2)}}{r_{12}}\, dv_1 dv_2\,. \tag{63.23}$$

Nach einem wohlbekannten Satz der Potentialtheorie der Elektrostatik besteht für jede kugelsymmetrische Verteilung $\varrho(r)$ die Beziehung

$$\int \frac{\varrho(r_2)}{r_{12}}\, dv_2 = \frac{1}{r_1}\int_0^{r_1} \varrho(r_2) 4\pi r_2^2 dr_2 + \int_{r_1}^{\infty} \varrho(r_2)\, 4\pi r_2 dr_2\,. \tag{63.24}$$

Mit ihrer Hilfe erhält man

$$\int \frac{e^{-\frac{2Zr_2}{a_H}}}{r_{12}}\, dv_2 = \frac{\pi a_H^2}{Z^2}\left\{\frac{a_H}{Zr_1} - \left(1 + \frac{a_H}{Zr_1}\right) e^{-\frac{2Zr_1}{a_H}}\right\}.$$

Damit läßt sich das zweifache Integral einfach berechnen; es ergibt sich

$$w = \frac{Z^6 e^2}{\pi^2 a_H^6} \cdot \frac{\pi a_H^2}{Z^2}\int_0^{\infty}\left\{\frac{a_H}{Zr_1} - \left(1 + \frac{a_H}{Zr_1}\right) e^{-\frac{2Zr_1}{a_H}}\right\} e^{-\frac{2Zr_1}{a_H}}\, 4\pi r_1^2 dr_1 = \frac{5}{8}\frac{Ze^2}{a_H}. \tag{63.25}$$

Für die Energie des He-Atoms und der He-ähnlichen Ionen im Grundzustand gibt also die Störungsrechnung in erster Näherung die Formel

$$E_{11} = -\left(Z^2 - \frac{5}{8} Z\right) \frac{e^2}{a_H}. \tag{63.26}$$

Die Ionisierungsenergie ist die Arbeit, die zur Abtrennung eines Elektrons nötig ist. Nach der Ionisierung bleibt ein wasserstoffähnliches Ion mit einem Elektron zurück, dessen Energie $E_1 = -Z^2e^2/2a_H$ beträgt. Für die Ionisierungsenergie erhält man daher

$$I = E_1 - E_{11} = \left(\frac{1}{2} Z^2 - \frac{5}{8} Z\right) \frac{e^2}{a_H}. \tag{63.27}$$

Die in den letzten beiden Energieformeln auftretende universelle Konstante e^2/a_H kann man als atomare Energieeinheit wählen; ihr Wert beträgt $e^2/a_H = 27{,}23$ eV.

Wir berechnen nun den ersten angeregten Zustand des He-Atoms und der He-ähnlichen Ionen, in dem sich das eine Elektron im Grundzustand und das andere im ersten angeregten s-Zustand, im $2s$-Zustand, befindet[1].

Der dem wechselwirkungsfreien H^0-Operator entsprechende Energieeigenwert ist jetzt

$$E_{12}^0 = E_1 + E_2 = -\frac{Z^2e^2}{2a_H}\left(\frac{1}{1^2} + \frac{1}{2^2}\right) = -\frac{5Z^2e^2}{8a_H}. \tag{63.28}$$

Die aus der Wechselwirkung der beiden Elektronen resultierende Energiekorrektion setzt sich nach (63.15) aus der gewöhnlichen Energie J und der Austauschenergie K zusammen, deren Werte durch die Integrale (63.13) gegeben sind, in die man jetzt für ψ_k und ψ_l die $1s$- bzw. $2s$-Eigenfunktion des Wasserstoffatoms einzusetzen hat:

$$J = \iint \psi_{100}^*(\mathbf{r}_1)\, \psi_{200}^*(\mathbf{r}_2) \frac{e^2}{r_{12}} \psi_{100}(\mathbf{r}_1)\, \psi_{200}(\mathbf{r}_2)\, dv_1 dv_2,$$

$$K = \iint \psi_{100}^*(\mathbf{r}_1)\, \psi_{200}^*(\mathbf{r}_2) \frac{e^2}{r_{12}} \psi_{200}(\mathbf{r}_1)\, \psi_{100}(\mathbf{r}_2)\, dv_1 dv_2.$$

Wenn wir hier für die Eigenfunktionen die nachstehenden Ausdrücke

$$\psi_{100}(\mathbf{r}) = \left(\frac{Z^3}{\pi a_H^3}\right)^{\frac{1}{2}} e^{-\frac{Zr}{a_H}},$$

$$\psi_{200}(\mathbf{r}) = \left(\frac{Z^3}{8\pi a_H^3}\right)^{\frac{1}{2}} \left(1 - \frac{Zr}{2a_H}\right) e^{-\frac{Zr}{2a_H}},$$

[1] Hier handelt es sich wegen den drei $2p$-Wasserstoffbahnen mit gleicher Energie (jedoch mit anderem Drehimpuls) eigentlich um eine vierfache Entartung. Es läßt sich jedoch leicht zeigen, daß für die hier behandelten s-Zustände die weiter oben zugrunde gelegte Säkulargleichung weiterhin gilt.

setzen, so erhält man Integrale, die sich mit Hilfe des Satzes (63.24) leicht auswerten lassen, und zwar ergibt sich

$$J = \frac{17}{81}\frac{Ze^2}{a_H} \text{ und } K = \frac{16}{729}\frac{Ze^2}{a_H}. \tag{63.29}$$

Die ersten angeregten Energieniveaus des He-Atoms und der He-ähnlichen Ionen sind also

$$E_{12} = E_{12}^0 + J \pm K = \left(-\frac{5}{8}Z^2 + \frac{17}{81}Z \pm \frac{16}{729}Z\right)\frac{e^2}{a_H}. \tag{63.30}$$

Das obere Vorzeichen entspricht der symmetrischen und das untere der antisymmetrischen Eigen funktion.

Die Differenz von (63·30) und (63.26) gibt die Anregungsenergie. Für das neutrale He-Atom erhält man für diese die folgenden Werte

	Symmetrischer Zustand	Antisymmetrischer Zustand
$\Delta E = E_{12} - E_{11}$:	$0{,}7135\,\frac{e^2}{a_H}$,	$0{,}6257\,\frac{e^2}{a_H}$.
Empirische Werte:	$0{,}7571\,\frac{e^2}{a_H}$,	$0{,}7279\,\frac{e^2}{a_H}$.

Eine bessere Übereinstimmung kann man im Falle der ersten Näherung der Störungsrechnung nicht erwarten, da ja die gegenseitige Wechselwirkungsenergie e^2/r_{12} der beiden Elektronen nicht um Größenordnungen kleiner ist als die ungestörte Energie.

Bisher haben wir uns nur mit der Energie und der räumlichen Wahrscheinlichkeitsverteilung der beiden Elektronen befaßt, wir wollen nun auch den Spinzustand der beiden Elektronen in Betracht ziehen. Die beiden Elektronen können zwei Spinzustände eines Elektrons auf vier verschiedene Arten besetzen, und zwar

$$\begin{aligned} \chi_{++}(s_1, s_2) &= \chi_{+\frac12}(s_1)\chi_{+\frac12}(s_2), \\ \chi_{+-}(s_1, s_2) &= \chi_{+\frac12}(s_1)\chi_{-\frac12}(s_2), \\ \chi_{-+}(s_1, s_2) &= \chi_{-\frac12}(s_1)\,\chi_{+\frac12}(s_2), \\ \chi_{--}(s_1, s_2) &= \chi_{-\frac12}(s_1)\,\chi_{-\frac12}(s_2). \end{aligned} \tag{63.31}$$

Es ist zweckmäßig, statt diesen Funktionen die daraus aufgebauten symmetrischen und antisymmetrischen folgenden Kombinationen zu benutzen:

$$\begin{aligned} \chi_{11}(s_1, s_2) &= \chi_{+\frac12}(s_1)\,\chi_{+\frac12}(s_2), \\ \chi_{10}(s_1, s_2) &= \frac{1}{\sqrt2}\left[\chi_{+\frac12}(s_1)\,\chi_{-\frac12}(s_2) + \chi_{-\frac12}(s_1)\,\chi_{+\frac12}(s_2)\right], \\ \chi_{1,-1}(s_1, s_2) &= \chi_{-\frac12}(s_1)\,\chi_{-\frac12}(s_2), \\ \chi_{00}(s_1, s_2) &= \frac{1}{\sqrt2}\left[\chi_{+\frac12}(s_1)\,\chi_{-\frac12}(s_2) - \chi_{-\frac12}(s_1)\,\chi_{+\frac12}(s_2)\right]. \end{aligned} \tag{63.32}$$

Die ersten drei Spinfunktionen sind symmetrische Funktionen von s_1 und s_2, während die vierte eine antisymmetrische Funktion von s_1 und s_2 ist.

Es läßt sich leicht zeigen, daß diese Funktionen Eigenfunktionen des Gesamtspins $\mathbf{S} = \mathbf{S}_1 + \mathbf{S}_2$ der beiden Elektronen sind. Gemäß den in Tab. 1 (S. 95) zusammengestellten Formeln ist nämlich

$$(\mathbf{S}_1 + \mathbf{S}_2)^2 \chi_{\mathcal{S}\mathcal{M}} = \frac{\mathcal{S}(\mathcal{S}+1)h^2}{4\pi^2} \chi_{\mathcal{S}\mathcal{M}},$$

$$(S_{1z} + S_{2z}) \chi_{\mathcal{S}\mathcal{M}} = \frac{\mathcal{M}h}{2\pi} \chi_{\mathcal{S}\mathcal{M}}, \tag{63.33}$$

$$(\mathcal{S} = 0 \quad \text{oder } 1 \qquad \text{und} \qquad \mathcal{M} = -\mathcal{S}, 0, \mathcal{S}).$$

Diese Formeln zeigen, daß der resultierende Spin gemäß den im § 38 erläuterten allgemeinen Regeln quantisiert ist. Die symmetrischen Funktionen (63.32) gehören zu dem Wert $\mathcal{S} = 1$ des resultierenden Gesamtspins und unterscheiden sich voneinander durch die verschiedenen Werte $\mathcal{M}$ der Projektion der Quantenzahl des resultierenden Gesamtspins. Die antisymmetrische Funktion (63.32) gehört zum Wert $\mathcal{S} = \mathcal{M} = 0$ des Gesamtspins bzw. zu dessen Projektion.

In einem äußeren magnetischen Feld besitzen die zu den verschiedenen Werten von $\mathcal{M}$ gehörenden Zustände eine verschiedene Energie. Dementsprechend spaltet die den symmetrischen Zuständen $\mathcal{S} = 1$ entsprechende Energie in drei Niveaus auf (Triplett-Term), während der dem Wert $\mathcal{S} = 0$ entsprechende antisymmetrische Zustand nicht aufspaltet (Singulett-Term).

Die Analyse des *Zeeman*-Effektes des Heliums führt zu dem interessanten Resultat, daß der Grundzustand des Heliums immer ein Singulett-Zustand ist; die dem Triplett-Zustand entsprechende Spinkombination tritt im Grundzustand nie auf. Unter den angeregten Termen sind diejenigen, bei denen der nur von den räumlichen Koordinaten $\mathbf{r}_1$ und $\mathbf{r}_2$ abhängige Teil $\psi(\mathbf{r}_1, \mathbf{r}_2)$ der Eigenfunktion in $\mathbf{r}_1$ und $\mathbf{r}_2$ symmetrisch ist, immer Singulett-Terme und die, die in den Koordinaten $\mathbf{r}_1$ und $\mathbf{r}_2$ antisymmetrisch sind, immer Triplett-Terme. Die Zustände des He-Atoms zerfallen also in zwei Gruppen. Die eine Gruppe wird durch symmetrische räumliche und antisymmetrische Spinfunktionen charakterisiert, während in der anderen Gruppe das Entgegengesetzte der Fall ist; dort sind die räumlichen Eigenfunktionen antisymmetrisch und die Spinfunktionen symmetrisch. Zwischen den Zuständen der beiden Gruppen ist die Übergangswahrscheinlichkeit sehr klein, infolgedessen scheint es, als ob es in der Natur zwei verschiedene Arten von Helium gäbe. Die eine mit den Singulett-Termen nennt man Para-Helium, die andere mit den Triplett-Termen Ortho-Helium.

Für beide Zustände (Arten) des Heliums ist charakteristisch, daß bei einer Vertauschung sowohl der Orts- als der Spinkoordinaten der beiden

Elektronen die Eigenfunktion antisymmetrisch ist, also

$$\psi(\mathbf{r}_1 s_1; \mathbf{r}_2 s_2) = -\psi(\mathbf{r}_2 s_2; \mathbf{r}_1 s_1) \tag{63.34}$$

ist. Beim Para-Helium wechselt nämlich bei Vertauschung der beiden Elektronen die Spinfunktion und beim Ortho-Helium die Ortsfunktion ihr Vorzeichen.

Nach dem empirischen Befund ist dieses Gesetz für die Elektronensysteme aller Atome und Moleküle und für alle beliebigen Elektronensysteme ganz allgemein gültig: die Eigenfunktionen von Elektronensystemen sind antisymmetrisch, sie wechseln also bei Vertauschung zweier Elektronen (d. h. sowohl der Orts- als auch der Spinkoordinaten der Elektronen) ihr Vorzeichen. Dies ist die allgemeine quantenmechanische Formulierung des *Pauli*-Prinzips. Die im § 16 gegebene ursprüngliche *Pauli*sche Formulierung dieses Prinzips ist eine einfache Folge des quantenmechanisch formulierten *Pauli*-Prinzips.

B. Das Variationsverfahren

§ 64. Die Grundlagen des Variationsverfahrens

In der Quantentheorie der Atome und Moleküle ist eines der wirksamsten Näherungsverfahren das Variationsverfahren. Wir befassen uns im folgenden nur mit der Bestimmung des Grundzustandes, d. h. des energetisch tiefsten Zustandes des Systems; das Variationsverfahren kann jedoch auch zur Berechnung angeregter Zustände erweitert werden.

Es sei φ eine beliebige Funktion der Koordinaten, von der wir nur das voraussetzen, daß sie auf 1 normiert, d. h. daß

$$\int \varphi^* \varphi \, dv = 1 \tag{64.1}$$

sei. Der *Hamilton*-Operator des Systems sei H. Wir entwickeln φ in eine Reihe der Eigenfunktionen ψ_k des Operators H:

$$\varphi = \sum_k c_k \psi_k \,, \tag{64.2}$$

wo, wie gesagt, ψ_k die *Schrödinger*-Gleichung

$$H \psi_k = E_k \psi_k \tag{64.3}$$

erfüllt.

Da φ auf 1 normiert ist, ergibt sich für die Summe der Größen $|c_k|^2$ der Wert 1. Wegen (64.1) und (64.2) ist nämlich

$$\int \varphi^* \varphi \, dv = \sum_{k,l} c_k^* c_l \int \psi_k^* \psi_l \, dv = 1 \,.$$

Infolge der Orthogonalitätsrelationen (26.8) ist das Integral $\int \psi_k^* \psi_l dv$ für $k \neq l$ gleich Null und für $k = l$ gleich 1, da wir die Eigenfunktionen ψ_k als normiert voraussetzen. Man erhält also tatsächlich

$$\sum_k |c_k|^2 = 1 . \tag{64.4}$$

Wir berechnen nun den quantenmechanischen Mittelwert des *Hamilton*-Operators H mit der Funktion φ und erhalten

$$\int \varphi^* H \varphi \, dv = \sum_{k,l} c_k^* c_l \int \psi_k^* H \psi_l \, dv = \sum_{k,l} c_k^* c_l E_l \int \psi_k^* \psi_l \, dv = \sum_k |c_k|^2 E_k , \tag{64.5}$$

wobei wir die *Schrödinger*-Gleichung (64.3) und die Orthogonalität sowie die Normiertheit der Eigenfunktionen ψ_k berücksichtigt haben. Die auf der rechten Seite stehende Summe vermindert sich offenbar, wenn man für jeden Energieeigenwert E_k den tiefsten Eigenwert, d. h. die Energie des Grundzustandes setzt. Man hat also

$$\int \varphi^* H \varphi \, dv = \sum_k |c_k|^2 E_k \geqq E_0 \sum_k |c_k|^2 = E_0 , \tag{64.6}$$

da ja die Summe der Größen $|c_k|^2$ gleich 1 ist. Von den beiden Zeichen $\geqq$ kann das Zeichen $=$ nur dann gelten, wenn der Koeffizient c_0 des Grundzustandes 1 ist und alle übrigen Koeffizienten c_k gleich Null sind. Dies bedeutet nach der Reihenentwicklung (64.2), daß $\varphi = \psi_0$ ist. Zusammenfassend erhält man also

$$\int \varphi^* H \varphi dv \geqq E_0 , \quad \text{wenn} \quad \int \varphi^* \varphi dv = 1 \quad \text{ist,} \tag{64.7}$$

wobei das Zeichen $=$ nur für den Fall $\varphi = \psi_0$ gültig ist. Dies bedeutet, daß sich die Energie E_0 und die Eigenfunktion ψ_0 des Grundzustandes als Lösung des folgenden Extremalproblems ergibt:

$$\int \varphi^* H \varphi dv = \text{Minimum}, \quad \int \varphi^* \varphi dv = 1 . \tag{64.8}$$

Den Energieeigenwert E_0 und die Eigenfunktion ψ_0 kann man näherungse weise mit Hilfe des *Ritz*schen Verfahrens bestimmen, dessen vereinfachte Form sich folgendermaßen gestaltet. Wir setzen für φ eine Funktion an, dir als Nebenbedingung die Normierungsbedingung (64.1) erfüllt und auße- den Koordinaten von einem Variationsparameter oder mehreren Variations parametern abhängt. Vorerst setzen wir nur einen Variationsparameter λ voraus und berechnen das Energieintegral

$$E(\lambda) = \int \varphi_\lambda^* H \varphi_\lambda dv \tag{64.9}$$

als Funktion von λ. Wir bestimmen nun denjenigen Wert von λ (oder im Falle mehrerer Variationsparameter diejenigen Werte der Variationsparameter), für den $E(\lambda)$ ein Minimum aufweist. Diesen Parameterwert bezeichnen wir mit λ_0. Es gilt dann näherungsweise

$$E_0 = E(\lambda_0) \quad \text{und} \quad \psi_0 = \varphi_{\lambda_0} . \tag{64.10}$$

Der so erhaltene Energiewert ist natürlich immer größer als der exakte, dieser wird also von oben angenähert.

Als einfaches Beispiel behandeln wir in der Potentialenergiemulde (42.1) den Grundzustand mit dem geschilderten Verfahren. In diesem Falle gestaltet sich der Energieoperator folgendermaßen

$$H = -\frac{h^2}{8\pi^2 m_0}\Delta - V_0 e^{-\frac{r}{a}}. \tag{64.11}$$

Für die Eigenfunktion im Grundzustand setzen wir

$$\varphi_\lambda(\mathbf{r}) = N e^{-\lambda r}. \tag{64.12}$$

Die Konstante N wird aus der Normierungsbedingung bestimmt, woraus man

$$\int \varphi_\lambda^* \varphi_\lambda dv = N^2 \int_0^\infty e^{-2\lambda r}\, 4\pi r^2\, dr = \frac{N^2 \pi}{\lambda^3} = 1\,,$$

also

$$N = \left(\frac{\lambda^3}{\pi}\right)^{\frac{1}{2}}$$

erhält. Unser Ansatz hat somit folgende Gestalt

$$\varphi_\lambda(\mathbf{r}) = \left(\frac{\lambda^3}{\pi}\right)^{\frac{1}{2}} e^{-\lambda r}. \tag{64.13}$$

Wenn man mit diesem den quantenmechanischen Mittelwert des Operators H berechnet, so ergibt sich

$$\left.\begin{aligned} E(\lambda) = \int \varphi_\lambda^* H \varphi_\lambda dv = \frac{\lambda^3}{\pi}\int_0^\infty e^{-\lambda r}\left\{-\frac{h^2}{8\pi^2 m_0}\Delta - V_0 e^{-\frac{r}{a}}\right\} e^{-\lambda r} 4\pi r^2\, dr = \\ = \frac{h^2\lambda^2}{8\pi^2 m_0} - V_0\left(\frac{2\lambda a}{2\lambda a + 1}\right)^3. \end{aligned}\right\} \tag{64.14}$$

Aus der Minimumsforderung $dE/d\lambda = 0$ erhält man für den Variationsparameter λ die Gleichung

$$\frac{(2\lambda a + 1)^4}{2\lambda a} = \frac{48\pi^2 m_0 a^2}{h^2} V_0. \tag{64.15}$$

Dies ist für λ eine Gleichung vierten Grades. Die Gleichung wird übersichtlicher, wenn wir als Unbekannte $x = 2\lambda a$ statt λ und außerdem zur Abkürzung die durch (42.5) definierte Konstante γ^2 einführen. Die Gleichung erhält dann folgende Form

$$x^4 + 4x^3 + 6x^2 + \left(4 - \frac{3}{2}\gamma^2\right)x + 1 = 0. \tag{64.16}$$

Im § 42 haben wir gesehen, daß man mit den Daten des Deuterons den Wert $\gamma = 3{,}82$ erhält. Mit diesem γ-Wert ergibt sich für die Lösung der Gl. (64.16) $x_0 = 1{,}34$ und der entsprechende Wert für λ wird $\lambda_0 = x_0/2a = 0{,}307 \cdot 10^{13}\ \mathrm{cm}^{-1}$. Nach Einsetzen dieses Wertes in (64.14) folgt für die Energie des Deuterons der Wert $E(\lambda_0) = -2{,}18$ MeV, der den exakten Wert $E_0 = -2{,}23$ MeV sehr gut annähert und, wie zu sehen ist, tatsächlich etwas größer ist als dieser.

Die Variationsmethode kommt sehr häufig in folgender Form zur Anwendung. Man setzt φ in der Form

$$\varphi = c_1 f_1 + c_2 f_2 + \ldots + c_p f_p \tag{64.17}$$

an, wo man die Funktionen $f_1, f_2, \ldots, f_p$ als gegeben und die Koeffizienten $c_1, c_2, \ldots, c_p$ als Variationsparameter betrachtet. Wir setzen voraus, daß die Funktionen f_α weder normiert noch aufeinander orthogonal sind.

Aus der Normierungsbedingung für φ folgt die Bedingungsgleichung

$$\sum_{\alpha,\beta=1}^{p} S_{\alpha\beta} c_\alpha^* c_\beta = 1, \tag{64.18}$$

wo

$$S_{\alpha\beta} = \int f_\alpha^* f_\beta dv \tag{64.19}$$

ist.

Wir berechnen nun den quantenmechanischen Mittelwert des Operators H mit der Funktion φ. Man erhält

$$E(c_1 c_2, \ldots, c_p) = \sum_{\alpha,\beta=1}^{p} H_{\alpha\beta} c_\alpha^* c_\beta, \tag{64.20}$$

wo $H_{\alpha\beta}$ das Matrixelement

$$H_{\alpha\beta} = \int f_\alpha^* H f_\beta dv \tag{64.21}$$

bezeichnet.

Bei der Bestimmung des Minimums der Energie müssen wir die Bedingungsgleichung (64.18) als Nebenbedingung berücksichtigen. Mit dem Verfahren von LAGRANGE bilden wir den Ausdruck

$$W(c_1, c_2, \ldots, c_p) = \sum_{\alpha,\beta=1}^{p} (H_{\alpha\beta} - \varepsilon S_{\alpha\beta}) c_\alpha^* c_\beta,$$

wo ε einen *Lagrange*schen Multiplikator bezeichnet, und haben nun das Energieminimum – nunmehr ohne Rücksicht auf die Nebenbedingung – aus den Bedingungsgleichungen des Minimums von W, d. h. aus den Gleichungen

$$\frac{\partial W}{\partial c_1^*} = 0, \quad \frac{\partial W}{\partial c_2^*} = 0, \ldots, \quad \frac{\partial W}{\partial c_p^*} = 0$$

festzulegen. Hieraus ergibt sich zur Bestimmung der Koeffizienten c_β das homogene lineare Gleichungssystem

$$\sum_{\beta=1}^{p}(H_{\alpha\beta} - \varepsilon S_{\alpha\beta})c_\beta = 0 . \qquad (\alpha = 1, 2, \ldots, p) \tag{64.22}$$

Eine von der trivialen verschiedene Lösung existiert nur dann, wenn die Determinante D des Gleichungssystems verschwindet. Aus dieser Bedingung kann man den *Lagrange*schen Multiplikator ε bestimmen. Durch dieses nun bekannte ε ist das Verhältnis der Koeffizienten c_β zueinander festgelegt. Bei der Berechnung der c_β muß man auch noch die Bedingungsgleichung (64.18) berücksichtigen.

Nachdem die Koeffizienten c_α und der Parameter ε berechnet wurden, kann man das Minimum der Energie E des Systems bestimmen. Hierzu multiplizieren wir die Minimumsbedingung (64.22) mit c_α^* und summieren die so erhaltenen Gleichungen von $\alpha = 1$ bis $\alpha = p$. Es ergibt sich

$$\sum_{\alpha,\beta=1}^{p} H_{\alpha\beta} c_\alpha^* c_\beta - \varepsilon \sum_{\alpha,\beta=1}^{p} S_{\alpha\beta} c_\alpha^* c_\beta = 0 .$$

Auf der linken Seite dieser Gleichung ist die erste Summe die Energie des Systems, die zweite ist nach (64.18) mit 1 gleich. Man erhält demnach $E = \varepsilon$. Das Minimum der Energie ist also mit dem *Lagrange*schen Multiplikator ε identisch.

Aus dem Verschwinden der Determinante des linearen homogenen Gleichungssystems (64.22), d. h. aus der Gleichung

$$D \equiv \begin{vmatrix} H_{11} - ES_{11} & H_{12} - ES_{12} & \ldots & H_{1p} - ES_{1p} \\ H_{21} - ES_{21} & H_{22} - ES_{22} & \ldots & H_{2p} - ES_{2p} \\ \vdots & \vdots & & \vdots \\ H_{p1} - ES_{p1} & H_{p2} - ES_{p2} & \ldots & H_{pp} - ES_{pp} \end{vmatrix} = 0 \tag{64.23}$$

läßt sich E berechnen. Die Gl. (64.23) ist vom p-ten Grad, sie hat daher im allgemeinen p verschiedene Lösungen. Der Energie des Grundzustandes entspricht die kleinste Energie, die übrigen Energiewerte sind die Energien der angeregten Zustände des Systems. Für diese letzteren gibt jedoch (64.23) im allgemeinen eine ziemlich schlechte Näherung.

§ 65. Der Grundzustand des He-Atoms

Das Problem des He-Atoms und der He-ähnlichen Ionen haben wir schon im § 63 mit Hilfe der Störungsrechnung gelöst. Wir wollen jetzt dasselbe Problem mit Hilfe des Variationsverfahrens behandeln[1]. Das Variationsverfahren führt bei geeigneter Wahl des Ansatzes für φ zu einem bedeutend genaueren Resultat als die Störungsrechnung erster Ordnung.

Nach (63.2) ist der Energieoperator des He-Atoms

$$H = -\frac{h^2}{8\pi^2 m_0}\Delta_1 - \frac{h^2}{8\pi^2 m_0}\Delta_2 - \frac{Ze^2}{r_1} - \frac{Ze^2}{r_2} + \frac{e^2}{r_{12}}, \tag{65.1}$$

wo Z die Ordnungszahl bezeichnet.

Für die Eigenfunktion des Grundzustandes machen wir gemäß (63.22) den Ansatz

$$\varphi(\mathbf{r}_1, \mathbf{r}_2) = \frac{Z^{*3}}{\pi a_H^3} e^{-\frac{Z^*}{a_H}(r_1+r_2)}, \tag{65.2}$$

in dem wir statt der Ordnungszahl Z den Variationsparameter Z^* setzen.

Der quantenmechanische Mittelwert des H-Operators setzt sich aus drei Gliedern zusammen: aus der kinetischen Energie E_k der Elektronen, aus der elektrostatischen Wechselwirkungsenergie E_c der beiden Elektronen mit dem Kern und schließlich aus der gegenseitigen elektrostatischen Wechselwirkungsenergie der beiden Elektronen E_w. Für die einzelnen Energien ergeben sich die folgenden Ausdrücke

$$E_k = -\frac{h^2}{8\pi^2 m_0}\iint \varphi^*(\mathbf{r}_1, \mathbf{r}_2)(\Delta_1 + \Delta_2)\varphi(\mathbf{r}_1, \mathbf{r}_2)\,dv_1 dv_2 = \frac{Z^{*2}e^2}{a_H},$$

$$E_c = -\iint \varphi^*(\mathbf{r}_1, \mathbf{r}_2)\left(\frac{Ze^2}{r_1} + \frac{Ze^2}{r_2}\right)\varphi(\mathbf{r}_1, \mathbf{r}_2)\,dv_1 dv_2 = -\frac{2ZZ^*e^2}{a_H},$$

$$E_w = \iint \varphi^*(\mathbf{r}_1, \mathbf{r}_2)\frac{e^2}{r_{12}}\varphi(\mathbf{r}_1, \mathbf{r}_2)\,dv_1 dv_2 = \frac{5}{8}\frac{Z^*e^2}{a_H}.$$

Die gesamte Energie des He-Atoms

$$E = E_k + E_c + E_w$$

ist also die folgende Funktion des Variationsparameters Z^*

$$E(Z^*) = \left(Z^{*2} - 2ZZ^* + \frac{5}{8}Z^*\right)\frac{e^2}{a_H}. \tag{65.3}$$

Wenn man hier $Z^* = Z$ setzt, so erhält man natürlich den mit der Störungsrechnung berechneten Ausdruck (63.26) für E. Gemäß dem Variationsverfahren werden wir nun den Variationsparameter Z^* aus dem Energiemini-

[1] E. *Hylleraas*, Z. Phys. *48*, 469 (1928); *54*, 347 (1929); *60*, 624 (1930); *63*, 291 (1930). C. L. *Pekeris*, Phys. Rev. *115*, 1216 (1959).

mum bestimmen, was zu einem im Verhältnis zu (63.26) besseren Resultat führt. Den dem Energieminimum entsprechenden Wert von Z^* nennt man effektive Kernladungszahl.

Die Minimumsforderung lautet

$$\frac{dE}{dZ^*} = \left(2Z^* - 2Z + \frac{5}{8}\right)\frac{e^2}{a_H} = 0\,,$$

woraus man für die effektive Kernladungszahl den Wert

$$Z^* = Z - \frac{5}{16} \tag{65.4}$$

erhält.

Durch Einsetzen dieses Wertes in den Energieausdruck ergibt sich für die Energie des He-Atoms bzw. der He-ähnlichen Ionen das Resultat

$$E = -\left(Z^2 - \frac{5}{8}Z + \frac{25}{256}\right)\frac{e^2}{a_H}\,. \tag{65.5}$$

Wenn man diese Energie von der Energie des wasserstoffähnlichen Ions $E_1 = Z^2e^2/2a_H$ abzieht, so folgt für die Ionisierungsenergie des He-Atoms der Wert

$$I = E_1 - E = \left(\frac{1}{2}Z^2 - \frac{5}{8}Z + \frac{25}{256}\right)\frac{e^2}{a_H}\,. \tag{65.6}$$

Ein Vergleich mit (63.27) zeigt, daß sich die Ionisierungsenergie mit dem Variationsverfahren im Verhältnis zu der mit der ersten Näherung der Störungsrechnung erhaltenen um $25e^2/256a_H$ größer ergibt. Die Resultate für das He-Atom und einiger He-ähnlicher Ionen sind in Tab. 7 zusammengestellt.

Tabelle 7. Die Ionisierungsenergie des He-Atoms und He-ähnlicher Ionen in e^2/a_H Einheiten

Atom	Z	I nach (63.27)	I nach (65.6)	I empirisch
He	2	0,750	0,848	0,9036
Li^+	3	2,625	2,723	2,7798
Be^{++}	4	5,500	5,598	5,6560
B^{3+}	5	9,375	9,473	9,5320
C^{4+}	6	14,250	14,348	14,4070

Für das He-Atom hat HYLLERAAS sehr genaue Berechnungen durchgeführt. Für die Eigenfunktion des Grundzustandes machte er u. a. den Ansatz

$$\varphi(\mathbf{r}_1, \mathbf{r}_2) = N e^{-\frac{Z^*}{a_H}(r_1+r_2)}\,[1 + c_1 r_{12} + c_2(r_1 - r_2)^2 + c_3(r_1 + r_2) + c_4(r_1 + r_2)^2 + \\ + c_5 r_{12}^2 + c_6(r_1 + r_2) r_{12}]\,,$$

wo Z^* und $c_1, c_2, \ldots, c_6$ Variationsparameter sind und N eine Normierungskonstante bezeichnet. Mit diesem Ansatz erhielt Hylleraas für die Energie des Grundzustandes des He-Atoms $E = -2{,}90324\ e^2/a_H$, womit sich für die Ionisierungsenergie der Wert

$$I = 0{,}90324 \frac{e^2}{a_H}$$

ergibt, der mit dem empirischen sehr gut übereinstimmt.

Auf viele neuere, auf ähnlichen Grundlagen, aber mit einem weitaus komplizierteren Ansatz für die Eigenfunktion durchgeführte Berechnungen, die nur mit elektronischen Rechenmaschinen bewältigt werden können, jedoch prinzipiell nichts wesentlich Neues bringen, kommen wir hier nicht zu sprechen; wir verweisen auf die Originalarbeiten.

§ 66. Das H_2^+-Molekülion

Das H_2^+-Ion ist das einfachste mögliche Molekül. Im Feld von zwei Protonen befindet sich ein einzelnes Elektron (Abb. 34). Die nach außen hin (in großer Entfernung vom System) resultierende elektrische Gesamtladung des Systems beträgt $+e$. Ein solches System besitzt nach der klassischen Elektrodynamik keinen stabilen Zustand, nach klassischen Vorstellungen kommt also in diesem System keine Bindung zustande. Nach dem experimentellen Befund existiert jedoch das H_2^+-Molekülion. Die Existenz, d. h. die Stabilität dieses Gebildes, kann nur auf Grund der Quantenmechanik erklärt werden. Die Quantenmechanik ist nicht nur imstande, die Existenz des H_2^+-Molekülions zu erklären, sondern liefert auch für die Dissoziationsenergie und den Kernabstand in der Gleichgewichtslage mit der Erfahrung übereinstimmende Werte[1].

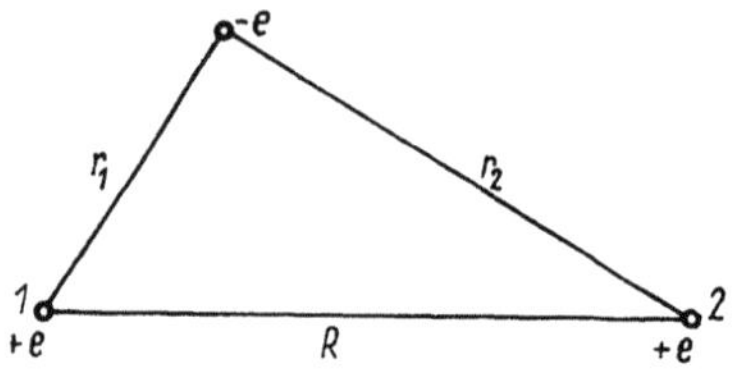

Abb. 34. Schematische Skizze des H_2^+-Ions

Den Kernabstand des H_2^+-Molekülions bezeichnen wir mit R, die Entfernung des Elektrons vom Kern 1 mit r_1 und vom Kern 2 mit r_2, vgl. Abb. 34. Der Energieoperator gestaltet sich dann folgendermaßen

$$H = -\frac{h^2}{8\pi^2 m_0}\Delta - \frac{e^2}{r_1} - \frac{e^2}{r_2} + \frac{e^2}{R}. \tag{66.1}$$

Wir befassen uns im folgenden nur mit dem Grundzustand des H_2^+-Ions und berechnen diesen mit Hilfe des Variationsverfahrens.

[1] E. *Teller*, Z. Phys. *61*, 458 (1930).

Für einen sehr großen Wert von R bildet das Elektron offenbar mit einem der beiden Kerne (Protonen) ein Wasserstoffatom, auf das der andere Kern infolge des als groß vorausgesetzten Kernabstandes nur einen sehr kleinen Einfluß ausübt, der vernachlässigt werden kann. Für $R \to \infty$ wird also die Eigenfunktion entweder

$$\psi_{100}(r_1) = \left(\frac{1}{\pi a_H^3}\right)^{\frac{1}{2}} e^{-\frac{r_1}{a_H}}, \tag{66.2}$$

die die Eigenfunktion des $1s$-Zustandes im Falle des Kernes 1 ist, oder aber

$$\psi_{100}(r_2) = \left(\frac{1}{\pi a_H^3}\right)^{\frac{1}{2}} e^{-\frac{r_2}{a_H}}, \tag{66.3}$$

die dem Fall entspricht, daß sich das Elektron statt um den Kern 1 auf derselben Bahn um den Kern 2 befindet.

Bei einem endlichen Wert von R setzen wir die Eigenfunktion als Linearkombination der Eigenfunktionen dieser beiden Zustände an

$$\varphi(\mathbf{r}) = c_1\psi_{100}(r_1) + c_2\psi_{100}(r_2), \tag{66.4}$$

wo c_1 und c_2 Konstanten bezeichnen.

Dieser Ansatz entspricht dem allgemeinen Ansatz (64.17), so daß wir die Energie E des Systems auf die am Ende des Paragraphen 64 dargelegte Weise berechnen können. Da der Ausdruck (66.4) zwei Glieder enthält, wird sowohl die Energiematrix (64.21) als auch die Überlappungsmatrix aus je 2 Reihen und 2 Kolonnen bestehen. Die Elemente der Energiematrix sind die folgenden

$$\left.\begin{aligned}
H_{11} &= \int \psi_{100}^*(r_1)\, H\psi_{100}(r_1)\, dv = -\frac{e^2}{2a_H} + \frac{e^2}{R} - P, \\
H_{12} &= \int \psi_{100}^*(r_1)\, H\psi_{100}(r_2)\, dv = -\frac{e^2}{2a_H}S + \frac{e^2}{R}S - Q, \\
H_{21} &= \int \psi_{100}^*(r_2)\, H\psi_{100}(r_1)\, dv = -\frac{e^2}{2a_H}S + \frac{e^2}{R}S - Q, \\
H_{22} &= \int \psi_{100}^*(r_2)\, H\psi_{100}(r_2)\, dv = -\frac{e^2}{2a_H} + \frac{e^2}{R} - P,
\end{aligned}\right\} \tag{66.5}$$

wobei wir einerseits berücksichtigt haben, daß ψ_{100} die *Schrödinger*-Geichung des Wasserstoffatoms mit dem Energieeigenwert $E = -e^2/2a_H$ befriedigt, und andererseits zur Abkürzung die folgenden Bezeichnungen eingeführt haben:

$$P = \int \frac{e^2}{r_2} \, | \psi_{100}(r_1) |^2 \, dv, \tag{66.6}$$

$$Q = \int \frac{e^2}{r_1} \, \psi_{100}^*(r_1) \, \psi_{100}(r_2) \, dv, \tag{66.7}$$

$$S = \int \psi_{100}^*(r_1) \psi_{100}(r_2) \, dv. \tag{66.8}$$

In den Matrixelementen (66.5) besteht eine interessante Symmetrie, und zwar ist $H_{11} = H_{22}$ und $H_{12} = H_{21}$. Der Grund hierfür ist, daß, wenn wir das Molekülion an der Ebene spiegeln, die im Halbierungspunkt auf den Kernabstand senkrecht steht, d. h. wenn wir die Transformation $r_1 \rightleftarrows r_2$ durchführen, der Energieoperator (66.1) unverändert bleibt. Wenn wir also im letzten Integral (66.5) die Transformation $r_1 \rightleftarrows r_2$ vornehmen, dann geht dieses in H_{11} über und ebenso folgt, daß $H_{21} = H_{12}$ ist.

Dieselben Symmetrieeigenschaften bestehen in der Überlappungsmatrix, deren Elemente nach (64.19) die folgenden sind

$$\begin{aligned} S_{11} &= \int \psi_{100}^*(r_1) \, \psi_{100}(r_1) \, dv = 1, \\ S_{12} &= \int \psi_{100}^*(r_1) \, \psi_{100}(r_2) \, dv = S, \\ S_{21} &= \int \psi_{100}^*(r_2) \, \psi_{100}(r_1) \, dv = S, \\ S_{22} &= \int \psi_{100}^*(r_2) \, \psi_{100}(r_2) \, dv = 1. \end{aligned} \tag{66.9}$$

Die Energie E des H_2^+-Molekülions läßt sich nach (64.23) aus der folgenden Gleichung zweiten Grades bestimmen

$$\begin{vmatrix} -\frac{e^2}{2a_H} + \frac{e^2}{R} - P - E & -\frac{e^2}{2a_H} S + \frac{e^2}{R} S - Q - ES \\ -\frac{e^2}{2a_H} S + \frac{e^2}{R} S - Q - ES & -\frac{e^2}{2a_H} + \frac{e^2}{R} - P - E \end{vmatrix} = 0. \tag{66.10}$$

Hieraus ergeben sich die beiden Energiewerte

$$E_s = -\frac{e^2}{2a_H} + \frac{e^2}{R} - \frac{P+Q}{1+S}, \tag{66.11}$$

$$E_a = -\frac{e^2}{2a_H} + \frac{e^2}{R} - \frac{P-Q}{1-S}. \tag{66.12}$$

Im ersten Fall (E_s) ist $c_1 = c_2$ und im zweiten (E_a) $c_1 = -c_2$. Zum Energieeigenwert E_s gehört also eine in den Koordinaten r_1 und r_2 symmetrische Funktion, die bei der Spiegelung $r_1 \rightleftarrows r_2$ unverändert bleibt; die zum Energieeigenwert E_a gehörende Eigenfunktion ist in den Koordinaten r_1 und r_2 antisymmetrisch, sie wechselt bei der Spiegelung ihr Vorzeichen.

Wir haben noch die Integrale P, Q und S zu berechnen. Dies geschieht am einfachsten mit Hilfe elliptischer Koordinaten

$$\xi = \frac{r_1 + r_2}{R}, \qquad \eta = \frac{r_1 - r_2}{R}, \quad \varphi, \tag{66.13}$$

wo φ das Azimut um die Kernverbindungslinie als Achse bezeichnet. Diese Koordinaten erstrecken sich auf die folgenden Bereiche

$$1 \leqq \xi < \infty, \quad -1 \leqq \eta \leqq 1, \quad 0 \leqq \varphi < 2\pi. \tag{66.14}$$

Das Raumelement dv gestaltet sich mit den elliptischen Koordinaten folgendermaßen

$$dv = \frac{1}{8} R^3(\xi^2 - \eta^2) d\xi \, d\eta d\varphi. \tag{66.15}$$

Die Integrale P, Q und S können bei Benützung von elliptischen Koordinaten auf elementare Integrale zurückgeführt werden. Im Falle von S ergibt sich z. B.

$$\left.\begin{aligned} S &= \int \psi_{100}^*(r_1)\, \psi_{100}(r_2)\, dv = \frac{1}{\pi a_H^3} \int e^{-(r_1+r_2)/a_H}\, dv = \\ &= \frac{\delta^3}{8\pi} \int_1^\infty d\xi e^{-\delta\xi} \int_{-1}^{1} d\eta (\xi^2 - \eta^2) \int_0^{2\pi} d\varphi = \frac{\delta^3}{2} \int_1^\infty d\xi\, \xi^2 e^{-\delta\xi} - \frac{\delta^3}{6} \int_1^\infty d\xi e^{-\delta\xi} = \\ &= \left(1 + \delta + \frac{1}{3}\delta^2\right) e^{-\delta}, \end{aligned}\right\} \tag{66.16}$$

wo wir die Bezeichnung $\delta = R/a_H$ eingeführt haben. Auf ähnlich einfache Weise gestaltet sich die Berechnung von P und Q. Die Resultate sind

$$P = \frac{e^2}{R} [1 - (1 + \delta) e^{-2\delta}], \tag{66.17}$$

und

$$Q = \frac{e^2}{a_H} (1 + \delta)\, e^{-\delta}. \tag{66.18}$$

Wenn wir diese Ausdrücke in die Energieausdrücke E_s und E_a einsetzen, erhalten wir die Energie des H_2^+-Molekülions als Funktion des Kernabstandes; es ergibt sich

$$E_s = \left[-\frac{1}{2} + \frac{1}{\delta} - \frac{1}{\delta} \cdot \frac{1 - (1 + \delta)e^{-2\delta} + \delta(1 + \delta)e^{-\delta}}{1 + (1 + \delta + \delta^2/3)e^{-\delta}}\right] \frac{e^2}{a_H}, \tag{66.19}$$

$$E_a = \left[-\frac{1}{2} + \frac{1}{\delta} - \frac{1}{\delta} \cdot \frac{1 - (1 + \delta)e^{-2\delta} - \delta(1 + \delta)e^{-\delta}}{1 - (1 + \delta + \delta^2/3)e^{-\delta}}\right] \frac{e^2}{a_H}. \tag{66.20}$$

Diese Energien als Funktionen von R veranschaulicht Abb. 35. Für sehr große Werte von R, d. h. im Grenzfall $\delta \to \infty$, ist $E_s = E_a = -e^2/2a_H$, wie dies auch sein soll, da ja bei einem sehr großen Kernabstand das Elektron mit einem der Kerne ein ungestörtes Wasserstoffatom bildet. Für $R \to 0$ streben die Energien $+\infty$ zu. Aus der Abbildung ist zu sehen, daß E_s immer tiefer liegt als E_a, der Grundzustand ist also der in den Koordinaten r_1 und r_2 symmetrische Zustand.

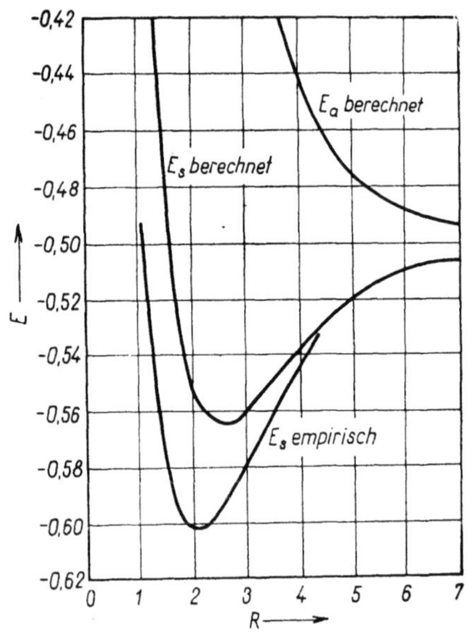

Abb. 35. Die Energie des H_2^+-Molekülions als Funktion des Kernabstandes R. Der Kernabstand R in a_H und die Energien E_s und E_a in e^2/a_H-Einheiten. (Nach P. Gombás: Theorie und Lösungsmethoden des Mehrteilchenproblems der Wellenmechanik, Basel: Birkhäuser, 1950)

E_s besitzt ein Minimum beim Kernabstand

$$R_0 = 2{,}50 a_H = 1{,}32 \cdot 10^{-8}\,\text{cm}, \tag{66.21}$$

dieser Wert entspricht der stabilen Gleichgewichtslage. Das Energieminimum hat den Wert

$$E_{s0} = -0{,}5646 \frac{e^2}{a_H} = -15{,}36\,\text{eV}. \tag{66.22}$$

Im höher gelegenen antisymmetrischen Zustand gibt es kein Energieminimum, also auch keine stabile Gleichgewichtslage; in diesem Zustand geht die Energie mit wachsendem R monoton zum Wert $-e^2/2a_H$.

Die Arbeit, die dazu nötig ist, um das Molekül in die Atome (in unserem Falle in ein Wasserstoffatom und ein Proton) zu zerlegen, aus denen das Molekül aufgebaut ist, nennt man die Dissoziationsenergie D des Moleküls; diese ist die Energie, die man benötigt, um den Kernabstand auf den Wert $R = \infty$ zu vergrößern. Da im dissoziierten Zustand die Energie des H_2^+-Molekülions, wie schon gesagt, $-e^2/2a_H$ beträgt, erhält man für die Dissoziationsenergie des H_2^+-Molekülions

$$D = -\frac{e^2}{2a_H} - E_{s0} = 0{,}646 \frac{e^2}{a_H} = 1{,}76\,\text{eV}. \tag{66.23}$$

Da sich für D ein positiver Wert ergibt, ist das H_2^+-Molekülion stabil, es zerfällt also nicht spontan in seine Bestandteile (Wasserstoffatom und Wasserstoffion). Die Quantenmechanik vermag somit die Bindung des Wasserstoffmolekülions zu erklären. Die für den Kernabstand R_0 und die Dissoziationsenergie D erhaltenen theoretischen Resultate kann man mit den empirischen Werten

$$R_0 = 1{,}06 \cdot 10^{-8}\,\text{cm} \quad \text{und} \quad D = 2{,}791\,\text{eV} \tag{66.24}$$

vergleichen. Eine bessere Übereinstimmung ist mit dem sehr primitiven Ansatz (66.4) nicht zu erwarten.

Es sei erwähnt, daß die *Schrödinger*-Gleichung des H_2^+-Molekülions nach Einführung parabolischer Koordinaten auch exakt gelöst werden kann. Die exakte Lösung liefert die Resultate $R_0 = 1{,}06 \cdot 10^{-8}$ cm und $D = 2{,}79$ eV, die mit den empirischen vollkommen übereinstimmen.

Das Variationsverfahren ermöglicht es, bedeutend kompliziertere Moleküle als das H_2^+-Molekülion auf Grund der Quantenmechanik zu behandeln. Die theoretische Erklärung der chemischen Bindung sowie die Herleitung von Moleküleigenschaften und die Berechnung von Molekülkonstanten gehören zu den schönsten Resultaten der Quantenmechanik.

C. Das Bornsche Näherungsverfahren

§ 67. Die Grundlagen der Bornschen Näherung

Die sogenannte *Born*sche Näherung ist die einfachste Näherung zur Berechnung von Streuproblemen, wenn es sich um die Streuung von Teilchen mit großer Energie handelt[1]. Die Grenze der Anwendbarkeit bildet die Bedingung, daß die Energie E der einfallenden Teilchen wesentlich größer sei als die potentielle Energie V des Teilchens im Potentialfeld des Streuzentrums.

Wir gehen von der Integralgleichungsmethode der Berechnung von Streuproblemen aus. Der erste Schritt ist dann die Lösung der Integralgleichung (53.13), in der wir jetzt statt q die reelle Wellenzahl k setzen. Man erhält so für die Integralgleichung

$$u_l(r) = \frac{1}{k}\left[\frac{(2l+1)!!}{k^l}\, j_l(kr) + \int_0^r \left\{n_l(kr)\, j_l(kr') - j_l(kr)\, n_l(kr')\right\} U(r')u_l(r')dr'\right]. \tag{67.1}$$

Wenn die durch (48.3) definierte, zum Potential des Streuzentrums proportionale Größe U klein ist, d. h. wenn das Potential des Streuzentrums klein ist, so liegt es auf der Hand, diese Gleichung durch ein Iterationsverfahren zu lösen.

In nullter Näherung kann man vom Streuzentrum vollkommen absehen, also $U = 0$ setzen, und erhält

$$u_l^{(0)}(r) = \frac{(2l+1)\,!!}{k^{l+1}}\, j_l(kr)\,. \tag{67.2}$$

[1] M. *Born*, Z. Phys. *38*, 803 (1926).

Der nächste Schritt des Iterationsverfahrens besteht darin, daß man auf der rechten Seite von (67.1) im Integrand im zweiten Glied u_l durch den Ausdruck (67.2) der nullten Näherung ersetzt. Die erste Näherung lautet also

$$u_l^{(1)}(r) = \\ = \frac{(2l+1)!!}{k^{l+1}} \left[j_l(kr) + \frac{1}{k} \int_0^r \{n_l(kr)\, j_l(kr') - j_l(kr)\, n_l(kr')\}\, U(r') j_l(kr') dr' \right]. \tag{67.3}$$

Die zweite Näherung ergibt sich nun in der Weise, daß man in (67.1) für u_l auf der rechten Seite diese erste Näherung $u_l^{(1)}$ setzt. Auf diese Weise läßt sich das Verfahren beliebig fortsetzen und die Genauigkeit der Näherung vergrößern. Nach der Berechnung von u_l erhält man die Phasenkonstante aus (53.18).

Wir befassen uns im folgenden nur mit der ersten Näherung der *Born*schen Näherung, wobei wir im Ausdruck (53.18) im Nenner das Integral, in dem im Integrand die als klein vorausgesetzte Größe U steht, vernachlässigen, und im Zähler u_l durch die nullte Näherung (67.2) ersetzen. Es ergibt sich so für die Phasenkonstante

$$\delta_l = -\operatorname{arc\,tg} \frac{1}{k} \int_0^\infty U(r) j_l^2(kr) dr\,. \tag{67.4}$$

Wenn man hier für k und j_l die Ausdrücke (48.3) bzw. (50.3) einsetzt, so erhält man für die Phasenkonstante als Endresultat

$$\delta_l = -\operatorname{arc\,tg} \frac{4\pi^3 m_0}{h^2} \int_0^\infty V(r) J_{l+\frac{1}{2}}^2(kr) r dr\,. \tag{67.5}$$

Mit der *Born*schen Näherung ist also die Bestimmung der Phasenkonstanten sehr einfach: Mit Hilfe des Ausdruckes der potentiellen Energie V des Teilchens im Potentialfeld des Streuzentrums lassen sie sich durch eine einfache Integration ermitteln.

Wir berechnen nun die Streuamplitude mit Hilfe des Ausdruckes (49.14), den man mit Rücksicht auf die Identität

$$e^{2i\delta_l} = \frac{(1 + i\,\mathrm{tg}\,\delta_l)^2}{1 + \mathrm{tg}^2\delta_l} = 1 + 2i\,\frac{\mathrm{tg}\,\delta_l + i\,\mathrm{tg}^2\delta_l}{1 + \mathrm{tg}^2\delta_l}$$

folgendermaßen schreiben kann

$$f(\vartheta) = \frac{1}{k} \sum_{l=0}^\infty (2l+1)\, \frac{\mathrm{tg}\,\delta_l + i\,\mathrm{tg}^2\delta_l}{1 + \mathrm{tg}^2\delta_l}\, P_l(\cos\vartheta)\,. \tag{67.6}$$

In diesem Ausdruck hat man für δ_l den *Born*schen Ausdruck (67.5) zu setzen. Wenn man in Betracht zieht, daß die *Born*sche Näherung nur für kleine V

und somit für kleine δ_l Gültigkeit hat, dann kann man auf der rechten Seite in (67.6) die Glieder mit $\operatorname{tg}^2 \delta_l$ neben $\operatorname{tg} \delta_l$ bzw. neben 1 vernachlässigen und erhält für die Streuamplitude das Resultat

$$f(\vartheta) = -\frac{4\pi^3 m_0}{h^2 k} \int_0^\infty V(r) \left[\sum_{l=0}^{\infty} (2l+1) J^2_{l+\frac{1}{2}}(kr) P_l(\cos\vartheta) \right] r\,dr. \tag{67.7}$$

Der in der eckigen Klammer stehende Ausdruck ist vom Streuzentrum unabhängig. Mit Hilfe der Theorie der *Bessel*schen Funktionen läßt sich diese Summe in geschlossener Form darstellen, und zwar ergibt sich

$$\frac{\sin\left(2kr\sin\dfrac{\vartheta}{2}\right)}{\pi\sin\left(\dfrac{\vartheta}{2}\right)}.$$

Für die Streuamplitude erhält man somit in der *Born*schen Näherung folgenden Ausdruck

$$f(\vartheta) = -\frac{4\pi^2 m_0}{h^2 k \sin\left(\dfrac{\vartheta}{2}\right)} \int_0^\infty V(r) \sin\left(2kr\sin\frac{\vartheta}{2}\right) r\,dr. \tag{67.8}$$

Als interessantes Resultat ergibt sich hieraus, daß $f(\vartheta)$ eine lineare Abhängigkeit von V aufweist. Wenn sich also das Streuzentrum aus zwei Teilen zusammensetzt, d. h. $V = V_1 + V_2$ ist, dann ist die Streuamplitude eine Summe der den potentiellen Energieanteilen V_1 und V_2 entsprechenden Streuamplituden f_1 bzw. f_2, es ist also $f = f_1 + f_2$. Weiterhin folgt aus der Linearität, daß im Falle eines n-fachen Streupotentials die Streuamplitude ebenfalls n-mal größer wird und daß schließlich, wenn V das Vorzeichen wechselt, auch f sein Vorzeichen wechselt. Da der differentielle Wirkungsquerschnitt der Streuung mit dem Quadrat der Streuamplitude gleich ist, also $\sigma(\vartheta) = |f(\vartheta)|^2$ ist, wird durch ein Vorzeichenwechsel von f der Wirkungsquerschnitt nicht beeinflußt. Bei Zugrundelegung der *Born*schen Näherung werden daher die Teilchen an einem Potentialberg geradeso gestreut wie an einer diesem Potentialberg spiegelbildlich entsprechenden Potentialmulde.

§ 68. Streuung an einer exponentiellen Potentialmulde

Als einfache Anwendung wollen wir die Streuung an einer exponentiellen Potentialmulde untersuchen. Es ist dann

$$V(r) = -V_0 e^{-\frac{r}{a}}. \tag{68.1}$$

Wir berechnen zunächst die Streuamplitude. Nach Einsetzen dieses Ausdruckes in (67.8) ergibt sich ein Integral, das sich leicht auswerten läßt. Mit der Bezeichnung

$$K = 2ka \sin\frac{\vartheta}{2} \tag{68.2}$$

erhält man folgendes Resultat

$$f(\vartheta) = \frac{8\pi^2 m_0 V_0 a}{h^2 K} \int_0^\infty e^{-\frac{r}{a}} \sin\left(\frac{Kr}{a}\right) r dr = \frac{16\pi^2 m_0 V_0 a^3}{h^2 (1 + K^2)^2}. \tag{68.3}$$

Das Quadrat dieses Ausdruckes gibt den differentiellen Wirkungsquerschnitt der Streuung:

$$\sigma(\vartheta) = \left(\frac{16\pi^2 m_0 V_0 a^3}{h^2}\right)^2 \cdot \frac{1}{\left(1 + 4k^2 a^2 \sin^2\frac{\vartheta}{2}\right)^4}. \tag{68.4}$$

Den größten Wirkungsquerschnitt, d. h. die größte Streuintensität, erhält man hieraus für $\vartheta = 0$, d. h. für die Vorwärtsstreuung. Mit wachsendem ϑ wird der differentielle Wirkungsquerschnitt kleiner, und zwar um so rascher, je größer k^2a^2, d. h. die Energie E der einfallenden Teilchen ist. Für sehr große Energien ergibt sich eine Streuung nur für kleine Winkel.

§ 69. Streuung von α-Teilchen an Atomkernen

Als weiteres Beispiel behandeln wir die Streuung von α-Teilchen an Atomkernen. Im § 2 haben wir schon erwähnt, daß für Entfernungen vom Kernzentrum, die größer sind als der Kernradius a, die potentielle Energie

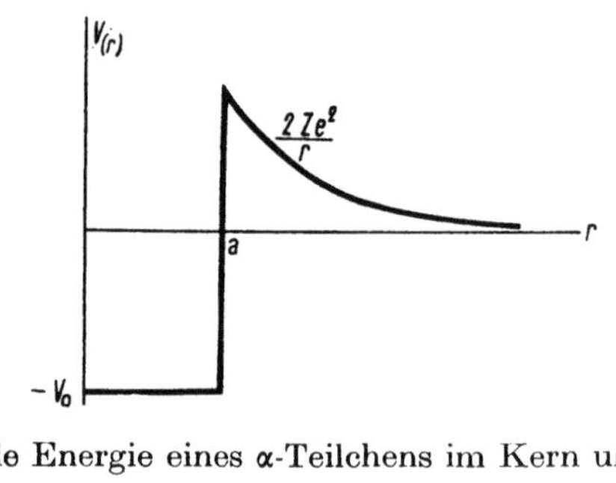

Abb. 36. Die potentielle Energie eines α-Teilchens im Kern und in dessen Umgebung

der α-Teilchen mit der potentiellen Energie $2Ze^2/r$ der α-Teilchen, die dem *Coulomb*schen Potential des Kerns entspricht, gleich ist. Im Inneren des Kerns, d. h. für $r < a$, kann man die potentielle Energie des α-Teilchens als eine kugelförmige Potentialenergiemulde betrachten (vgl. hierzu Abb. 36).

Wir befassen uns zunächst mit der Streuung an der Potentialenergiemulde. Die hieraus entstehende Streuamplitude erhält man aus (67.8) mit dem folgenden Ausdruck für die potentielle Energie des α-Teilchens:

$$V_1(r) = -V_0 \quad \text{für} \quad r < a, \qquad V_1(r) = 0 \quad \text{für} \quad r > a. \tag{69.1}$$

Wenn wir wieder zur Abkürzung die Bezeichnung $K = 2ka \sin\left(\frac{\vartheta}{2}\right)$ benutzen, so ergibt sich nach einfacher Rechnung

$$f_1(\vartheta) = \frac{8\pi^2 m_0 V_0 a}{h^2 K} \int_0^a \sin\left(\frac{Kr}{a}\right) r\,dr = \frac{8\pi^2 m_0 V_0 a^3}{h^2 K^3} (\sin K - K \cos K) . \tag{69.2}$$

Der andere Teil der potentiellen Energie ist die außerhalb des Kerns gültige *Coulomb*sche potentielle Energie des α-Teilchens:

$$V_2(r) = 0 , \quad \text{für} \quad r < a, \qquad V_2(r) = \frac{2Ze^2}{r} \quad \text{für} \quad r > a . \tag{69.3}$$

Nach Einsetzen dieses Ausdruckes in (67.8) erhält man für die Streuamplitude den Ausdruck

$$f_2(\vartheta) = -\frac{16\pi^2 Ze^2 m_0 a}{h^2 K} \int_a^\infty \sin\left(\frac{Kr}{a}\right) dr . \tag{69.4}$$

Der Wert des hier auftretenden Integrals ist unbestimmt. Ein bestimmter Wert läßt sich erzielen, wenn man im *Coulomb*schen Potential noch einen Abschirmungsfaktor $e^{-\varkappa r}$ einführt, der durch die den Kern umgebende Elektronenwolke auch tatsächlich zustande kommt. Für ein solches abgeschirmtes *Coulomb*sches Potential ergibt sich für die Streuamplitude

$$f_2(\vartheta) = -\frac{16\pi^2 Ze^2 m_0 a}{h^2 K} \int_a^\infty e^{-\varkappa r} \sin\left(\frac{Kr}{a}\right) dr =$$

$$= -\frac{16\pi^2 Ze^2 m_0 a^2}{h^2 K} \frac{(\varkappa a \sin K + K \cos K) e^{-\varkappa a}}{\varkappa^2 a^2 + K^2} .$$

Wir wollen nun eine sehr kleine Abschirmung, d. h. den Grenzfall $\varkappa \to 0$ betrachten. Für die Streuamplitude folgt in diesem Falle

$$f_2(\vartheta) = -\frac{16\pi^2 Ze^2 m_0 a^2}{h^2 K^2} \cos K . \tag{69.5}$$

Die in Abb. 36 dargestellte potentielle Energie des α-Teilchens ist die Summe der Ausdrücke (69.1) und (69.3). Für die gesamte Streuamplitude $f(\vartheta)$ der α-Teilchen erhält man dementsprechend die Summe von (69.2) und (69.5), es wird also

$$f(\vartheta) = -\frac{16\pi^2 Z e^2 m_0 a^2}{h^2 K^2}\left[\cos K + \frac{V_0 a}{2Ze^2}\left(\cos K - \frac{\sin K}{K}\right)\right]. \tag{69.6}$$

Mit der gesamten Streuamplitude folgt für den Wirkungsquerschnitt der Ausdruck

$$\sigma(\vartheta) = \frac{Z^2 e^4}{m_0^2 v_0^4 \sin^4\left(\frac{\vartheta}{2}\right)}\left[\cos K + \frac{V_0 a}{2Ze^2}\left(\cos K - \frac{\sin K}{K}\right)\right]^2, \tag{69.7}$$

in dem $v_0 = \frac{hk}{2\pi m_0}$ die Anfangsgeschwindigkeit der α-Teilchen bedeutet. Der vor der eckigen Klammer stehende Ausdruck stimmt mit dem *Rutherford*schen Wirkungsquerschnitt (55.14) überein, den wir für die *Coulomb*-Streuung an einem punktförmigen Kern hergeleitet haben. Der in der eckigen Klammer stehende Ausdruck

$$\left[\cos K + \frac{V_0 a}{2Ze^2}\left(\cos K - \frac{\sin K}{K}\right)\right]^2, \tag{69.8}$$

der den *Rutherford*schen Ausdruck ergänzt, resultiert aus der endlichen Ausdehnung des Kerns. Der Ausdruck (69.7) gibt also über die Abweichung von der *Rutherford*schen Streuformel, d. h. über die Anomalie der *Coulomb*-Streuung, Aufschluß.

Für sehr kleine Kernradien, d. h. im Grenzfall $a \to 0$, ist der Wert von (69.8) gleich 1, die Anomalie verschwindet also. Das entgegengesetzte Extrem ergibt sich für eine sehr große Energie der einfallenden Teilchen, also für ein α-Strahlenbündel mit sehr kleiner Wellenlänge. Es ist dann $K \gg 1$ und der aus der Anomalie entstehende Faktor (69.8) hat den Wert

$$\left(1 + \frac{V_0 a}{2Ze^2}\right)^2 \cos^2 K \sim \frac{1}{2}\left(1 + \frac{V_0 a}{2Ze^2}\right)^2,$$

wo wir $\cos^2 K$ durch dessen Mittelwert $1/2$ ersetzt haben.

§ 70. Streuung von Elektronen an Atomen

Die Streuung von Elektronen mit großer Energie (mehrere 100 eV) an Atomen läßt sich ebenfalls auf Grund der *Born*schen Näherung behandeln. Das Potential des Atoms kann in zwei Teile zerlegt werden: Der eine resultiert aus dem Potential des Kerns, der andere aus der Elektronenwolke des

Atoms. Das Gesamtpotential in einem Punkt r ist also das folgende

$$\frac{Ze}{r} - e\int \frac{\varrho(r')}{|\mathbf{r}-\mathbf{r}'|}\,dv',$$

wo Z die Ordnungszahl des Atoms und $\varrho(r)$ die Dichte der Elektronenwolke, d. h. die Anzahl der Elektronen in der Volumeneinheit bedeutet. Für die potentielle Energie eines Elektrons in diesem Potentialfeld ergibt sich

$$V(r) = -\frac{Ze^2}{r} + e^2\int \frac{\varrho(r')}{|\mathbf{r}-\mathbf{r}'|}\,d\mathbf{v}'. \tag{70.1}$$

Da die Dichteverteilung der Elektronenwolke $\varrho(r)$ kugelsymmetrisch ist, kann man für das in (70.1) auftretende Integral den Satz (63.24) der Potentialtheorie anwenden und erhält

$$V(r) = -\frac{Ze^2}{r} + \frac{e^2}{r}\int_0^r \varrho(r')\,4\pi r'^2 dr' + e^2\int_r^\infty \varrho(r')\,4\pi r' dr'. \tag{70.2}$$

Wenn man diesen Ausdruck in den Ausdruck (67.8) der Streuamplitude einsetzt und die Bezeichnung $q = 2k\sin\left(\frac{\vartheta}{2}\right)$ einführt, so ergibt sich für die Streuamplitude der Ausdruck

$$f(\vartheta) = \frac{8\pi^2 m_0 e^2}{h^2 q}\Bigg[Z\int_0^\infty dr\sin(qr) - 4\pi\int_0^\infty dr\int_0^r dr' r'^2\varrho(r')\sin(qr) -$$

$$- 4\pi\int_0^\infty dr\int_r^\infty dr'\,r\,r'\varrho(r')\sin(qr)\Bigg].$$

Im zweiten und dritten Glied auf der rechten Seite in der eckigen Klammer vertauschen wir nun die Reihenfolge der Integration, womit man den Ausdruck

$$f(\vartheta) = \frac{8\pi^2 m_0 e^2}{h^2 q}\Bigg[Z\int_0^\infty dr\sin(qr) - 4\pi\int_0^\infty dr'\int_{r'}^\infty dr\,r'^2\,\varrho(r')\sin(qr) -$$

$$- 4\pi\int_0^\infty dr'\int_0^{r'} dr\,r\,r'\,\varrho(r')\sin(qr)\Bigg] \tag{70.3}$$

erhält.

Nun läßt sich die Integration nach r auch ohne konkrete Kenntnis der Dichtefunktion $\varrho(r')$ durchführen. Im letzten Glied führt die Integration nach r zu folgendem Ausdruck

$$\int_0^{r'} dr\, r \sin(qr) = \frac{r'}{q} \left(\frac{\sin(qr')}{qr'} - \cos(qr') \right). \tag{70.4}$$

Mit dem im zweiten Glied von (70.3) in der eckigen Klammer stehenden Integral, das keinen bestimmten Wert besitzt, haben wir uns im vorhergehenden Paragraph schon befaßt. Nach Einführen eines Abschirmungsfaktors $e^{-\varkappa r}$ und Übergang zum Grenzfall $\varkappa \to 0$ ergibt sich

$$\int_{r'}^{\infty} dr \sin(qr) = \lim_{\varkappa \to 0} \int_{r'}^{\infty} dr\, e \quad \sin(qr) = \lim_{\varkappa \to 0} \frac{[\varkappa \sin(qr') + q \cos(qr')]\, e^{-\varkappa r'}}{\varkappa^2 + q^2} =$$

$$= \frac{\cos(qr')}{q}. \tag{70.5}$$

Das in der eckigen Klammer in (70.3) im ersten Glied stehende Integral folgt hieraus, wenn man $r' = 0$ setzt, womit man

$$\int_0^{\infty} dr \sin(qr) = \frac{1}{q} \tag{70.6}$$

erhält.

Diese Werte der Integrale setzen wir nun in den Ausdruck (70.3) der Streuamplitude ein und bezeichnen in dem so erhaltenem Ausdruck die Integrationsvariable mit r statt r'. Es ergibt sich dann für $f(\vartheta)$ die Formel

$$f(\vartheta) = \frac{8\pi^2 m_0 e^2}{h^2 q^2} \left[Z - 4\pi \int_0^{\infty} \varrho(r) \frac{\sin(qr)}{qr} r^2 dr \right], \tag{70.7}$$

die man auch folgendermaßen schreiben kann

$$f(\vartheta) = \frac{e^2}{2 m_0 v_0^2 \sin^2\left(\frac{\vartheta}{2}\right)} [Z - F(\vartheta)], \tag{70.8}$$

wo $v_0 = \dfrac{hk}{2\pi m_0}$ die Anfangsgeschwindigkeit der einfallenden Elektronen bedeutet und

$$F(\vartheta) = \frac{h}{m_0 v_0 \sin(\vartheta/2)} \int_0^{\infty} \varrho(r) \sin\left(\frac{4\pi m_0 v_0 \sin(\vartheta/2)}{h} r\right) r dr \tag{70.9}$$

ist. $F(\vartheta)$ nennt man den Atomformfaktor.

Für den differentiellen Wirkungsquerschnitt ergibt sich mit (70.8)

$$\sigma(\vartheta) = |f(\vartheta)|^2 = \sigma_R(\vartheta)\left[1 - \frac{F(\vartheta)}{Z}\right]^2, \tag{70.10}$$

wo

$$\sigma_R(\vartheta) = \frac{Z^2 e^4}{4 m_0^2 v_0^4 \sin^4\left(\frac{\vartheta}{2}\right)} \tag{70.11}$$

mit dem (55.14) entsprechenden Wirkungsquerschnitt identisch ist. Durch die experimentelle Bestimmung von $\sigma(\vartheta)$ ist es möglich, den Atomformfaktor $F(\vartheta)$ auf experimentellem Wege zu ermitteln, woraus man mit Hilfe des Ausdruckes (70.9) in bezug auf die Verteilung der Elektronendichte $\varrho(r)$ Schlüsse ziehen kann. Die auf diesem Wege bestimmten Atomformfaktoren stimmen gut mit denjenigen überein, die man aus (70.9) mit Hilfe von theoretischen quantenmechanischen Dichteverteilungen erhält.

Empfohlene Literatur zum weiteren Studium

Bethe, H. A., und *R. Jackiw:* Intermediate Quantum Mechanics, 2nd ed. New York—Amsterdam: W. A. Benjamin, Inc. 1968.

Blochinzew, D. I.: Grundlagen der Quantenmechanik, 4. Aufl. Berlin: Deutscher Verlag der Wissenschaften. 1963.

Dawidow, A. S.: Quantenmechanik. Berlin: Deutscher Verlag der Wissenschaften. 1967.

Dirac, P. A. M.: Quantum Mechanics, 4th ed. Oxford: Clarendon Press. 1958.

Finkelnburg, W.: Einführung in die Atomphysik, 9./10. Aufl. Berlin—Göttingen—Heidelberg: Springer. 1964.

Flügge, S.: Handbuch der Physik XXXV, XXXVI, XXXVII/1, XXXVII/2. Berlin—Göttingen—Heidelberg: Springer. 1957, 1956, 1959, 1961.

Flügge, S., und *H. Marschall:* Rechenmethoden der Quantentheorie, 3. Aufl. Berlin—Heidelberg—New York: Springer. 1965.

Gombás, P.: Theorie und Lösungsmethoden des Mehrteilchenproblems der Wellenmechanik. Basel: Birkhäuser. 1950.

Iridov, I. Y.: A Collection of Problems in Atomic and Nuclear Physics. Oxford—New York: Pergamon Press. 1966.

March, A.: Die Grundlagen der Quantenmechanik, 2. Aufl. Leipzig: J. A. Barth. 1931.

Merzbacher, E.: Quantum Mechanics. New York—London: John Wiley and Sons. 1961.

Messiah, A : Quantum Mechanics I—II. Amsterdam: North-Holland Publ. Comp. 1961—62.

Mott, N. F., und *H. Jones:* The Theory of the Properties of Metals and Alloys. New York: Dover Publications, Inc. 1958.

Mott, N. F., und *H. S. W. Massey:* The Theory of Atomic Collisions, 3rd ed. Oxford: Clarendon Press. 1965.

Schiff, L. I.: Quantum Mechanics, 2nd ed. New York—London: McGraw-Hill Book Co., Inc. 1955.

Slater, J. C.: Quantum Theory of Atomic Structure I—II. New York—London: McGraw-Hill Book Co., Inc. 1960.

Slater, J. C.: Quantum Theory of Molecules and Solids I. New York—London: McGraw-Hill Book Co., Inc. 1963.

Slater, J. C.: Quantum Theory of Molecules and Solids II. New York—London: McGraw-Hill Book Co., Inc. 1965.

Sommerfeld, A.: Atombau und Spektrallinien I und II, 3. Aufl. Braunschweig: F. Vieweg u. Sohn. 1953.

Namen- und Sachverzeichnis

69.67482 Akadémiai Nyomda, Budapest, V., Gerlóczy utca 2.

MIX
Papier aus verantwortungsvollen Quellen
Paper from responsible sources
FSC® C105338

If you have any concerns about our products,
you can contact us on
ProductSafety@springernature.com

In case Publisher is established outside the EU,
the EU authorized representative is:
Springer Nature Customer Service Center GmbH
Europaplatz 3, 69115 Heidelberg, Germany

Printed by Libri Plureos GmbH
in Hamburg, Germany